大数据应用人才培养系列教材

R 语言

（第 2 版）

总主编　刘　鹏

主　编　程显毅

副主编　孙丽丽　林道荣

清華大学出版社

北　京

内 容 简 介

本书通过 Titanic 数据分析案例，深入浅出地介绍了 R 语言在大数据分析应用中的相关知识，包括：数据准备、数据清洗、数据探索、数据变换、特征工程、数据建模、模型评估、模型部署等。全书共 13 章，第 1～3 章介绍 R 语言的开发环境和基本语法；第 4～8 章按数据分析生命周期讨论 R 语言的实现；第 9 章高级编程相对独立，主要解决复杂问题可能用到的程序结构；第 10、11 章与机器学习有关，内容偏难，但通过 Rattle 包回避了算法底层技术的难点；第 12、13 章通过两个实际项目，让读者体验数据处理的全过程以及业务对分析的重要性。本书力求以简洁、精练、理论与实践相结合的方式，让读者快速掌握 R 语言。

本书既可作为数据分析相关课程的教材，也可作为数据分析爱好者的参考资料。

图书在版编目（CIP）数据

R 语言 / 刘鹏总主编；程显毅主编. —2 版. —北京：清华大学出版社，2022.7(2024.2 重印)
大数据应用人才培养系列教材
ISBN 978-7-302-61022-9

Ⅰ. ①R… Ⅱ. ①刘… Ⅲ. ①程序语言—程序设计—教材 Ⅳ. ①TP312

中国版本图书馆 CIP 数据核字（2022）第 095397 号

责任编辑： 贾小红
封面设计： 秦　丽
版式设计： 文森时代
责任校对： 马军令
责任印制： 宋　林

出版发行： 清华大学出版社
网　　址： https://www.tup.com.cn，https://www.wqxuetang.com
地　　址： 北京清华大学学研大厦 A 座　　**邮　　编：** 100084
社 总 机： 010-83470000　　**邮　　购：** 010-62786544
投稿与读者服务： 010-62776969，c-service@tup.tsinghua.edu.cn
质量反馈： 010-62772015，zhiliang@tup.tsinghua.edu.cn
印 装 者： 北京嘉实印刷有限公司
经　　销： 全国新华书店
开　　本： 185mm×260mm　　**印　　张：** 15.25　　**字　　数：** 351 千字
版　　次： 2019 年 1 月第 1 版　　2022 年 7 月第 2 版　　**印　　次：** 2024 年 2 月第 3 次印刷
定　　价： 59.00 元

产品编号：092919-01

编写委员会

总主编　刘　鹏

主　编　程显毅

副主编　孙丽丽　林道荣

总　　序

短短几年间，大数据飞速发展，快速实现了从概念到落地，直接带动了相关产业的井喷式发展。数据采集、数据存储、数据挖掘、数据分析等大数据技术在越来越多的行业中得到应用，随之而来的是大数据人才缺口问题。根据《人民日报》的报道，未来3～5年，中国需要180万大数据人才，但目前只有约30万人，人才缺口达到150万之多。

大数据是一门实践性很强的学科，在其呈现金字塔型的人才资源模型中，数据科学家居于塔尖位置，然而该领域对于经验丰富的数据科学家需求相对有限，反而是对大数据底层设计、数据清洗、数据挖掘及大数据安全等相关人才的需求急剧上升，可以说占据了大数据人才需求的80%以上。如数据清洗、数据挖掘等相关职位，需要大量的专业人才。

迫切的人才需求直接催热了相应的大数据应用专业。2021年，全国892所高职院校成功备案了大数据技术专业，40所院校新增备案了数据科学与大数据技术专业，42所院校新增备案了大数据管理与应用专业。随着大数据的深入发展，未来几年申请与获批该专业的院校数量仍将持续走高。

即便如此，就目前而言，在大数据人才培养和大数据课程建设方面，大部分专科院校仍然处于起步阶段，需要探索的问题还有很多。首先，大数据是个新生事物，懂大数据的老师少之又少，院校缺“人”；其次，院校尚未形成完善的大数据人才培养和课程体系，缺乏“机制”；再次，大数据实验需要为每位学生提供集群计算机，院校缺“机器”；最后，院校没有海量数据，开展大数据教学实验工作缺少“原材料”。

对于注重实操的大数据专业专科建设而言，需要重点面向网络爬虫、大数据分析、大数据开发、大数据可视化、大数据运维工程师的工作岗位，帮助学生掌握大数据专业必备知识，使其具备大数据采集、存储、清洗、分析、开发及系统维护的专业能力和技能，成为能够服务区域经济的发展型、创新型或复合型技术人才。所以，无论是缺“人”、缺“机制”、缺“机器”，还是缺少“原材料”，最终都难以培养出合格的大数据人才。

其实，早在网格计算和云计算兴起时，我国科技工作者就曾遇到过类似的挑战，我有幸参与了这些问题的解决过程。为了解决网格计算问题，我在清华大学读博期间，于2001年创办了中国网格信息中转站网站，每天花几个小时收集和分享有价值的资料分享给学术界，此后我也多次筹办和主持全国性的网格计算学术会议，进行信息传递与知识共享。2002年，我与其他专家合作的《网格计算》教材正式面世。

2008年，当云计算开始萌芽之时，我创办了中国云计算网站

（chinacloud.cn），2010年出版了《云计算（第1版）》，2011年出版了《云计算（第2版）》，2015年出版了《云计算（第3版）》，每一版都花费了大量成本制作并免费分享对应的教学PPT。目前，《云计算》一书已成为国内高校的优秀教材，2010—2014年，该书在中国知网公布的高被引图书名单中，位居自动化和计算机领域第一位。

除了资料分享，在2010年，我们在南京组织了全国高校云计算师资培训班，培养了国内第一批云计算老师，并通过与华为、中兴、奇虎360等知名企业合作，输出云计算技术，培养云计算研发人才。这些工作获得了大家的认可与好评，此后我担任了工信部云计算研究中心专家、中国云计算专家委员会云存储组组长、中国大数据应用联盟人工智能专家委员会主任、第45届世界技能大赛中国云计算专家指导组组长/裁判长、中国信息协会教育分会人工智能教育专家委员会主任、教育部全国普通高校毕业生就业创业指导委员会委员等。

近年来，面对日益突出的大数据发展难题，我们也正在尝试使用此前类似的办法应对这些挑战。为了解决大数据技术资料缺乏和交流不够通透的问题，我们于2013年创办了大数据世界网站（thebigdata.cn），投入大量人力进行日常维护。为了解决大数据师资匮乏的问题，我们面向全国院校陆续举办多期大数据师资培训班，致力于解决“缺人”的问题。

至今，我们已举办上百场线上线下培训，入选“教育部第四批职业教育培训评价组织”，被教育部学校规划建设发展中心认定为“大数据与人工智能智慧学习工场”，被工信部教育与考试中心授权为“工业和信息化人才培养工程培训基地”。同时，云创智学网站（edu.cstor.cn）向成人提供新一代信息技术在线学习和实验环境；云创编程网站（teens.cstor.cn）向青少年提供人工智能编程学习和实验环境。

此外，我们构建了云计算、大数据、人工智能实验实训平台，被多个省赛选为竞赛平台，其中云计算实训平台被选为中国第一届职业技能大赛竞赛平台，同时第46届世界技能大赛安徽省/江西省/吉林省/贵州省/海南省/浙江省等多个选拔赛，以及第一届全国技能大赛甘肃省/河北省云计算选拔赛等多项赛事，均采用了云计算实训平台作为比赛平台。

其中，为了解决大数据实验难问题而开发的大数据实验平台，正在为越来越多的高校教学科研带去便捷，帮助解决“缺机器”与“缺原材料”的问题。2016年，我带领云创大数据的科研人员应用Docker容器技术，成功开发了BDRack大数据实验一体机，它打破了虚拟化技术的性能瓶颈，可以为每一位参加实验的人员虚拟出Hadoop集群、Spark集群、Storm集群等，自带实验所需数据，并准备了详细的实验手册、PPT和实验过程视频，可以开展大数据管理、大数据挖掘等各类实验，并可进行精确营销、信用分析等多种实战演练。

目前，大数据实验平台已经在中国科学技术大学、郑州大学、新疆大学、宁夏大学、贵州大学、西南大学、西北工业大学、重庆大学、重庆师范大学、北方工业大学、西京学院、宁波工程学院、金陵科技学院、郑州升达经贸管理学院、重庆文理学院、湖北文理学院等多所院校部署应用，并广受校方好评。

此外，面对席卷而来的人工智能浪潮，我们团队推出的 AIRack 人工智能实验平台、DeepRack 深度学习一体机以及 dServer 人工智能服务器等系列应用，一举解决了人工智能实验环境搭建困难、缺乏实验指导与实验数据等问题，目前已经在清华大学、南京大学、西华大学、西安科技大学、徐州医科大学、桂林理工大学、陕西师范大学、重庆工商大学等高校投入使用。

在大数据教学中，本科院校的实践教学更加系统性，偏向新技术应用，且对工程实践能力要求更高，而高职、高专院校则偏向技能训练，理论知识以够用为主，学生将主要从事数据清洗和运维方面的工作。基于此，我们联合多家高职院校专家准备了《云计算导论》《大数据导论》《数据挖掘基础》《R 语言》《数据清洗》《大数据系统运维》《大数据实践》系列教材，帮助解决“机制”欠缺的问题。

此外，我们也将继续在大数据世界（thebigdata.cn）和云计算世界（chinacloud.cn）等网站免费提供配套 PPT 和其他资料。同时，通过智能硬件大数据免费托管平台——万物云（wanwuyun.com）和环境大数据开放平台——环境云（envicloud.cn），使资源与数据随手可得，让大数据学习变得更加轻松。

在此，特别感谢我的硕士导师谢希仁教授和博士导师李三立院士。谢希仁教授所著的《计算机网络》已经更新到第 8 版，与时俱进，日臻完善，时时提醒学生要以这样的标准来写书。李三立院士是留苏博士，为我国计算机事业做出了杰出贡献，曾任国家攀登计划项目首席科学家。他的严谨治学带出了一大批杰出的学生。

本丛书是集体智慧的结晶，在此谨向付出辛勤劳动的各位作者致敬！书中难免会有不当之处，请读者不吝赐教。

刘 鹏

2022 年 3 月

前　言

随着数据分析需求的不断提升，Excel 已经渐渐无法满足数据挖掘的日常需求，所以导致需要更专业化的软件来进行数据分析。相应的问题就来了，统计学软件那么多，SPSS、R、Python、SAS、JMP、MATLAB 等，到底该选哪一个？目前市场上较为火热的软件主要有 R 和 Python。

开源软件的 R 语言能够迅速发展，很大程度上取决于其活跃的社区和各种 R 包的使用。截至 2017 年 2 月 25 日，CRAN（Comprehensive R Archive Network）上已经有 10162 个可以获取的 R 扩展包，内容涉及各行各业，可以用于各种复杂的统计。

数据分析就是操纵数据，把原始数据加工成建模需求的形状；而 R 语言是实现整理数据的有力工具。

本书深入浅出地介绍了 R 语言在大数据分析应用中的相关知识，全书分为绪论（第 1 章）、基础篇、应用篇和进阶篇。基础篇（第 2～10 章）学习如何用 R 语言完成数据处理，包括数据准备、数据探索、数据变换、数据可视化和数据建模等；应用篇（第 11、12 章）学习如何用 R 语言完成实际的数据分析报告撰写，包括背景与目标、指标设计、描述性分析、模型分析和结论与建议；进阶篇（第 13、14 章）学习如何使用 R 语言提高大数据处理性能，包括 RHadoop、SparkR。

绪论从数据、统计学和逻辑学 3 个方面探讨了树立正确数据思维的原则。数据分析师的数据思维对于整体分析思路，甚至分析结果都有着决定性的作用。普通数据分析师与高级数据分析师的主要区别就是是否拥有正确的数据思维观。正确的数据思维观与数据敏感度有关，是类似于情商的、看不见、摸不着的东西。简单来说，正确的数据思维观是一种通过数据手段解决问题的思维。

基础篇，讨论数据处理的 R 环境，包括 R 数据结构（数据框、列表等）、数据导入/导出、数据清洗（处理数据的缺失值、不一致值、异常值）、数据变换（汇总、集成、透视表、规约等）、可视化、高级语言编程、数据分析常用建模方法和原理，涵盖了目前数据挖掘的主要算法，包括分类与预测、聚类分析、关联规则、智能推荐和时序模式，利用可视化数据挖掘包 Rattle 进行试验指导。

应用篇，讨论两个经典的数据分析报告案例，通过案例分析使读者能够把学到的R语言基础知识应用到解决实际问题中，把数据变成价值。

进阶篇，解决R语言在处理大数据时性能低下的问题，讨论了两个R包：RHadoop、SparkR。

本书特点如下。

（1）知识学习的重点是模型的运用，而不是模型的原理。第9章既是R语言的重点也是难点，本书利用可视化数据挖掘包Rattle进行试验指导，简化了建模需要具备的数学基础，只要了解相应模型的函数，设置几个参数就可以轻松完成分类与预测、聚类分析、关联规则、智能推荐和时序模式等数据挖掘任务。

（2）注重数据变成价值。数据分析师工作中重要的一环就是写出有情报价值的数据分析报告。直接将分析结果罗列到PPT或Word中，不仅看上去不美观，而且还会影响报告的可读性，使一份数据分析报告成为简单的数据展示。本书通过案例探讨了写出一份具有情报价值的分析报告的技巧。

（3）关注大数据分析。R语言的最大缺点就是处理大数据的性能较低，无法直接处理TB以上的数据，本书进阶篇讨论的两个R包（RHadoop、SparkR）基本上可以处理任何级别的数据。

（4）向读者提供了书中所用的配套代码、数据及PPT，读者可通过上机实验，快速掌握书中所介绍的R语言的使用方法。

本书由程显毅、刘颖和朱倩编写。在本书编写过程中，孙丽丽、季国华、赵丽敏、杨琴和章小华等提供了许多参考资料，在此表示由衷的感谢。本书的编写得到了刘鹏教授和清华大学出版社王莉编辑的大力支持和悉心指导，在此深表感谢！由于作者水平有限，书中可能会有不当之处，希望读者多加指教。

编　者

2018年5月

再版前言

由于大数据、物联网、云计算推动了人工智能技术的落地实施，机器学习逐渐显现其重要性，成为人工智能的核心技术。

从理论的角度，大部分人都清楚的知道，研究机器学习不会遇到要学习底层理论的情况，通常只是应用程序接口（Application Programming Interface，API）的调用。所以基本上绝大多数研究者都把注意精力集中到数据处理上；由此可见，数据处理非常重要。数据处理得好，数据特征质量就会比较高，机器学习也就相对比较容易。

从模型评估角度，需要将预测的结果和真实的结果比较，但模型的输出是类别还是类别的概率，需要处理，才能使用评价函数。所以说，还是要将重点放在数据处理上，如何将概率转换为类别？如何计算 auC.roc 之类的？其实本质上都是一样的：把数据处理成特征明显的、格式符合这些函数（不管是模型函数还是评估函数）的，就会出现没有问题的结果。所以，对于大多数程序员来说，机器学习到最后还是数据处理（也就是数据转换之类的任务）。

从模型训练角度，模型调参是靠经验的，刚开始可能是手动调整，那么能不能自己写一个交叉验证？写个网格搜索（用 for 循环就可以实现）？把每一次调用的参数、结果都保存起来？这些问题不都是数据处理吗？是更改了底层机器学习的原理了吗？并没有！虽然不更改底层的模型代码，但是会数据处理；这样就可以玩机器学习，并初步接触到人工智能了。所以还是要数据处理，由此再次可见数据处理非常重要！

从商业角度，还是要回答一个不能回避的问题，数据处理引擎用 R 语言还是用 Python？R 语言在国外用得很火，但是国外会 R 语言的有几个不会 Python？在国内 Python 确实比 R 语言流行，说明 Python 生态优于 R 语言的生态。就数据处理而言，R 语言有其独到之处（动态数据类型、向量化运算、数据框、因子变量等），对初次学习数据处理要求更低，并且 R 语言和 Python 是无缝对接的，互操作非常自然，如果是非计算机专业的爱好者，R 语言是学习数据处理的上佳选择。

第 2 版对第 1 版的内容和结构都做了较大的调整。

（1）去掉了数据分析师素养等宏观内容，而更加注重实操和解决实际问题。

（2）全书的实验数据以 Titanic 项目为切入点，贯穿数据处理的全过程；从实际项目出发讲解相关知识点，因此增强了业务场景的体验。

（3）去掉了大数据处理的章节，因为大数据处理的方法、思维和小数据没有本质区别，只是平台不同。

（4）增加了字符串处理、特征工程、数据建模、模型评估方面的内容。

（5）增加了大量的学习资料：PPT、习题、代码、数据集、扩展阅读、微课视频等。

（6）增加了近几年 R 语言的最新成果：pacman、caret、tidyverse、mlr 等。

本书第 1～7 章由孙丽丽改编，第 8～11 章由程显毅改编，第 12、13 章由林道荣改编。

本书编写过程中得到了云创刘鹏教授和清华大学出版社王莉编辑的大力支持和悉心指导，在此深表感谢。由于作者水平有限，书中一定会有不当之处，希望读者多多指教及谅解。

编　者

2022 年 5 月

目　　录

第 9 章 高级编程

第 10 章 数据建模

第11章 模型评估

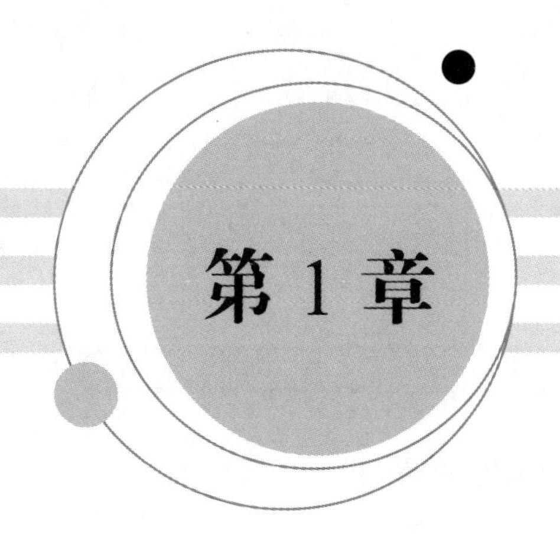

第 1 章 绪　论

1.1　R 语言概述

1.1.1　R 语言现状

大数据时代下，数据挖掘、数据分析、机器学习等得到了迅速发展。与此同时，人们也越来越注意到 R 语言功能的强大。在此之前，R 语言只是一些统计学家在用。在大数据的发展和推动下，人们逐渐发现了 R 语言的优点，并开始重视 R 语言。R 语言之所以能取得如此多的关注，部分原因是对其他同类软件的不接受。SPSS 的操作可谓“傻瓜”级的，点点鼠标就好了，对编程能力的要求很低，与多数人眼中的高级软件有出入，因此它就这样被忽略了。SAS 软件在安装上就将一大半的初学者拦在门外，另外，SAS 高达 8GB 的内存占有量，配合着高昂的价格，几乎不适用于进行个人数据分析。MATLAB 和 Python 毕竟不是专门为统计分析而设计的，其他的统计软件相对小众。

2008 年，“统计之都（Capital of Statistics，COS）”论坛在中国人民大学举办了第一届中国 R 语言会议。从此 R 语言会议规模越来越大，至今已成功举办了 13 届。

图 1.1 展示了 2020 年 11 月 TIOBE 给出的编程语言排行榜。

Nov 2020	Nov 2019	Change	Programming Language	Ratings	Change
1	2	^	C	16.21%	+0.17%
2	3	^	Python	12.12%	+2.27%
3	1	v	Java	11.68%	-4.57%
4	4		C++	7.60%	+1.99%
5	5		C#	4.67%	+0.36%
6	6		Visual Basic	4.01%	-0.22%
7	7		JavaScript	2.03%	+0.10%
8	8		PHP	1.79%	+0.07%
9	16	^^	R	1.64%	+0.66%
10	9	v	SQL	1.54%	-0.15%

图 1.1　TIOBE 给出的编程语言排行榜

（注：资料来源 http://www.pc6.com/infoview/Article_183864.html）

1.1.2　R 语言主要优势

R 语言有以下几点主要优势。

（1）作图美观：R 语言具有卓越的作图功能。既可以画出如图 1.2 所示的统计图，又可以画出如图 1.3 所示的出租车轨迹图。

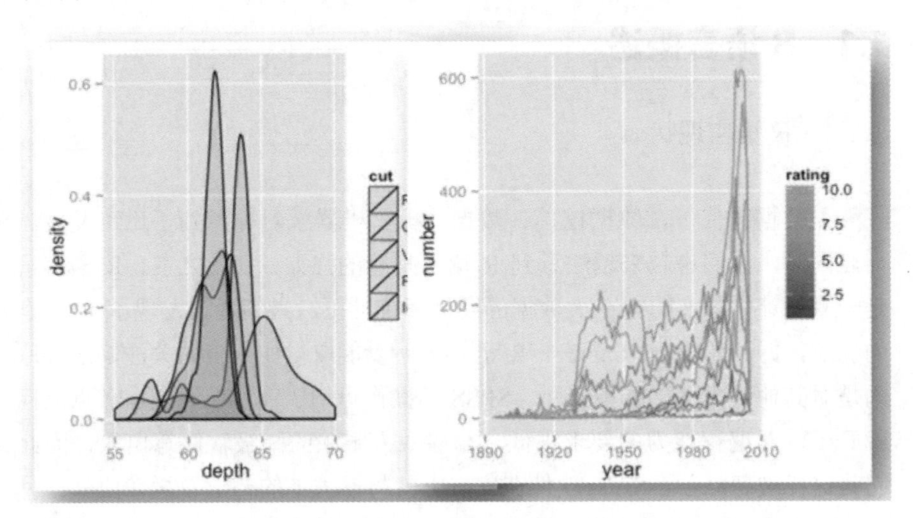

图 1.2　R 可视化示例

（2）完全免费：R 语言是世界各地有开源精神的极客们共同贡献出来的精品，在官网上直接下载即可使用，高大上的统计分析触手可及，完全免费。

（3）算法覆盖广：作为统计分析工具，R 语言几乎覆盖整个统计领域的前沿算法。从热门的神经网络到经典的线性回归。数千个 R 包，上万种算法，都能找到可直接调用的函数实现。

（4）软件扩展易：作为一款软件系统，R 语言有极方便的扩展性。它可以轻松与各种语言完成互调，如 Python 和 C，都可无缝对接。

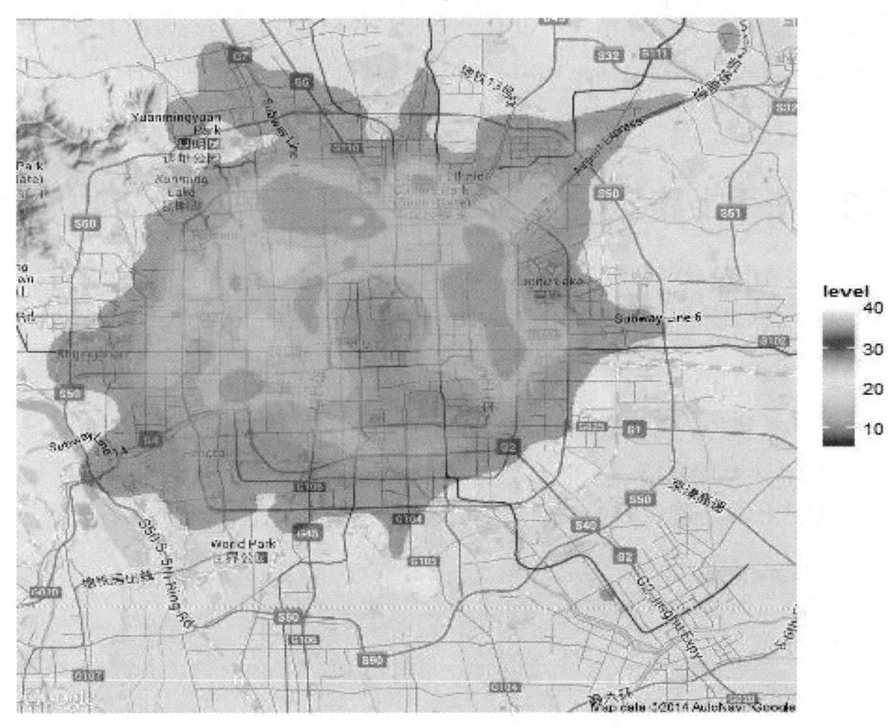

图 1.3　出租车轨迹图

（5）强大的社区支持：每个月在活跃的社区 CRAN 上发布近 200 个 R 包，到目前已发布了近 30000 个 R 包，对 R 语言学习者具有很高的参考价值。

（6）非过程编程模式：R 语言基本上不需要用到流程控制（当然，它也支持流程控制）。

（7）交互性：按 Enter 键出结果，不像 SPSS 那种用鼠标单击的交互方式。

（8）统计学特性：这是 R 语言与其他计算机语言最大的本质区别。

1.1.3　学 R 语言的理由

（1）表层原因。Java、C、Python 等难以集中精力去处理数据问题，对文史哲经管商等专业的读者学习数据分析门槛过高。

（2）主要原因。R 语言具有良好的生态系统：丰富的 R 包、活跃的社区、算法覆盖广、软件扩展易（与其他语言无缝对接）、作图美观、完全免费。

（3）直接原因。简单几行代码就能玩转表格数据，像 Excel 一样吸引力极强，专为全专业学生学习大数据分析量身打造。

（4）根本原因。非过程化编程（回答的问题是“是什么”而不是“为什么”。程序只有顺序结构，没有分支和循环结构）、动态数据类型（不需要定义数据类型）、向量化运算（数是特殊的向量）、强大的统计分析功能。

1.2　新手上路

（1）HELLOW WOLD。

这是学习任何一种编程语言必须讲的第一个程序。R 语言的代码如下。

```
>"HELLOW WOLD"
```

是不是和其他语言有所不同。

（2）丰富的 R 包。

【例 1.1】判断 2021、2017 是否为素数。

```
> library(pracma)
> isprime(2021)    #返回：0 表示非素数，1 表示素数
[1] 0
> isprime(2017)
[1] 1
```

（3）分段函数表达。

【例 1.2】如果 x>0 输出 1，否则输出 0。

```
>ifelse(x>0,1,0)
```

（4）循环的表达。

【例 1.3】编程计算 s=1+2+3+…+1000。

```
>s<-sum(1:100)
>s
[1] 5050
```

（5）向量化计算模式。

【例 1.4】数据如表 1.1 所示，所有婴儿体重增加 0.5kg。

表 1.1　10 名婴儿的月龄和体重

年龄/月	体重/kg	年龄/月	体重/kg
1	4.4	9	7.3
3	5.3	3	6.0
5	7.2	9	10.4
2	5.2	12	10.2
11	8.5	3	6.1

方法 1：

```
>c(4.4,5.3,7.2,5.2,8.5,7.3,6.0,10.4,10.2,6.1)+:0.5
```

方法 2：

如果表 1.1 已经保存在 data 中，例 1.4 的另解：

```
>data$体重+0.5
```

或

```
>data[,体重]+0.5
```

（6）轻松画图。

【例 1.5】数据如表 1.1（已经保存在 data 中）所示，绘制体重与年龄关系图，如图 1.4 所示。

```
>plot(data$年龄,data$体重)                              #绘制点图
```

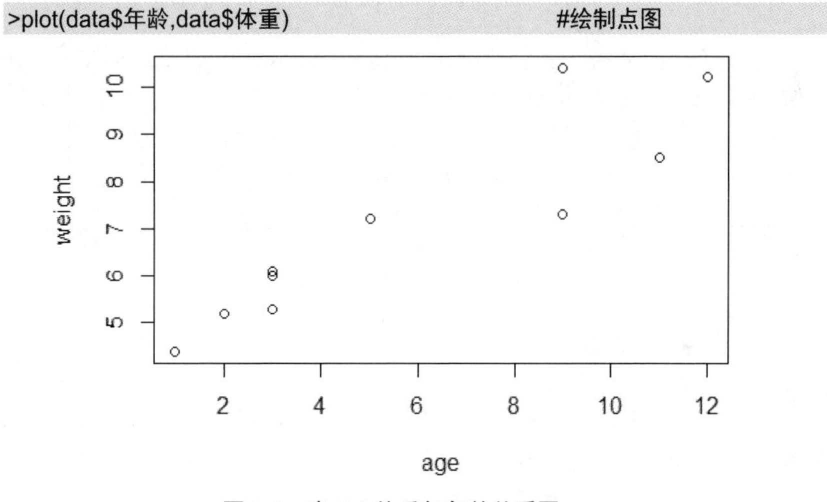

图 1.4　表 1.1 体重与年龄关系图

1.3　R 语言开发环境部署

1.3.1　安装 R

本节只介绍 R 语言在 Windows 环境下的安装方法，其他环境下的安装请参考相关资料。R 语言开发环境下载安装地址为 https://cran.r-project.org，进入网站后显示如图 1.5 所示界面。

单击图 1.5 中的鼠标焦点后，显示如图 1.6 所示。

单击图 1.6 中的鼠标所指链接后，显示如图 1.7 所示的软件下载界面。

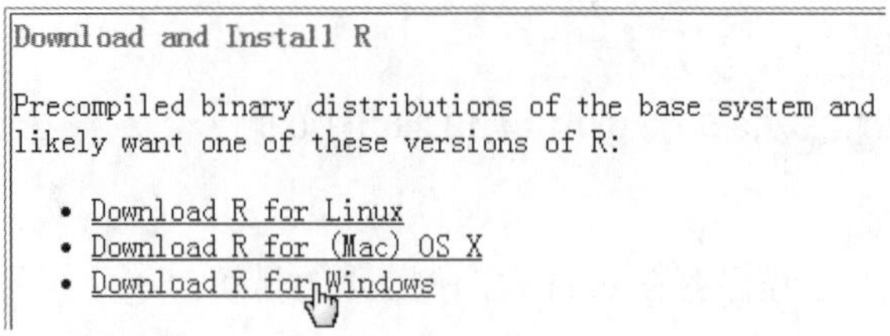

Download and Install R

Precompiled binary distributions of the base system and
likely want one of these versions of R:

- Download R for Linux
- Download R for (Mac) OS X
- Download R for Windows

图 1.5　R 语言开发环境下载界面

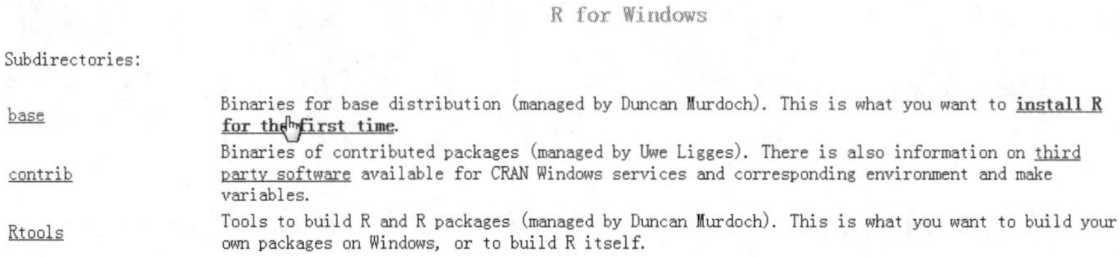

R for Windows

Subdirectories:

base	Binaries for base distribution (managed by Duncan Murdoch). This is what you want to **install R for the first time**.
contrib	Binaries of contributed packages (managed by Uwe Ligges). There is also information on third party software available for CRAN Windows services and corresponding environment and make variables.
Rtools	Tools to build R and R packages (managed by Duncan Murdoch). This is what you want to build your own packages on Windows, or to build R itself.

图 1.6　目录选择

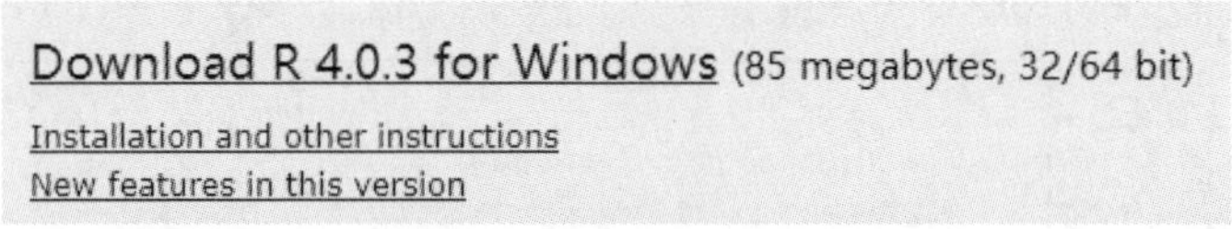

Download R 4.0.3 for Windows (85 megabytes, 32/64 bit)

Installation and other instructions

New features in this version

图 1.7　下载软件界面

运行安装程序，开始安装：单击“下一步”按钮即可。安装完成后会在桌面上创建 32 位和 64 位两个版本的快捷方式。

1.3.2　安装 RStudio

RStudio 是 R 语言的集成开发环境（IDE），它是一个独立的开源项目，它将许多功能强大的编程工具集成到一个直观、易于学习的界面中。RStudio 可以在所有主要平台（Windows、Mac 或 Linux）上运行，也可以通过 Web 浏览器（使用服务器安装）运行。如果是一个 R 新手或者偏爱界面版的 R 环境，那么一定会喜欢上 RStudio。

Rstudio 的安装地址为 http://rstudio.com。

Powerful IDE for R→Desktop→Free Download→RStudio 0.99.879-Windows Vista/7/8/10，如图 1.8 所示。

安装的流程：双击打开 RStudio-0.99.879.exe→欢迎界面→选择安装路径→确定开始菜单文件夹名字→finish。

注意：在安装 RStudio 之前一定要先安装 R 语言环境。RStudio 是 R 语言的集成开发环境 IDE，R 语言的用户接口。

RStudio 安装完成，桌面会出现如图 1.9 所示的 Rstudio 图标，双击该图标，启动 RStudio，显示界面如图 1.10 所示。

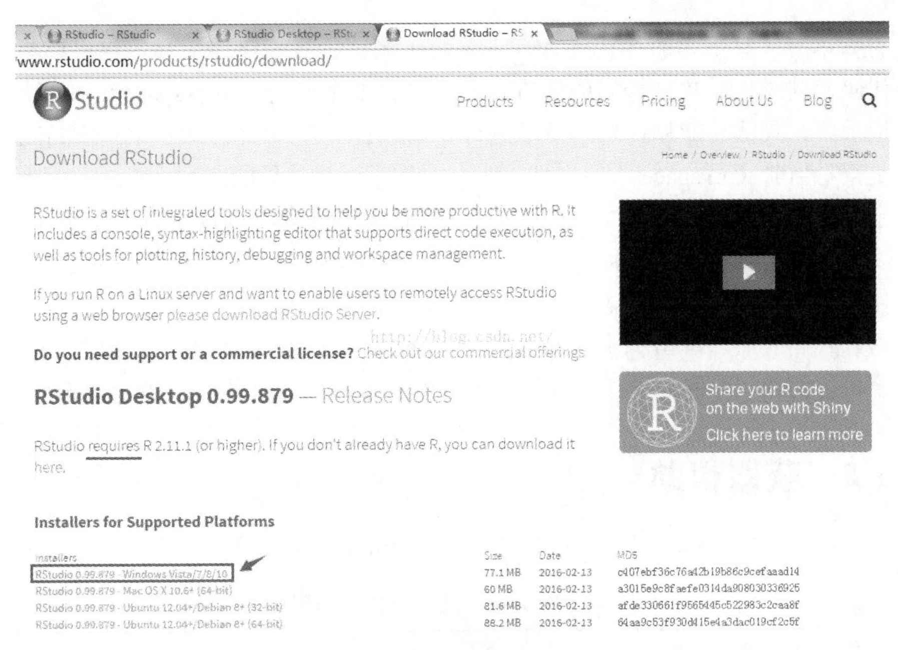

图 1.8　安装 Rstudio

图 1.9　Rstudio 图标

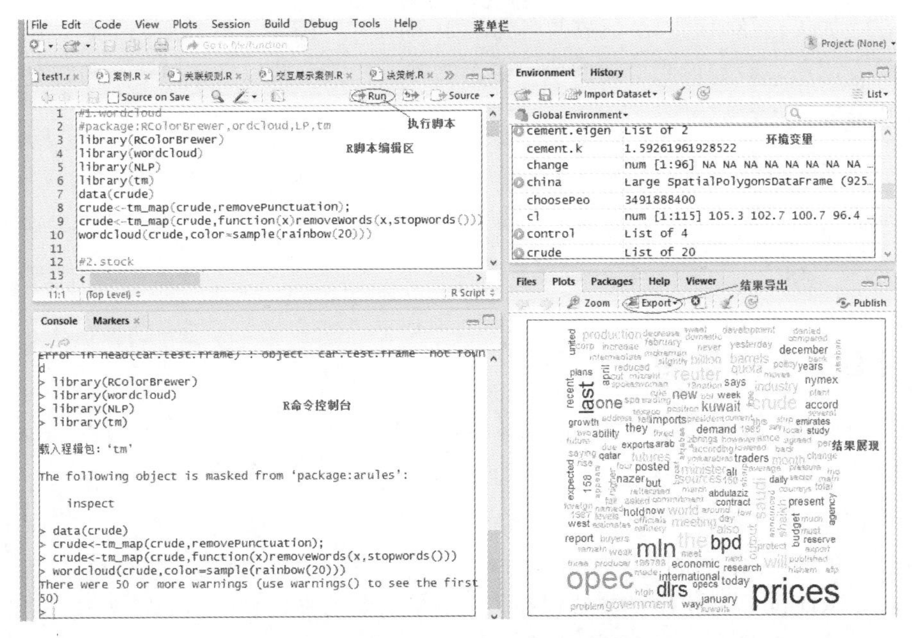

图 1.10　Rstudio 操作界面功能区域划分

从图 1.10 可以看出，RStudio 总共有 4 个工作区域，左上是用来写代码的脚本区。左下为命令控制台，主要用于调试、显示错误信息，也可以写代码，同时也是数据输出的地方。右上包含工作空间（workspace）和历史记录区，具体功能将在后续章节进行介绍。右下有 4 个主要的功能：Files 是查看当前 workspace 下的文件；Plots 是展示运算结果的图案；Viewer 是展示系统已有的软件包，并且能勾选载入内存；Help 是可以查看的帮助文档。

选择工具栏上的 File 选项卡，选择 New 命令，可以看到 4 种格式的文件，选择 R Script，就能建立一个 R 语言的代码文件了。在图 1.10 脚本区写好代码之后，单击脚本区右上角的 Run 按钮，运行当前行，如果先选中要执行的代码，例如前面的 5 行，再单击 Run 按钮，则执行选中的这 5 行。

1.4 获取帮助

如表 1.2 所示，列出一些 R 语言中的帮助命令或函数。

表 1.2　R 语言中的帮助命令或函数

函　　数	功　　能
help("foo")或?foo	查看函数 foo 的帮助（引号可以省略）
??foo	以 foo 为关键词搜索本地帮助文档
example("foo")	函数 foo 的使用示例（引号可以省略）
apropos("foo",mode="function")	列出名称中含有 foo 的所有可用函数
data()	列出当前已加载包中的所有可用示例数据集

如果已经知道一个函数的名称（如 solve），需要了解其所属的包、用途、用法、参数说明、返回值、参考文献、相关函数以及范例等，可以使用命令：

```
help(solve)
```

或

```
?solve
```

1.5 工作空间

R 的工作空间保存了一些环境信息。每次与 R 的会话可以从一个全新的环境开始，也可以在上一次的基础上继续，“上一次”运行信息保存在工作空间中。

R 对工作空间自动保存了两个隐藏文件：.RData 和.Rhistory。其中，.RData 以二进制的方式保存了会话中的变量值，.Rhistory 以文本文件的方式保存了会话中的所有命令。

更多的用于管理 R 工作空间的函数如表 1.3 所示。

表 1.3 用于管理 R 工作空间的函数

函 数	功 能
getwd()	显示当前的工作目录
setwd("mydirectory")	修改当前的工作目录为 mydirectory
ls()	列出当前工作空间中的对象
rm(objectlist)	移除（删除）一个或多个对象
q()	退出 R，并询问是否保存工作空间

注意：setwd()命令的路径分隔符为反斜杠（\）或双正斜杠（//），例如正确设置路径的格式是 setwd("d:\test") 或 setwd("d://test")，而不是 setwd("d:/test")。

1.6 脚本

启动 R 后将默认开始一个交互式的会话，从键盘接收输入脚本并在屏幕上输出，也可以处理脚本文件。

（1）脚本编辑。

脚本文件以.R 作为扩展名。一个最简单的例子 test.R：

```
>x <- rnorm(50)
>y <- rnorm(x)              #产生两个随机向量 x 和 y
>plot(x,y)                  #使用 x,y 画二维点图，打开一个图形窗口
```

（2）脚本执行。

```
>source("test.R")
```

如果文件名中不包含路径，则默认脚本在当前工作目录中。

1.7 R 包

R 包是 R 函数、数据、预编译代码以一种定义完善的格式组成的集合。计算机上存储 R 包的目录称为库（library）。

R 自带了一系列默认包（包括 base、datasets、utils、grDevices、graphics、stats 和 methods），它提供了种类繁多的默认函数和数据集。其他 R 包可通过下载安装。安装好以后，R 包必须被载入内存中才能使用。

- 安装 R 包的命令：install.packages("gclus")。
- 加载 R 包到内存的命令：library(gclus)。
- 显示 R 包所在位置的命令：.libpath()。
- 显示已加载的 R 包的命令：library()。

习题

一、单选题

1．函数______可在当前会话中执行脚本 test.R。

A．demo("test.r") B．execute("test.r")

C．example("test.r") D．source("test.r")

2．移除（删除）工作空间的一个或多个对象的命令是______。

A．rm() B．ls() C．setwd() D．getwd()

二、多选题

1．设置路径的格式是______。

A．setwd("d:\test") B．setwd("d://test")

C．setwd("d:/test") D．setwd("d:/test")

2．______开启帮助。

A．help(solve) B．?solve

C．??solve D．solve?

3．学习 R 语言的根本原因包括______。

A．非过程化编程 B．动态数据类型

C．向量化运算 D．强大的统计分析功能

三、填空题

1．安装 R 包的命令是______。

2．加载 R 包到内存的命令是______。

3．显示 R 包所在位置的命令是______。

4．显示已加载的 R 包的命令是______。

5．列出当前已加载包中所含的所有可用示例数据集的命令是______。

6．显示当前工作目录的命令是______。

7．修改当前的工作目录为 myworkspace 的命令是______。

8．退出 R 的命令是______。

9．判断 2021 是否为素数的命令是______。

10．脚本文件是以______作为扩展名。

四、简答题

1．简述学习 R 语言的理由。

2．简述非过程化编程的基本思路。

基本语法

2.1 变量

2.1.1 变量及其作用

简单说，变量就是给数据一个能让人理解的名字。例如，12 可以指年龄，也可以指距离，还可以指其他，所以，通过变量，12 就有了不同的含义。

变量的主要作用，是用来存储信息，并在计算机程序中使用这些信息。可以比喻为代数中的“未知数”，有了变量，数据就有了含义，解决问题的手段就更加丰富。对于“鸡兔同笼”问题，如果不使用变量，就需要对问题有深入的理解，才能够解决。而如果使用了变量，就可以把问题转换为解方程组，从而很容易解决。

变量由名和值组成，变量的名是存储地址，变量的值是存储的内容。

变量有类型，变量的类型就是存储的数据的类型，如图 2.1 所示。

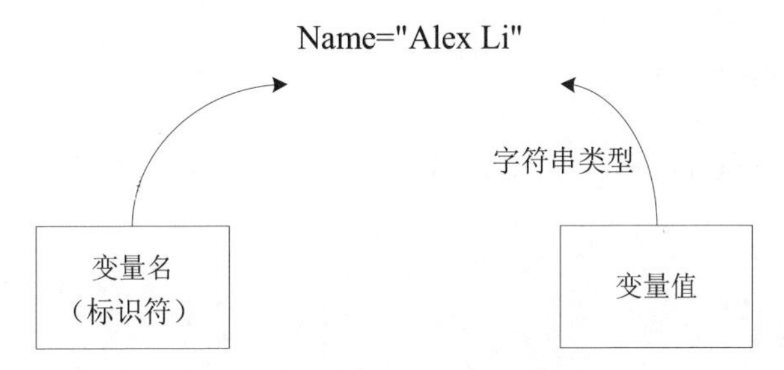

图 2.1 变量的名、值和类型

2.1.2 变量命名

有效的变量名称（也称标识符）由字母、数字和点或下画线组成。变量名以字母或点（后不能跟数字）开头，如表 2.1 所示。

表 2.1 变量命名合法性示例

变 量 名	合 法 性	原 因
var_name2.	有效	有字母、数字、点和下画线
VAR_NAME%	无效	有字符%，只有点（.）和下画线是允许的
2var_name	无效	以数字开头
.var_name，var.name	有效	可以用一个点（.），但点后不跟数字
.2var_name	无效	起始点后面是数字使其无效
_var_name	无效	开头_是无效的

2.1.3 变量赋值

（1）可以使用<-、->、=运算符来为变量分配值。

```
>V1<-0
>0->V1
>V1=0
```

是等价的，都是把 0 赋值给变量 V1。建议使用运算符“<-”。

（2）如果是给不同变量赋同一个值，也可简写为：

```
>V1<-V2<-0        #将数字 0 同时赋值给 V1 和 V2
```

（3）赋值是有方向的。

假设使用运算符“<-”，赋值运算符左侧一定是变量，右侧可以是数值、变量、表达式、函数等。其功能是先计算右侧的值，然后把计算结果赋值给左侧变量。例如：

```
>V1<-2+3
>V2<-V1
```

2.1.4 变量值输出

可以使用 print()或 cat()函数打印变量的值。cat()函数将多个项目组合成连续打印输出。

```
>var<-5
>print(var)
>cat("var is ", var ,"")
```

也可以通过变量名本身，输出其值，例如：

```
>var
```

2.2　常量

常量亦称常数，是反映事物相对静止状态的量；变量亦称变数，是反映事物运动变化状态的量。R 语言常量分为逻辑常量、符号常量和标量。

2.2.1　逻辑常量

（1）TRUE：真。
（2）FALSE：假。

2.2.2　符号常量

（1）pi：3.141593。
（2）letters：小写 26 个字母。
（3）LETTERS：大写 26 个字母。
（4）1e1：1×10^1。
（5）空值。
① NA：缺失值，表示不可用。占据数据空间，参与运算。

```
> x<-c(1,2,3,NA,4); mean(x)
[1] NA
```

如果想去除 NA 的影响，需要显式告知 mean()方法，如 mean(x,NA.rm=T)。
② NaN：无意义的数，例如，对负数开平方、分母为零、sqrt(-2)、0/0。
③ NULL：表示未知的状态。不占据任何数据空间，不参与运算。

```
>x<-c(1,2,3,NULL,4)
>mean(x),
[1] 3.5
```

（6）无穷。
① Inf：正无穷。
② -Inf：负无穷。

2.2.3　标量

标量就是通常说的常数，主要包括以下几个。
（1）整型（integer）：2L，5L，8L。

（2）数值型（numeric）：2，2.5。

（3）字符型（character）。

在R中的单引号或双引号中写入的任何值都将被视为字符串。

① 适用于字符串构造的规则如下。

- 字符串开头和结尾的引号应为单引号或双引号，不能混合。
- 双引号可以插入到以单引号开始和结尾的字符串中。
- 单引号可以插入到以双引号开始和结尾的字符串中。
- 双引号不能插入到以双引号开始和结尾的字符串中。
- 单引号无法插入到以单引号开始和结尾的字符串中。

② 有效字符串的示例。

以下代码可以在R语言中，正确创建字符串。

```
a <- 'Start and end with single quote'
b <- "Start and end with double quotes"
c <- "single quote ' in between double quotes"
d <- 'Double quotes " in between single quote'
```

③ 无效字符串的示例。

以下代码在R语言中，不能正确创建字符串。

```
e <- 'Mixed quotes"
f <- 'Single quote ' inside single quote'
g <- "Double quotes " inside double quotes"
```

（4）逻辑型（logical）：取值为TRUE（T）或者FLASE（F）。

（5）复数型（complex）。

复数在R语言中表示为z=x+iy，在R语言中，虚数单位为i。

① 如果是负数常量，可以直接赋值。

```
>z1=1i; print(z1)
[1] 0+1i
>z2=2.5i; print(z2)
[1] 0+2.5i
>z3=1+2i; print(z3)
[1] 1+2i
```

② 如果一个复数中含有变量时，需要用乘法（*），例如：

```
>x=3
>z=x*1i
>z=pi*1i
```

③ 可用exp()生成复数。

```
>z=exp(pi*1i)
>print(z)
```

```
[1] -1+0i
```

exp(pi*1i)=cos(pi)+isin(pi)，cos(pi)=−1，sin(pi)=0，exp(pi*1i)是复数的一种表示方法。

2.3 向量

向量是一种结构数据类型，属于第 3 章内容，但由于接下来列举的一些示例都与向量有关，所以将向量作为一种基本语法，在这里介绍。对向量的理解关系到对 R 语言的理解。

（1）向量是多个元素组成的有序的一维结构。

（2）单个数值（标量）是向量的一种特例，称为单元素向量。

（3）向量的元素必须属于某种模式（mode），如整型（integer）、数值型（numeric）、字符型（character）、逻辑型（logical）、复数型（complex）。

2.3.1 向量产生

（1）向量定义函数：c()。

```
>v1<-c("US","CHINA")              #产生包含 2 个元素的字符串型向量
>v2<-c(TRUE,TRUE,FALSE)           #产生包含 3 个元素的逻辑型向量
>v3<-c(1,5,8,10)                  #产生包含 4 个元素的数值型向量
>v4<-c(1:5,8)                     #产生包含 6 个元素的数值型向量
```

（2）产生一个向量序列：from:to。

```
>b<-1:4                           #得到向量"1,2,3,4"
```

注意 c<−1:4+1 和 c<−1:(4+1)的区别。

```
> c<-1:4+1
 [1] 2 3 4 5
> c<-1:(4+1)
 [1] 1 2 3 4 5
```

（3）产生一个等差向量序列：seq(from = n, to =m, by = k,len w)。

```
> seq(2, 10 )                     #默认公差为 1
[1]  2  3  4  5  6  7  8  9 10
> seq(2, 10 ,2)                   #不指定长度，form,to,by 关键词可以省略
[1]  2  4  6  8 10
> seq(from =2, by = 2,len=10)     #to 和 len 不能同时使用
[1]  2  4  6  8 10 12 14 16 18 20
```

（4）重复一个对象：rep() 。

① 格式 1：rep(x,times)。

x 是要重复的对象（如向量 c(1,2,3)），times 为对象中每个元素重复的次数（例如，times=c(9,7,3)就是将 x 向量的 1 重复 9 次，2 重复 7 次，3 重复 3 次）。

② 格式 2：rep(x, each=n)。

重复 x 元素 n 次；rep(c(1,2,3),2)得到 1 2 3 1 2 3；rep(c(1,2,3),each=2)得到 1 1 2 2 3 3。

（5）随机产生正态分布向量。

格式：sample(from:to, n, replace=T）随机产生从 from 到 to 的 n 个数。

① replace=T 表示有放回抽样。

② replace=F 表示无放回抽样。

2.3.2 向量引用

向量引用就是取出满足条件的向量元素，一般是通过下标值获取向量元素的，注意 R 语言下标从 1 开始，不是 0。

```
> x<-seq(2, 10 )
> x[3]                          #下标为正数，取出下标对应的元素
[1] 4
> x[-3]                         #下标为负数，排除下标对应的元素
[1]  2  3  5  6  7  8  9 10
> x[c(3,5,8)]                   #如果一次取出多个元素，要用向量做下标
[1] 4 6 9
> x[-c(3,5,8)]                  #如果一次排除多个元素，要用向量做下标
[1]  2  3  5  7  8 10
> x[which(x>6)]                 #取出满足条件的元素，要使用 which()函数
[1]  7  8  9 10
> x[which.max(x)]               #取出最大元素，最小元素小标为 which.min
[1] 10
> x[3:5]                        #取出连续的元素
[1] 4  5  6
```

2.3.3 向量化运算

R 语言强大的功能之一就是不通过循环直接对向量的每个元素进行操作，如果参与运算的向量长度不同，则自动延长短向量，补齐后再运算，这一特性称为向量化运算。

【例 2.1】产生两个不等长整数向量 x 和 y，计算 $\sqrt{x}$，x+y，x · y，x×y 及 x 的长度。

【解】

```
> y<-2:5                #产生向量 y
> x<-seq(2, 10 )        #产生向量 x
```

```
> sqrt(x)              #向量开方
[1] 1.414214 1.732051 2.000000 2.236068 2.449490 2.645751 2.828427
3.000000 3.162278
> x+y                  #向量加，如果两个向量的长度不同，R 将重复较短的向量
                       #元素，直到得到的向量长度与较长的向量的长度相同为止
[1]  4  6  8 10  8 10 12 14 12
> crossprod(x,x)       #内积
     [,1]
[1,]  384
> tcrossprod(x,x)      #外积
      [,1] [,2] [,3] [,4] [,5] [,6] [,7] [,8] [,9]
 [1,]    4    6    8   10   12   14   16   18   20
 [2,]    6    9   12   15   18   21   24   27   30
 [3,]    8   12   16   20   24   28   32   36   40
 [4,]   10   15   20   25   30   35   40   45   50
 [5,]   12   18   24   30   36   42   48   54   60
 [6,]   14   21   28   35   42   49   56   63   70
 [7,]   16   24   32   40   48   56   64   72   80
 [8,]   18   27   36   45   54   63   72   81   90
 [9,]   20   30   40   50   60   70   80   90  100
>length(x)             #向量长度
[1] 4
```

2.3.4　向量排序

在 R 语言中，和排序相关的函数主要有 3 个：sort()、rank()和 order()。

sort(x)是对向量 x 进行排序，返回值排序后的数值向量。rank(x)是求秩的函数，它的返回值是这个向量中对应元素的“排名”。而 order(x)的返回值是对应“排名”的元素所在向量中的位置。

```
> x<-c(97,93,85,74,32,100,99,67)
> sort(x)
[1]  32  67  74  85  93  97  99 100
> order(x)
[1] 5 8 4 3 2 1 7 6
> rank(x)
[1] 6 5 4 3 1 8 7 2
```

假设 x 为一组学生完成某项测试花费的时间（所用时间越短，排名越靠前），rank()的返回值是这组学生对应的排名，而 order()的返回值是各个排名的学生成绩所在向量中的位置。

2.4 运算符

由于标量是向量的特例，以下运算对象以向量为例。

2.4.1 算术运算符

表 2.2 列出了 R 语言支持的算术运算符。表中示例假设：

```
v <-c(2,5.5,6)
t <-c(8, 3, 4)
```

表 2.2 算术运算符

运算符	描述	示例
+	两个向量相加	print(v+t) 它产生以下结果： [1] 10.0 8.5 10.0 思考：print(v+1)
−	从第一个向量中减去第二个向量	print(v−t) 它产生以下结果： [1] −6.0 2.5 2.0
*	两个矢量相乘	print(v*t) 它产生以下结果： [1] 16.0 16.5 24.0
/	将第一个向量与第二个向量相除	print(v/t) 它产生以下结果： [1] 0.250000 1.833333 1.500000
%%	得到第一个矢量与第二个矢量余数	print(v%%t) 它产生以下结果： [1] 2.0 2.5 2.0
%/%	得到第一个向量与第二个向量相除的商	print(v%/%t) 它产生以下结果： [1] 0 1 1
^	v^t	print(v^t) 它产生以下结果： [1] 256.000 166.375 1296.000

2.4.2 关系运算符

表 2.3 列出了 R 语言支持的关系运算符。第一向量的每个元素与第二向量的相应元素进行比较。比较的结果是一个逻辑值。表中示例假设：

```
v <-c(2,5.5,6,9)
t <-c(8,2.5,14,9)
```

表 2.3　关系运算符

运　算　符	描　　述	示　　例
>	检查是否第一向量的每个元素大于第二向量的相应元素	print(v>t) 它产生以下结果： [1] FALSE　TRUE FALSE FALSE 思考：print(v>2)
<	检查是否第一向量的每个元素小于第二向量的相应元素	print(v < t) 它产生以下结果： [1] TRUE FALSE　TRUE FALSE
==	检查是否第一向量的每个元素等于第二向量的相应元素	print(v==t) 它产生以下结果： [1] FALSE FALSE FALSE　TRUE
<=	检查是否第一向量的每个元素小于或等于第二向量的相应元素	print(v<=t) 它产生以下结果： [1] TRUE FALSE　TRUE　TRUE
>=	检查是否第一向量的每个元素大于或等于第二向量的相应元素	print(v>=t) 它产生以下结果： [1] FALSE　TRUE FALSE　TRUE
!=	检查是否第一向量的每个元素不等于第二向量的相应元素	print(v!=t) 它产生以下结果： [1] TRUE　TRUE　TRUE FALSE

2.4.3　逻辑运算符

表 2.4 列出了 R 语言支持的逻辑运算符。它仅适用于一种逻辑，数字或复杂的矢量。所有数值大于 1，则认为逻辑值为 TRUE。

表 2.4　逻辑运算符

运　算　符	描　　述	示　　例
&	如果两个向量对应元素都为 TRUE，则输出 TRUE	v <-c(3,1,TRUE,2+3i) t <-c(4,1,FALSE,2+3i) print(v&t) 它产生以下结果： [1] TRUE　TRUE FALSE　TRUE
|	如果两个向量对应元素都为 FALSE，则输出 FALSE	v <-c(3,0,TRUE,2+2i) t <-c(4,0,FALSE,2+3i) print(v|t) 它产生以下结果： [1] TRUE FALSE　TRUE　TRUE
!	向量的每个元素 FALSE、TRUE 互换	v <-c(3,0,TRUE,2+2i) print(!v) 它产生以下结果： [1] FALSE　TRUE FALSE FALSE

续表

运 算 符	描 述	示 例
&&	如果两个向量的第一元素都为TRUE，结果为TRUE，否则为FALSE	v <-c(3,0,TRUE,2+2i) t <-c(1,3,TRUE,2+3i) print(v&&t) 它产生以下结果： [1] TRUE
||	如果两个向量的第一元素都为FALSE，结果为FALSE，否则为TRUE	v <-c(0,0,TRUE,2+2i) t <-c(0,3,TRUE,2+3i) print(v||t) 它产生以下结果： [1] FALSE

将所述第一向量的每个元素与所述第二向量的相应元素进行比较。比较的结果是一个布尔值。

2.4.4 其他运算符

其他运算符如表2.5所示。

表2.5 其他运算符

运 算 符	描 述	示 例
:	冒号运算符。它创建顺序一系列数字的向量	v <-2:8 print(v) 它产生以下结果： [1] 2 3 4 5 6 7 8
%in%	判别一个元素是否属于某个向量，属于则输出TRUE，否则输出FALSE	v1 <-8；t <-1:10 print(v1 %in% t) 它产生以下结果： [1] TRUE

2.5 命令

（1）几点说明。

① R语言对大小写是敏感的。

② print(a)与(a)等价，但a与(a)不一定等价。

```
>print(x<-5)
>(x<-5)
>x<5
```

（2）换行与续行。

如果想一行写多条命令，需要语句之间增加分号“;”。

（3）注释。

① 注释主要用于一段代码的解析，可以让读者更易理解，注释不会影响代码的执行。

② R 语言只有单行注释，没有多行注释。

③ 释符号为 #，#后为注释内容。

```
#这是我的第一个编程代码
>myString <- "Hello, World!"
>print(myString)
```

（4）常用控制命令。

① 控制台清屏：Ctrl+L。

② 增加当前行注释：Shift+Ctrl+C。

③ 命令自动补全：Tab。

2.6　重要内置函数

（1）查看系统信息。

① 列出已经加载的内部数据集：data()。

② 查看数据类型：class()。

```
> class(v1)     #数据见 2.3.1 节
[1] "character"
> class(v2)
[1] "logical"
> class(v4)
[1] "numeric"
```

③ 查看数据结构：str()。

```
> str(v4)
[1] num [1:6] 1 2 3 4 5 8
> str(v2)
[1] logi [1:3] TRUE TRUE FALSE
```

④ 数据总结：summary()。

- 如果数据类型是数值型，则显示数据四分位数。

```
>summary(v4)
  Min. 1st Qu.  Median    Mean 3rd Qu.    Max.
  1.000   2.250   3.500   3.833   4.750   8.000
```

四分位数定义如图 2.2 所示。

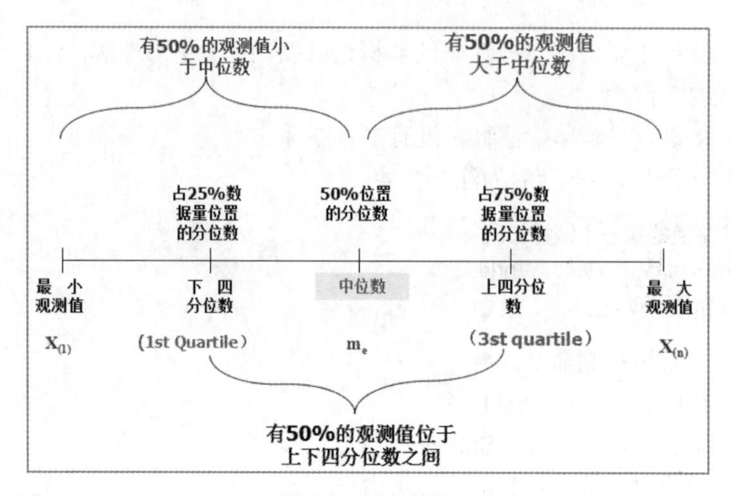

图 2.2 四分位数

- 如果数据类型是字符型，则显示类型和长度等信息。

```
>summary(v1)
Length      Class      Mode
 2          character character
```

（2）查看数据内容。

① 输出：print(),cat()。

② 显示数据的前 n 个元素：head(v,n)，默认 n=6。

③ 显示数据的后 n 个元素：tail(v,n)，默认 n=6。

（3）数学函数。

① 开方——sqrt()。

② 正弦——sin()。

③ 数据长度——lenth()。

④ 最大值——max()。

⑤ 最小值——min()。

⑥ 素数判定——isprime()。

⑦ 四舍五入——round(data,n) #保留 n 位小数。

（4）统计量函数。

① 平均数——mean()。

② 中位数——median()。

③ 方差——var()。

④ 标准差——sd()。

⑤ 众数——names(which.max(table(x)))。

⑥ 峰度——kurtosis()。

⑦ 偏度——skewness()。

峰度和偏度如图 2.3 所示。

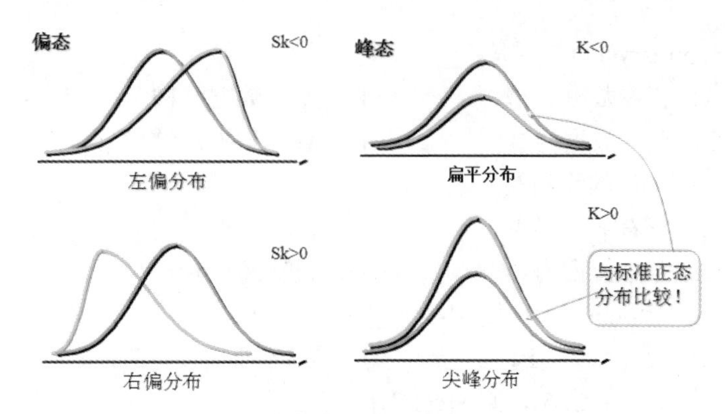

图 2.3　峰度和偏度

注意：有的函数需加载包：PerformanceAnalytics。

⑧ 设置随机种子——set.seed()。

想了解更多的函数可参考：https://bbs.pinggu.org/forum.php?mod=viewthread&tid=5641916

习题

一、单选题

1．表示不可用的值，且占据数据空间的常量为______。

A．NULL　B．NA　C．NaN　D．Inf

2．无意义的数，例如 sqrt(-2), 0/0，表示为______。

A．NULL　B．NA　C．NaN　D．Inf

3．1e1 的值为______。

A．e　B．1e1

C．10　D．语法错误

4．exp(pi*2i)的值为______。

A．-1+0i　B．-1-0i

C．1-0i　D．语法错误

5．Tab 键的作用是______。

A．命令自动补全　B．控制台清屏

C．中断当前计算　D．帮助

6．Ctrl+L 快捷键的作用是______。

A．命令自动补全　B．控制台清屏

C．中断当前计算　D．帮助

7．str()的作用是______。

A．查看数据类型　B．查看数据结构

C．查看数据内容　D．查看数据总结信息

8．summary()的作用是______。

A．查看数据类型　　B．查看数据结构

C．查看数据内容　　D．查看数据总结信息

9．set.seed()的作用是______。

A．查看数据类型　　B．查看数据结构

C．查看数据内容　　D．设置随机种子

10．若 x<-seq(2, 5)，则 x[-3]=______。

A．2 3 4　　B．3 4 5　　C．2 3 5　　D．2 4 5

11．若 x<-seq(2, 5)，则 x[c(1,3)]=______。

A．2 3　　B．2 4　　C．2 3 4　　D．2 4 5

12．若 x<-seq(2, 5)，则 x[which.max(x)]=______。

A．2　　B．4　　C．5　　D．6

13．若 x<-seq(2, 5)，则 crossprod(x,x)=______。

A．10　　B．29　　C．54　　D．7

14．若 x<-c(1,3,4,2)，则 sort(x)=______。

A．1 4 2 3　　B．1 2 3 4

C．1 3 4 2　　D．4 3 2 1

15．若 x<-c(1,3,4,2)，则 order(x)=______。

A．1 4 2 3　　B．1 2 3 4

C．1 3 4 2　　D．4 3 2 1

16．若 x<-c(1,3,4,2)，则 rank(x)=______。

A．1 4 2 3　　B．1 2 3 4

C．1 3 4 2　　D．4 3 2 1

17．若 x<-5，y<-3，则 x%%y=______。

A．1　　B．2　　C．3　　D．5

18．若 x<-5，y<-3，则 x%/%y=______。

A．1　　B．2　　C．3　　D．5

19．v<-c(3,1,TRUE,2+3i)，t<-c(4,1,FALSE,2+3i)，则 print(v&t)产生的结果为______。

A．FALSE　TRUE FALSE　TRUE

B．TRUE　TRUE FALSE　TRUE

C．FALSE　TRUE TRUE　TRUE

D．TRUE　TRUE FALSE　FALSE

二、多选题

1．______是无效变量名。

A．var_name2.　　B．VAR_NAME%

C．.var_name　　D．_var_name

2．可以作为赋值运算符的包括______。

A．<-　　B．->　　C．=　　D．<=

3．合法的赋值语句包括______。

A．V1<-V2<-0　　B．V1<-2+3

C．V1<-0->V2　　D．0=V1

4．能够输出变量 V1 值的语句包括______。

A．print(V1)　　B．cat(V1)

C．V1　　D．(V1)

5．R 语言常量包括______。

A．逻辑常量　　B．符号常量

C．标量　　D．标识符

6．能够表示逻辑真的常量包括______。

A．TRUE　　B．true

C．T　　D．t

7．______是合法的字符串。

A．a <- 'Start and end with single quote'

B．b <- "Start and end with double quotes"

C．c <- "single quote ' in between double quotes"

D．d <- 'Double quotes " in between single quote'

8．______能够产生 5 个元素的向量。

A．C(1:5)　　B．seq(2,10,2)

C．rep(3,5)　　D．1:5

9．rnorm(50)表示产生 50 个服从均值为______，方差为 1 的正态分布随机数。

A．0　　B．1　　C．2　　D．−1

10．若 x<-seq(2, 5)，则取出 4,5 的正确的表达式是______。

A．x[which(x>3)]　　B．x[-c(1,2)]

C．x[x>3]　　D．x[3,4]

三、填空题

1．变量由名和______组成。

2．变量的名就是______。

3．如果想一行写多条命令，需要语句之间增加______。

4．如果语句太长，只要直接按 Enter 键，R 就自动在下一行开始部位增加______，作为未完待续的标志。

5．执行 c<-1:4+1 后，c 的值为______。

6．执行 c<-rep(c(1,2,3),each=2)后，c 的值为______。

7．若 v<-c(3,1,TRUE,2+3i)，t<-c(4,1,FALSE,2+3i)，则 print(v&&t)产生

的结果为______。

8．R 语言中定义了一些常量，NA 表示不可用，-Inf 表示______。

9．产生 100 个满足标准正态分布 N(0,1)的随机数，使用的函数是______。

10．使用 seq()产生一个首项为 2，公差为 2，长度为 10 的等差向量序列的命令是______。

四、判断题

1．有了变量，数据就有了含义，解决问题的手段就更加丰富。（　　）

2．简单说，变量就是给数据一个能让人理解的名字。（　　）

3．变量有类型，变量的类型就是存储的数据的类型。（　　）

4．有效的变量名称（也称标识符）由字母、数字和点或下画线组成。（　　）

5．赋值运算符左侧一定是变量。（　　）

6．R 语言对大小写不敏感。（　　）

7．R 语言的注释分为单行注释和多行注释。（　　）

8．释符号为 #，只能放在句首。（　　）

9．rep(c(1,2,3),each=2)可简写为 rep(c(1,2,3),2)。（　　）

数据类型

R 语言数据类型分为基本数据类型和结构数据类型。

3.1 基本数据类型

基本数据类型包括整型（integer）、数值型（numeric）、字符型（character）、逻辑型（logical）、复数型（complex）。

（1）逻辑型变量赋值。

```
>n <- TRUE ;print(class(n))
```

（2）数值型变量赋值。

```
>n <- 100 ; print(class(n))
```

（3）整数型变量赋值。

```
>n <- 100L ;print(class(n))
```

（4）复数型变量赋值。

```
>n <- 3+2i ;print(j) ;print(class(n))
```

（5）字符型变量赋值。

```
>n <- 'hhh' ;print(class(n))
```

从上面例子看出，变量使用前无须先赋值，并且给同一变量赋值的类型可以任意，这一特性称为动态数据类型。动态数据类型是 R 语言的一大亮点。

3.2 结构数据类型

结构数据类型如图3.1所示，包括向量、数据框、数组、矩阵、列表等。

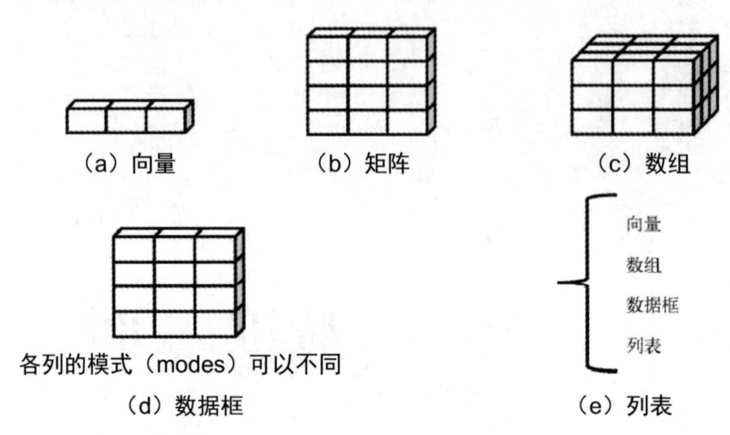

图3.1 R语言中的结构数据类型

向量是用于存储数值型、字符型或逻辑型数据的一维结构数据类型。本章讨论比向量更复杂的结构数据类型。

3.2.1 矩阵

矩阵（matrix）是一个二维结构，每个元素都拥有相同的基本数据类型。

（1）矩阵的创建。

【例3.1】 定义一个5×4的矩阵。

方法1：matrix(data, nrow=, ncol=, byrow=T)。

其中，data包含矩阵的元素，nrow和ncol用以指定行和列的维数，byrow表明矩阵应当按行存储（byrow=TRUE）还是按列存储（byrow=FALSE），默认情况下按列存储。

```
>y<-matrix(1:20,nrow=5,ncol=4)
     [,1] [,2] [,3] [,4]
[1,]    1    6   11   16
[2,]    2    7   12   17
[3,]    3    8   13   18
[4,]    4    9   14   19
[5,]    5   10   15   20
```

方法2：rbind(C1,C2,⋯,Cn)。

rbind是“row bind”的缩写，表示按行拼接。

```
>rbind(c(1,2),c(3,4))
     [,1] [,2]
[1,]    1    2
[2,]    3    4
```

方法 3：具体语法见数组章节。

```
> array(rep(1:3, each=3), dim=c(3,3))
     [,1] [,2] [,3]
[1,]    1    2    3
[2,]    1    2    3
[3,]    1    2    3
```

方法 4：具体语法见数据框章节。

```
>data.frame(a=c(1,2),b=c(3,4))
  a b
1 1 3
2 2 4
```

（2）矩阵引用。

方法 1：使用下标和方括号来选择矩阵中的行元素或列元素。

- y[i,]：返回矩阵 y 中的第 i 行。
- y[,j]：返回第 j 列。
- y[i,j]：返回第 i 行第 j 列的元素。
- y[i,-j]：返回第 i 行，但排除第 j 列的元素。
- y[-i,j]：返回第 j 列，但排除第 i 行的元素。

方法 2：使用向量和方括号来选择矩阵中的行、列或元素。

- y[c(1,3),c(2:4)]：返回第 1、3 行，第 2、4 列元素。
- y[c(1,3),-c(2:4)]：返回第 1、3 行，但排除第 2、4 列元素。

（3）矩阵运算。

- 转置：t(y)。
- 横向合并矩阵：cbind()。
- 纵向合并矩阵：rbind()。

【例 3.2】矩阵合并。

```
> x1<-rbind(c(1,2),c(3,4))          #产生矩阵 x1
> x1
     [,1] [,2]
[1,]    1    2
[2,]    3    4
> x2<-x1+10                         #产生矩阵 x2
> x2
     [,1] [,2]
[1,]   11   12
[2,]   13   14
> cbind(x1,x2)                      #横向合并矩阵
     [,1] [,2] [,3] [,4]
[1,]    1    2   11   12
[2,]    3    4   13   14
> rbind(x1,x2)                      #纵向合并矩阵
     [,1] [,2]
```

```
[1,]    1    2
[2,]    3    4
[3,]   11   12
[4,]   13   14
> cbind(1,x2)                    #横向合并矩阵与常量
     [,1] [,2] [,3]
[1,]    1   11   12
[2,]    1   13   14
```

其他有关矩阵 y 的运算函数如下。

- 将矩阵转化为向量的函数：as.vector(y)。
- 返回矩阵维度的函数：dim(y)。
- 返回矩阵的行数的函数：nrow(y)。
- 返回矩阵的列数的函数：ncol(y)。
- 对矩阵各列求和的函数：colSums(y)。
- 求矩阵各列的均值的函数：colMeans(y)。
- 对矩阵各行求和的函数：rowSums(y)。
- 求矩阵各行的均值的函数：rowMeans(y)。
- 返回对角元素的函数：daig(y)。

3.2.2 数组

数组（array）与矩阵类似，但是维度可以大于 2。像矩阵一样，数组中的每个元素也只能拥有一种基本数据类型。数组可通过 array()函数创建。

格式：myarray<-array(data,dimensions)。

- data 包含了数组中的数据。
- dimensions 给出了各个维度下标的最大值。

【例 3.3】定义三维数组。

方法 1：

```
>z<-array(1:24,c(2,3,4))
```

方法 2：

```
> b <- array(rep(1:3, each=9), dim=c(3,3,3))
> b
, , 1
     [,1] [,2] [,3]
[1,]    1    1    1
[2,]    1    1    1
[3,]    1    1    1
, , 2
     [,1] [,2] [,3]
[1,]    2    2    2
[2,]    2    2    2
```

```
[3,]   2   2   2
, , 3
     [,1] [,2] [,3]
[1,]   3   3   3
[2,]   3   3   3
[3,]   3   3   3
```

数组引用与矩阵相同，例如：

```
>z[1,2,3]
15
```

对于多维数组，rowSums、colSums、rowMeans、colMeans 的使用需要一个参数 dims。

【例 3.4】对例 3.3 三维数组，按行或列求各个维度的和。

```
> rowSums(b)
[1] 18 18 18
> rowSums(b,dims=1)
[1] 18 18 18
> rowSums(b,dims=2)
     [,1] [,2] [,3]
[1,]   6   6   6
[2,]   6   6   6
[3,]   6   6   6
> colSums(b)
     [,1] [,2] [,3]
[1,]   3   6   9
[2,]   3   6   9
[3,]   3   6   9
> colSums(b,dims=2)
[1]  9 18 27
```

为了便于理解，把数组 b 表示为如图 3.2 所示的形式。

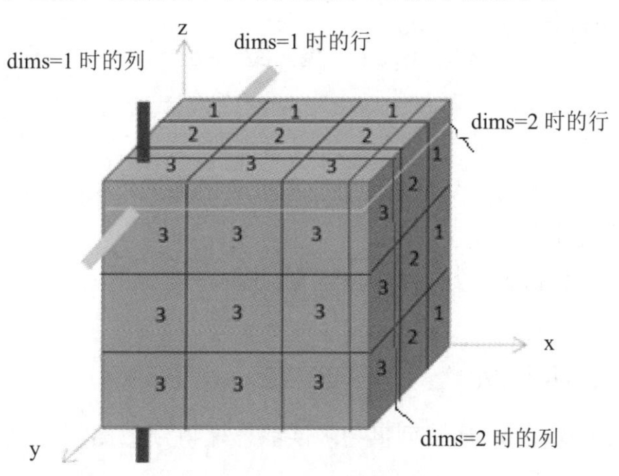

图 3.2　三维数组的行列示意

3.2.3 数据框

数据框（dataframe）是一种二维结构，但允许不同的列数据类型不同，数据框是在R语言中最常使用的结构类型。

（1）创建数据框。

```
x<-data.frame(colname1=col1, colname2=col2, …)
```

其中，列向量col1, col2,…可为任何类型（如字符型、数值型或逻辑型）。

【例3.5】定义5×3数据框。

```
> x<-data.frame(
+    Site=c("A","B","A","A","B"),
+    Season=c("winter","summer","summer","spring","fall"),
+    PH=c(7.3,6.4,8.6,7.2,8.9)
+ )
> x
  Site Season   PH
1     A winter   7.3
2     B summer 6.4
3     A summer 8.6
4     A spring   7.2
5     B    fall    8.9
```

（2）数据框引用。

数据框的引用与矩阵一样，例如：

```
>x[1:3,]              #返回前3行
  Site Season   PH
1     A winter   7.3
2     B summer 6.4
3     A summer 8.6
>x[2,c(1,3)]          #返回第2行，第1,3列
  Site     PH
2     B    6.4
```

除此之外，增加通过变量引用数据框元素的方法，x$Season等价于x[,2]。

（3）修改行/列名称。

① 通过colnames(<数据框>)来读取并编辑列名称。

```
>colnames(x)[1]<-"a"
>colnames(x)[2]<-"type"
```

② 通过row.names(<数据框>)来读取并编辑行名称。

```
> row.names(x)<-c("r1","r2","r3","r4","r5")
> row.names(x)
[1] "r1" "r2" "r3" "r4" "r5"
> x
   a   type  PH
r1 A winter 7.3
r2 B summer 6.4
r3 A summer 8.6
r4 A spring 7.2
r5 B    fall 8.9
```

3.2.4 因子

表 3.1 病例数据（patientdata）

病人编号（PatientID）	入院时间（AdmDate）	年龄（Age）	性别（Gender）	糖尿病类型（Diabetes）	病情（Status）
1	10/15/2009	25		Type1	Poor
2	11/01/2009	34		Type2	Improved
3	10/21/2009	28		Type1	Excellent
4	10/28/2009	52		Type1	Poor

如表 3.1 所示。

变量 Diabetes 为无序定性变量，即变量值无大小关系。

变量 Status 是有序定性变量，自变量可以比较大小。因为病情为 Poor（较差）病人的状态不如 Improved（病情好转）的病人，但并不知道相差多少。

将无序定性变量和有序定性变量统称为因子（factor），它是 R 语言中非常重要的结构数据类型。

函数 factor()以一个整数向量的形式存储因子水平值因子的取值，同时一个由字符串（原始值）组成的内部向量将映射到这些整数上，因子水平数是变量不同取值的个数。假设有向量：

```
>diabetes<-c("type1", "type2", "type1", "type1")
```

语句 diabetes <- factor(diabetes)将此向量映射为(1, 2, 1, 1)，即 1=Type1 和 2=Type2。要表示因子水平的序，需要为函数 factor()指定参数 ordered= TRUE。例如，给定向量：

```
>status<-c("Poor", "Improved", "Excellent", "Poor")
```

语句 status <- factor(status, ordered=TRUE)将此向量映射为(3, 2, 1, 3)，即 1=Excellent、2=Improved、3=Poor。可以通过指定 levels 选项来自定义因子水平的序。例如：

```
>status<-factor(status, levels=c("Poor", "Improved", "Excellent"))
```

各水平的映射将为 1=Poor、2=Improved、3=Excellent。

函数 factor()可为因子变量创建值标签。在表 3.1 中，Gender 的变量，用 1 表示男性，2 表示女性，可以使用下面代码来创建因子水平值标签：

```
>patientdata$gender<-factor(patientdata$Gender,
                           levels=c(1,2)),
```

这里 levels 代表变量的因子水平值，labels 表示因子水平值标签。

3.2.5 列表

列表（list）是 R 语言的数据类型中最为复杂的一种。一般来说，一个列表就是一些对象的有序集合。列表允许整合若干对象到单个对象名下。例如，某个列表中可能是若干向量、矩阵、数据框，甚至其他列表的组合。

（1）列表创建。

可以使用函数 list()创建列表：

```
mylist<-list(object1, object2, …)
```

其中的 objecti 可以是目前为止讲到的任何结构类型。

【例 3.6】 定义包含 4 个元素的列表。

```
> g<-"my first list"
> h<-c(26,26,18,29)
> j<-matrix(1:10,nrow=5)
> k<-data.frame(c(1,2),c(3,4))
> mylist<-list(title=g,ages=h,j,k)        #为列表中的对象命名
> mylist
$title
[1] "my first list"

$ages
[1] 26 26 18 29

[[3]]
     [,1] [,2]
[1,]    1    6
[2,]    2    7
[3,]    3    8
[4,]    4    9
[5,]    5   10

[[4]]
  c.1..2. c.3..4.
1       1       3
2       2       4
```

（2）列表引用。

可以通过在双重方括号中指明代表某个 list 成分的数字或名称来访问列表中的元素。例 3.6 中，mylist[[2]]和 mylist[["ages"]]均指那个含有 4 个元素的向量。

3.3　字符串操作

字符串操作包括分割、拼接、替换、提取、匹配和排序等。

3.3.1　分割

格式：strsplit(x, sep)。

- x：字符串。
- sep：分割符。

默认输出格式为列表。

【例 3.7】用“年”作为分隔符，分隔“2021 年 2 月 28 日”。

```
> data3<-"2021 年 2 月 28 日"
> strsplit(data3,"年")
[[1]]
[1] "2021"   "2 月 28 日"
```

3.3.2　拼接

（1）paste。

格式：paste (x1,x2, sep =)。

功能：如果 x1、x2 是字符串，则把 x1、x2 拼接在一起；如果 x1、x2 是字符串向量，则对应匹配拼接。

sep：用于分割拼接的字符串。

【例 3.8】字符串拼接。

```
> data<-"R 语言是门艺术"
> data1<-"要用心体会"
> paste(data,data1,sep=",")
[1]  “R 语言是门艺术，要用心体会”
>paste(1:12, c("st", "nd", "rd", rep("th", 9)))
"1 st"   "2 nd"   "3 rd"   "4 th"   "5 th"   "6 th"   "7 th"   "8 th"   "9 th"   "10 th"
"11 th"   "12 th"
```

（2）paste0。

格式：paste0(x1,x2)。

功能：同 paste，paste 和 paste0 之间的区别是拼接的字符之间是否带有空格。例如：

```
>paste0(1:12, c("st", "nd", "rd", rep("th", 9)))
[1] "1st"  "2nd"  "3rd"  "4th"  "5th"  "6th"  "7th"  "8th"  "9th"  "10th" "11th"
"12th"
```

3.3.3 正则表达式

正则表达式的主要用途有如下两种。

（1）查找特定的信息。

（2）替换特定的信息。

正则表达式的功能非常强大，尤其是在文本数据的处理中显得更加突出。R 语言中的 grep()就是使用正则表达式的规则进行匹配的函数返回匹配的下标。

```
grep(pattern, x, ignore.case = FALSE,)
```

grep()函数参数的含义如表 3.2 所示。

表 3.2 grep()函数参数说明

参数	说明
pattern	正则表达式
x, text	字符向量或字符对象，在 R 3.0.0 后版本中，最大支持超过 2^{31} 个的字符元素
ignore.case	默认 FALSE，表示区分大小写，TRUE 时表示不区分大小写

表 3.3 给出了正则表达式的说明。

表 3.3 正则表达式

元字符	描述
\	匹配\的下一个字符。例如，“\\n”匹配\n（“\n”为换行符），“\n”匹配“\”
^	匹配输入字行首。例如，“^a”表示匹配首字符为 a 的字符串
$	匹配输入行尾。例如，“a$”表示匹配尾字符为 a 的字符串
*	匹配前面的子表达式任意次。例如，zo*能匹配“z”，也能匹配“zo”以及“zoo”。*等价于{0,}
+	匹配前面的子表达式一次或多次（大于等于 1 次）。例如，“zo+”能匹配“zo”以及“zoo”，但不能匹配“z”。+等价于{1,}
?	匹配前面的子表达式零次或一次。例如，“do(es)?”可以匹配“do”或“does”。?等价于{0,1}
{*n*}	*n* 是一个非负整数。匹配确定的 *n* 次。例如，“o{2}”不能匹配“Bob”中的“o”，但是能匹配“food”中的两个 o

续表

元　字　符	描　　述
{n,}	n 是一个非负整数。至少匹配 n 次。例如，“o{2,}”不能匹配“Bob”中的“o”，但能匹配“foooood”中的所有 o。“o{1,}”等价于“o+”，“o{0,}”则等价于“o*”
{n,m}	m 和 n 均为非负整数，其中 n<=m。最少匹配 n 次且最多匹配 m 次。例如，“o{1,3}”将匹配“fooooood”中的前 3 个 o 为一组，后 3 个 o 为一组。“o{0,1}”等价于“o?”。请注意在逗号和两个数之间不能有空格
.点	匹配除“\n”和“\r”之外的任何单个字符。要匹配包括“\n”和“\r”在内的任何字符，请使用像“[\s\S]”的模式
(pattern)	匹配 pattern 并获取这一匹配。所获取的匹配可以从产生的 Matches 集合得到，在 VBScript 中使用 SubMatches 集合，在 JScript 中则使用 $0…$9 属性。要匹配圆括号字符，请使用“\(”或“\)”
x|y	匹配 x 或 y。例如，“z|food”能匹配“z”或“food”（此处请谨慎）。“[z|f]ood”则匹配“zood”或“food”
[xyz]	匹配所包含的任意一个字符。例如，“[abc]”可以匹配“plain”中的“a”
[^xyz]	不包含字符 x，y，z 的集合。例如，“[^abc]”可以匹配“plain”中的“plin”任一字符
[a-z]	字符范围。匹配指定范围内的任意字符。例如，“[a-z]”可以匹配“a”到“z”范围内的任意小写字母字符。 注意：只有连字符在字符组内部时，并且出现在两个字符之间时，才能表示字符的范围；如果出现字符组的开头，则只能表示连字符本身
[^a-z]	负值字符范围。匹配任何不在指定范围内的任意字符。例如，“[^a-z]”可以匹配任何不在“a”到“z”范围内的任意字符

（1）[]的使用。

```
>txt <- c("The", "licenses", "for1", "most", "software", "are","designed", "to",
"take", "away", "your", "freedom","to", "share", "and2", "change2", "it.", "",
"By","contrast,","the4", "GNU", "General", "Public", "License", "is", "intended",
"to", "guarantee6", "your", "freedom", "to", "share", "and", "change", "free",
"software", "--","to", "make", "sure", "the7", "software", "is", "free","for", "all", "its",
"users")
> grep("[1 2 3]",txt, value = T)
[1] "for1"     "and2"     "change2"
> grep("[1,2,3]",txt, value = T)
[1] "for1"         "and2"         "change2"     "contrast,"
> grep("[1 2 3]",txt, value = F)         #返回包含 1 或 2 或 3 的字符串下标
[1]   3 15 16
```

（2）^和[]的使用。

```
> grep("^t",txt, value = T, ignore.case = F)
[1] "to"    "take" "to"    "the4" "to"    "to"    "to"    "the7"
```

```
> grep("^t",txt, value = T, ignore.case = T)
[1] "The" "to"   "take" "to"   "the4" "to"   "to"   "to"[9] "the7"
> grep("[^to]", txt, ignore.case = F,value = T)
#[^]的用法
 [1] "The"          "licenses"    "for1"        "most"
 [5] "software"    "are"          "designed"    "take"
 [9] "away"         "your"         "freedom"     "share"
[13] "and2"         "change2"     "it."          "By"
[17] "contrast,"   "the4"         "GNU"          "General"
[21] "Public"       "License"     "is"           "intended"
[25] "guarantee6" "your"         "freedom"     "share"
[29] "and"          "change"      "free"        "software"
[33] "--"           "make"         "sure"        "the7"
[37] "software"    "is"           "free"        "for"
[41] "all"          "its"          "users"
> grep("[^to]", txt, ignore.case = F,value = F)
 [1]  1  2  3  4  5  6  7  9 10 11 12 14 15 16 17 19 20 21 22[20] 23 24 25
26 27 29 30 31 33 34 35 36 37 38 40 41 42 43 44[39] 45 46 47 48 49
```

（3）$的使用。

```
> grep("t$",txt, value = T, ignore.case = F)
[1] "most"
> grep("t$",txt, value = T, ignore.case = T)
[1] "most"
```

（4）.的使用。

```
> grep("ee.",txt, value = T, ignore.case = F)
#也就是.号前面的字符不能是被提取字符串中的最后一个字符
[1] "freedom"      "guarantee6" "freedom"
> grep("e.",txt, value = T, ignore.case = F)
 [1] "licenses"    "designed"    "freedom"     "change2"
 [5] "the4"         "General"     "License"     "intended"
 [9] "guarantee6" "freedom"      "free"        "the7"
[13] "free"         "users"
```

（5）?、*、+的使用。

```
> grep("?e",txt, value = T, ignore.case = F)
 [1] "The"           "licenses"    "software"    "are"
 [5] "designed"     "take"         "freedom"     "share"
 [9] "change2"      "the4"         "General"     "License"
[13] "intended"     "guarantee6" "freedom"     "share"
[17] "change"       "free"         "software"    "make"
[21] "sure"         "the7"         "software"    "free"
[25] "users"
```

```
> grep("*e",txt, value = T, ignore.case = F)
 [1] "The"          "licenses"   "software"    "are"
 [5] "designed"     "take"        "freedom"      "share"
 [9] "change2"      "the4"         "General"      "License"
[13] "intended"    "guarantee6" "freedom"      "share"
[17] "change"       "free"          "software"    "make"
[21] "sure"           "the7"         "software"    "free"
[25] "users"
> grep("+e",txt, value = T, ignore.case = F)
 [1] "The"          "licenses"   "software"    "are"
 [5] "designed"     "take"        "freedom"      "share"
 [9] "change2"      "the4"         "General"      "License"
[13] "intended"    "guarantee6" "freedom"      "share"
[17] "change"       "free"          "software"    "make"
[21] "sure"           "the7"         "software"    "free"
[25] "users"
```

（6）()的使用。

```
grep("(sh)",txt, value = T, ignore.case = F)
[1] "share" "share"
```

（7）.*的使用。

```
> grep("r.*e",txt, value = T, ignore.case = F)
 [1] "software"     "are"           "freedom"      "share"
 [5] "guarantee6" "freedom"      "share"         "free"
 [9] "software"     "sure"          "software"     "free"
```

（8）| 的使用。

```
> grep("^t|$e",txt, value = T, ignore.case = F)
[1] "to"    "take" "to"   "the4" "to"    "to    "to"    "the7"
```

（9）[-]的使用。

```
> grep("[1-4]",txt, value = T, ignore.case = F)
[1] "for1"     "and2"      "change2" "the4"
```

3.3.4　替换

（1）chartr。

格式：chartr(old, new, x)。

- x：字符串向量。
- old：需要被替换的字符串，其长度不能大于 new。
- new：替换的字符串。

功能：替换时，old 和 new 根据下标对应替换，如果 old 不出现在 x 中，则无操作。例如：

```
>chartr(old = "a",new = "c",c("a123","a15","a23"))
[1] "c123" "c15"   "c23"
>chartr(old = "a12345",new = "c6789101456",c("a123","a15","a23"))
[1] "c678" "c61"   "c78"          #拿 a15 说明，a 在 old 中下标为 1，便替换为
new[1]。1 在 old 中下标为 2，所以替换为 new[2]。5 在 old 中下标为 6，所以替
换为 new[6]，所以最后 a15 替换为 c61
>chartr(old = "a1",new = "c4",c("a123","a15","a23"))
[1] "c423" "c45"   "c23"
```

注意：

```
>data3<-"2021 年 2 月 28 日"
>chartr("29","29 日",data3)       #old 不出现在 data3 中，无操作
[1] "2021 年 2 月 28 日"
```

（2）sub。

格式：sub(pattern, replacement, x, ignore.case = FALSE)。

- pattern：包含正则表达式的字符串。
- replacement：与 pattern 匹配的部分进行替换的值。
- x：字符串向量或者转化为字符的 R 语言对象。

功能：sub()替换字符串，但是不会对原字符串进行操作，所以需要创建一个变量来储存该操作后的字符串。另外，sub()函数只会替换匹配到的第一个字符。例如：

```
>str <- "Now is the time                    "
>sub(" +$", " 12:00", str)        #正则表达式，即 str 尾部的空格替换为 12:00
"Now is the time 12:00"
```

此时只是调用了 sub()函数，却没有保存这个结果，而且该函数不会对原函数进行操作。

```
>print(str)
"Now is the time"
>sub("Now","what",str)
[1] "what is the time"
>sub(pattern = "nd",replacement = "ND",c("andbndcnd","sndendfund"))
    #字符串向量元素中有很多"nd"，但是只会替换第一个"nd"
[1] "aNDbndcnd"   "sNDendfund"
```

（3）gsub。

格式：gsub(pattern, replacement, x, ignore.case = FALSE)。

gsub()函数和 sub()函数用法一样；不过，gsub()函数可以替换所有匹配字符。例如：

```
gsub(pattern = "nd",replacement = "ND",c("andbndcnd", "sndendfund"))
[1] "aNDbNDcND" "sNDeNDfuND"
```

（4）substr 和 substring。

这两个函数可以提取、替换字符串，而且是对原字符串进行操作。

格式 1：substr(x, start, stop) <- value。

格式 2：substring(text, first, last = 1000000L) <- value。

- x, text：字符串向量。
- start, first：整型，替换字符的起始下标。
- stop：整型，替换字符的结束下标。
- last：字符串长度。
- value：替换的字符，如果需要（与替换向量长度不同），自动循环补齐。例如：

```
>shopping_list <- c("apples x4", "bag of flour", "bag of sugar", "milk x2")
>substr(shopping_list,1,3) <- "AAA"
[1] "AAAles x4"      "AAA of flour" "AAA of sugar" "AAAk x2"
>substr(shopping_list,1) <- "AAA"
[1] "AAAles x4"      "AAA of flour" "AAA of sugar" "AAAk x2"
>substr(shopping_list,1,20) <- "yesterday once more"
[1] "yesterday"      "yesterday on" "yesterday on" "yesterd"
>substring(shopping_list,1) <- "yesterday once more"
[1]"yesterday" "yesterday on" "yesterday on" "yesterd"
```

（5）str_replace 和 str_replace_all。

第三方包 stringr 的函数。

```
str_replace(string, pattern, replacement) #和 sub()一样，只替换第一个匹配字符
str_replace_all(string, pattern, replacement) #和 gsub()一样，替换所有匹配字符
```

```
>fruits <- c("one apple","two pears", "three bananas")
>str_replace(fruits, "[aeiou]", "-") #正则表达式，即对字符串中的小写字母 a 或 e
或 i 或 o 或 u，替换为-
[1] "-ne apple"      "tw- pears"       "thr-e bananas"
>str_replace_all(fruits, "[aeiou]", "-")
[1] "-n- -ppl-"      "tw- p--rs"       "thr-- b-n-n-s"
```

（6）str_sub。

第三方包 stringr 的函数。

格式：str_sub(string, start = 1L, end = -1L, omit_na = FALSE) <- value。

```
>shopping_list <- c("apples x4", "bag of flour", "bag of sugar", "milk x2")
>str_sub(shopping_list,1,3) <- "AAA"
[1] "AAAles x4"      "AAA of flour" "AAA of sugar" "AAAk x2"
>str_sub(shopping_list,1) <- "AAA"
[1] "AAA" "AAA" "AAA" "AAA"
```

3.3.5 提取

（1）substr 和 substring。

格式 1：substr(x, start, stop)。

格式 2：substring(text, first, last = 1000000L)。

```
>substr("abcdef", 2, 4)
"bcd"
```

（2）str_extract 和 str_extract_all。

第三方包 stringr 的函数。

格式 1：str_extract(string, pattern)。

格式 2：str_extract_all(string, pattern, simplify = FALSE)。

```
>shopping_list <- c("apples x4", "bag of flour", "bag of sugar", "milk x2")
>str_extract(shopping_list, "[a-z]+")
[1] "apples" "bag"      "bag"      "milk"
>str_extract_all(shopping_list, "[a-z]+")
[[1]]                          [[2]]
[1] "apples" "x"           [1] "bag"    "of"    "flour"
[[3]]                          [[4]]
[1] "bag" "of" "sugar" [1] "milk" "x"
```

（3）str_sub。

第三方包 stringr 的函数。

格式：str_sub(string, start = 1L, end = -1L)。

```
>str_sub(shopping_list,1,5)
[1] "apple" "bag o" "bag o" "milk "
```

3.3.6 测定字符串长度

（1）nchar。

格式：nchar(x)。

```
>shopping_list <- c("apples x4", "bag of flour", "bag of sugar", "milk x2")
>nchar(shopping_list)
[1]   9 12 12   7
```

（2）str_count。

格式：str_count(string, pattern = "")。

功能：str_count 不仅可以测定元素长度，还可以测定某字符在字符串中的下标位置。

```
>str_count(shopping_list)
[1]   9 12 12   7
```

```
>str_count(shopping_list, "a")    #如果不包含则返回 0
[1] 1 1 2 0
```

（3）str_length。

第三方包 stringr 的函数。

格式：str_length(string)。

```
>shopping_list <- c("apples x4", "bag of flour", "bag of sugar", "milk x2")
>str_length(shopping_list)
[1]  9 12 12  7
```

3.3.7 匹配

（1）match、pmatch、charmatch（后两个可以部分匹配）。

```
>a<-c("qwer","asdf","zxcv")
>match("a",a)
[1]  NA
>pmatch("a",a)
[1]  2
```

（2）grep。

用法见 3.3.3 节。

（3）str_subset。

格式：str_subset(string, pattern, negate = FALSE)。

- string：待匹配的字符串向量。
- pattern：一个包含正则表达式的字符串。
- negate：当 negate = FALSE 时，函数返回匹配值；当 negate = TRUE 时，函数返回与 pattern 不匹配的字符串。

```
>fruit <- c("apple", "banana", "pear", "pinapple")
>str_subset(fruit, "a")                          #匹配所有含有 a 的字符串
[1] "apple"     "banana"     "pear"       "pinapple"
>str_subset(fruit, "^p", negate = TRUE)    #返回所有不以 p 开头的字符串
[1] "apple"    "banana"
```

（4）str_which。

格式：str_which(string, pattern, negate = FALSE)。

```
>str_which(fruit, "a")
[1] 1 2 3 4
```

3.4 数据类型判断和转换

（1）基本数据类型判断和转换，如表 3.4 所示。

表 3.4 基本数据类型判断和转换

数据类型	to one long vector	To matrix	To data frame
From vector	c(x,y)	cbind(x,y) rbind(x,y)	data.frame(x,y)
From matrix	as.vector(mymatrix)		as.data.frame(mymatrix)
From data frame		as.matrix(myframe)	

（2）在没有任何说明的情况下，R 语言编译器会将数值视为数字数据类型。因此，要定义一个整数变量，可以通过使用 as.integer()函数来指定。

（3）a<-factor(c(100,200,300,301,302,400,10))，它们的值分别为 100 200 300 301 302 400 10，然而 as.numeric(a)对应的值并非是 100 200 300 301 302 400 10，而是 2 3 4 5 6 7 1。因子转换成数值型的规则是：在 1～n 中取值，数字最小的取 1，次小的取 2，以此类推。

如何让因子类型里的数值转换成对应的数值型呢？代码如下：

```
>mean(as.numeric(as.character(factorname)))
>mean(as.numeric(levels(factorname)[factorname]))
```

3.5 日期和时间数据操作

3.5.1 日期数据基本操作

（1）取出当前系统日期。

方法 1：

```
>Sys.Date()     #返回的是 double 类型
[1] "2021-2-21"
```

方法 2：

```
>date()            #返回的是字符串类型
[1] "Mon Dec 21 20:36:07 2020"
```

（2）转换为日期。

用 as.Date()可以将一个字符串转换为日期值，默认格式是 yyyy-mm-dd。

```
>as.Date("2020-12-21")
[1] "2020-12-21"
```

（3）把日期值输出为字符串。

```
>today <- Sys.Date()
>format(today, "%Y 年%m 月%d 日")
```

```
[1] "2020 年 12 月 21 日"
```

（4）计算日期差。

由于日期内部是用 double 存储的天数，所以日期是可以相减的。

```
>today <- Sys.Date()
>gtd <- as.Date("2020-12-21")
>today - gtd
Time difference of 3216 days
```

用 difftime()函数可以计算相关的秒数、分钟数、小时数、天数、周数。

```
>difftime(today, gtd, units="weeks")  #units 可以是 secs、mins、hours、days
```

3.5.2 时间数据基本操作

上面的内容都是日期类型的变量，就是年月日的形式，但有时也会使用精确到时分秒的变量，称为时间变量。

习题

一、单选题

1．R 语言中最常使用的结构数据类型是______。

A．向量　　B．矩阵

C．数组　　D．数据框

2．a=matrix(1:12,nrow=4,ncol=3);a[2,2];结果为______。

A．5　　B．6　　C．7　　D．8

3．如果 A 是 5 行×6 列的矩阵，t(A)是______。

A．5 行×6 列矩阵　　B．30 个元素的向量

C．11 个元素的向量　　D．6 行×5 列的矩阵

4．a=rep(c(1,2,3),2); a[1]+a[4];显示的结果为______。

A．2　　B．3　　C．4　　D．5

5．x=1:12×2+1; x[which(x==9)];的结果是______。

A．5　　B．9

C．11　　D．以上答案都不对

6．在 R 语言中判断变量 a 是否为数值型，可以使用函数______。

A．is.number(a)　　B．is.numeric(a)

C．is.integer(a)　　D．as.number(a)

7．若 a <- array(rep(1:3, each=3), dim=c(3,3))，则 rowSums(a) 的值为______。

A．18　　B．6 6 6　　C．3
6
9　　D．36

8．矩阵和多维数组的向量化有直接的类型转换函数：as.vector()，向量化后的结果顺序是______。

A．行优先　　B．列优先

C．行首尾相连　　D．列首尾相连

9．执行 data.frame(a=c(1,2),b=c(3,4))后，显示______。

A．1 2
3 4　　B．1 3
2 4　　C．a b
1 2
3 4　　D．a b
1 3
2 4

10．执行 y<-matrix(1:20,nrow=5,ncol=4)后，sum(diag(y))=______。

A．20　　B．9　　C．34　　D．136

11．修改数据框列名，正确的函数是______。

A．colnames()　　B．colname()

C．col.names()　　D．col.name()

12．执行 x<-paste(1:3, c("st", "nd", "rd"))，则 x[2]=______。

A．1nd　　B．2 nd

C．2nd　　D．1st2nd3rd

13．substr("abcdef", 2, 4)=______。

A．Abc　　B．bcd　　C．cde　　D．def

二、多选题

1．R 语言中的结构数据类型包括______。

A．向量　　B．矩阵　　C．数组　　D．因子

2．R 语言基本数据类型包括______。

A．integer　　B．numeric

C．character　　D．complex

3．合法的表达包括______。

A．2i　　B．2j　　C．2*i　　D．2L

4．数据框定义如下。

```
x<-data.frame(
+    Site=c("A","B","A","A","B"),
+    Season=c("winter","summer","summer","spring","fall"),
+    PH=c(7.3,6.4,8.6,7.2,8.9)
+ )
```

则 x$Season 等价于______。

A．x[2,]　　B．x[,2]

C．x[,"Season"]　　D．x[,c("Season")]

5．假设列表 mylist 的第 2 个元素是名为 age 的向量，则合法访问第 2 个元素的表达式为______。

A．mylist[[2]]　　B．mylist[["ages"]]

C．mylist[2]　　D．mylist[2,]

6．取出当前系统日期的函数是______。

A．Sys.Date()　　B．date()

C．data()　　D．Date()

7．用______函数可以将一个字符串转换为日期值。

A．as.Date()　　B．as.POSIXct()

C．as.POSIXlt()　　D．as.date()

三、填空题

1．数组可通过______函数创建。

2．矩阵可通过______函数创建。

3．返回矩阵 y 的第 i 行的表达式为______。

4．返回矩阵 y 的第 i 列的表达式为______。

5．返回矩阵 y 的第 i 行，但排除第 j 列元素的表达式为______。

6．返回矩阵 y 的第 1、3 行，第 2、4 列元素的表达式为______。

7．无序变量和有序型变量统称为______。

8．对因子来说，______就是变量不同取值个数。

9．factor(c("winter","summer","summer","spring","fall"))将 summer 映射为______。

10．在 factor()中，可以通过指定______选项来覆盖默认映射顺序。

11．strsplit("2021 年 2 月 28 日","年")[2]=______。

12．匹配除了 5 以外的任何字符的正则表达式为______。

13．匹配 1 或 2 的正则表达式为______。

14．匹配以 e 结尾的正则表达式为______。

15．匹配第 2 个字符为 e 的正则表达式为______。

16．匹配第 2 个字符为 e 且长度为 3 的正则表达式为______。

17．使用正则表达式的规则进行匹配的函数是______。

18．若 x<-chartr(old="a12345", new="c6789101456", c("a123", "a15", "a23"))，则 x[1]=______。

19．若 x<-chartr(old="a12345", new="c6789101456", c("a123", "a15", "a23"))，则 x[3]=______。

20．表示尾部空格的正则表达式为______。

21．若 x <- "apples x4"，则 nchar(x)=______。

22．若 x <- "apples x4"，则 length(x)=______。

23．将矩阵 T 转换成向量使用______。

四、判断题

1．矩阵每个元素都拥有相同的类型。（　　）

2．向量每个元素都拥有相同的类型。（　　）

3．数据框不允许不同的列可以包含不同类型的数据。（　　）

4．列表的元素还可以是列表。（　　）

5．sub()函数可以替换字符串，但是 sub()函数不会对原字符串进行操作。（　　）

6．sub()函数只会替换匹配到的第一个字符。（　　）

7．对因子变量 x 里的数值转换对应的数值型直接使用 as.mumeric(x)。（　　）

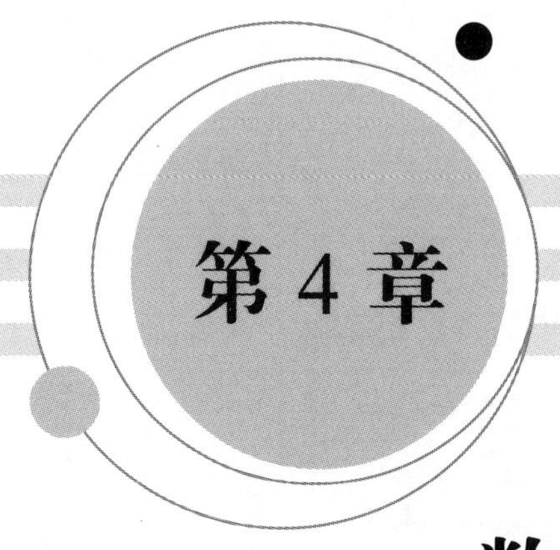

数据导入导出

4.1 数据导入

R 语言提供了适用范围广泛的数据导入格式，如图 4.1 所示。R 语言可从键盘、文本文件、Excel 和 Access、流行的统计软件、特殊格式的文件，以及多种关系型数据库中导入数据。

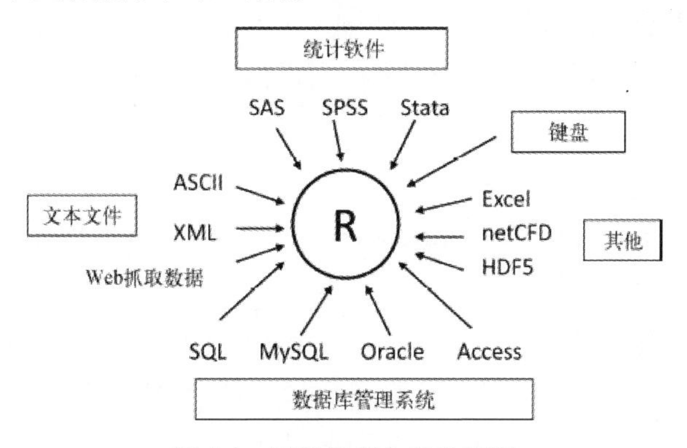

图 4.1　可供 R 导入的数据源

4.1.1　键盘输入数据

R 语言中的 edit()函数会自动调用一个允许手动输入数据的文本编辑器。例如，创建一个名为 mydata 的数据框，它含有 3 个变量：age（数值型）、gender（字符型）和 weight（数值型）。执行如下代码，结果如图 4.2 所示。

```
>mydata<-data.frame(age=numeric(0),gender=character(0),weight=numeric(0))
```

```
>mydata<-edit(mydaya)
```

图 4.2 通过 R 语言内建的编辑器输入数据

4.1.2 导入文本文件

使用 read.table()从带分隔符的文本文件中导入数据。此函数可读入一个表格格式的文件并将其保存为一个数据框，其语法如下。

```
mydataframe<-read.table(file, header = logical_value, sep = "delimiter",
row.names = "name")
```

其中，file 是一个带分隔符的 ASCII 文本文件；header 是一个表明首行是否包含了变量名的逻辑值（TRUE 或 FALSE）；sep 用来指定分隔数据的分隔符；row.names 是一个可选参数，用以指定一个或多个表示行标识符的变量。

示例：

```
>grades<-read.table("studentgrades.csv", hrader=T, sep=", ", row.name =
"STUDENTID")
```

从当前工作目录中读入了一个名为 studentgrades.csv 的逗号分隔文件，从文件的第一行取得了各变量名称，将变量 STUDENTID 指定为行标识符，最后将结果保存到名为 grades 的数据框中。

注意：参数 sep 允许导入那些使用逗号以外的符号来分隔行内数据的文件。可以使用 sep="\t"读取以制表符分隔的文件。此参数的默认值为 sep=""，即表示分隔符可为一个或多个空格、制表符、换行符或回车符。

默认情况下，字符型变量将转换为因子，有时并不总是希望程序这样做（例如，处理一个含有被调查者评论的变量时）。有许多方法可以禁止这种转换行为，其中一种方法是设置选项 stringsAsFactors=FALSE，这将停止对所有字符型变量的此种转换。另一种方法是使用选项 colClasses 为每一列指定一个类，如 logical（逻辑型）、numeric（数值型）、character（字符型）和 factor（因子）。

4.1.3　导入 csv 文件

csv 文件是一种通用的、相对简单的文件格式，被用户、商业和科学领域广泛应用。csv 文件是一种文本文件，其中列中的值用逗号分隔。csv 文件默认是被 Excel 打开的。Excel 单表格也可以被保存为 csv 格式。

格式 1：read.table("路径/文件名.csv", header=TRUE)。

格式 2：read.csv("路径/文件名.csv", header=TRUE)。

格式 3：read.csv(file=file.choose(), header=T)。

读取后的数据默认类型是 datafram。

4.1.4　导入 Excel 文件

可以使用 RODBC 包来访问 Excel 文件。

```
>library(RODBC)
>channel<-odbcConnectExcel("myfile.xls")
>df<-sqlFetch(channel, "mysheet")
>odbcClose(channel)
```

这里的 myfile.xls 是一个 Excel 文件，mysheet 是要从这个工作簿中读取工作表的名称，channel 是一个由 odbcConnectExcel()返回的 RODBC 连接对象，sqlFetch()是返回的数据框。RODBC 也可用于从 Microsoft Access 导入数据。更多详情查看帮助 help(RODBC)。

导入 Excel 的另一种方法是：

```
>library(rJava)
>library(xlsx)
>df<-read.xlsx(file.choose(), 1)        #数字指定了工作表的顺序号
```

导入选定的 xlsx 文件第 1 个工作表，并将其保存为一个数据框 df。

4.1.5　导入数据库文件

R 中有多种面向关系型数据库管理系统（DBMS）的接口，包括 Microsoft SQL Server、Microsoft Access、MySQL、Oracle、PostgreSQL、DB2、Sybase、Teradata 以及 SQLite。使用 R 来访问存储在外部数据库中的数据是一种分析大数据的有效手段，并且能够发挥 SQL 和 R 各自的优势。

通过 RODBC 包允许 R 连接到任意一种拥有 ODBC 驱动的数据库。

RODBC 包中的主要函数如表 4.1 所示。

表 4.1 RODBC 中的函数

函 数	描 述
odbcConnect(dsn,uid="",pwd="")	建立一个到 ODBC 数据库的连接
sqlFetch(channel,sqltable)	读取 ODBC 数据库中的某个表到一个数据框中
sqlQuery(channel,query)	向 ODBC 数据库提交一个查询并返回结果
sqlSave(channel,mydf,tablename=sqtable,append=FALSE)	将数据框写入或更新（append=TRUE）到 ODBC 数据库的某个表中
sqlDrop(channel,sqtable)	删除 ODBC 数据库中的某个表
close(channel)	关闭连接

假如想将某个数据库中的 student 表导入 R 中，可以通过如下代码完成。

```
>library(RODBC)
>myconn<-odbcConnect("jw", uid="sa", pwd="123456")
>sqlQuery(myconn,"select * from student")
>#或 df<-sqlFetch(myconn, "student")
>close(myconn)
```

首先载入 RODBC 包，并通过一个已注册的数据源名称（jw）和用户名（sa）以及密码（123456）打开一个 ODBC 数据库连接。连接字符串被传递给 sqlFetch，它将 student 表复制到 R 数据框 df 中。然后对 student 表执行 SQL 语句 select。最后，关闭连接。

函数 sqlQuery()功能非常强大，因为其中可以插入任意的有效 SQL 语句。这种灵活性赋予了选择指定变量、对数据取子集、创建新变量，以及重编码和重命名现有变量的能力。

4.2 数据导出

4.2.1 导出文本文件

（1）sink()。

函数 sink("filename")将输出重定向到文件 filename 中。默认情况下，如果文件已经存在，则它的内容将被覆盖。

（2）write.table()。

格式：write.table(x, file="", set="", row.names=TRUE, col.names=TRUE, quote=TRUE)

- x：需要导出的数据。
- file：导出的文件路径。
- sep：分隔符，默认为空格（“ ”），也就是以空格为分割列。
- row.names：是否导出行序号，默认为 TRUE，也就是导出行序号。

- col.names：是否导出列序名，默认为 TRUE，也就是导出列名。
- quote：字符串是否使用引号表示，默认为 TRUE，也就是使用引号表示。

【例 4.1】把给定数据框保存为文本文件，以空格分隔数据列，不含行号，不含列名。

```
>age <- c (22,23)
>name <- c ("ken", "john")
>f <- data.frame (age, name)
>write.table (f,file ="f.csv", row.names = F, col.names =F, quote =F)
```

4.2.2　保存图片

使用表 4.2 列出的函数可输出其他格式的文件。

表 4.2　用于保存图形输出的函数

函　数	输　出
pdf("filename.pdf")	PDF 文件
win.metafile("filename.wmf")	Windows 图元文件
png("filename.png")	PNG 文件
jpeg("filename.jpg")	JPEG 文件
bmp("filename.bmp")	BMP 文件
postscript("filename.ps")	PostScript 文件

```
>setwd("c://")
>plot(1:10)                                   #画图
>rect(1, 5, 3, 7, col="white")
>png(file="myplot.png", bg="transparent")     #保存为 PNG 格式
>jpeg(file="myplot.jpeg")                     #保存为 JPEG 格式
>pdf(file="myplot.pdf")                       #保存为 PDF 格式
```

习题

单选题

1．读入文本文件 abc.txt 到数据框，要求包含栏头，使用的 R 语言函数是______。

A．rt<-read.table("abc.txt", header=TRUE)

B．rt<-read.table("abc.txt", header=FALSE)

C．rt<-read.table("abc.txt", col.names=T)

D．rt<-read.table("abc.txt", skip=0)

2．write.table()函数参数“header”的功能为______。

A．判断变量是否被保存为字符

B．反映这个文件的第一行是否包含变量名

C．指定各列数据类型的一个字符型向量

D．表示小数点的字符

3．函数______将输出重定向到文件 myfile 中。

A．sink("myfile")　　　　B．library("myfile")

C．setwd("myfile")　　　　D．write("myfile")

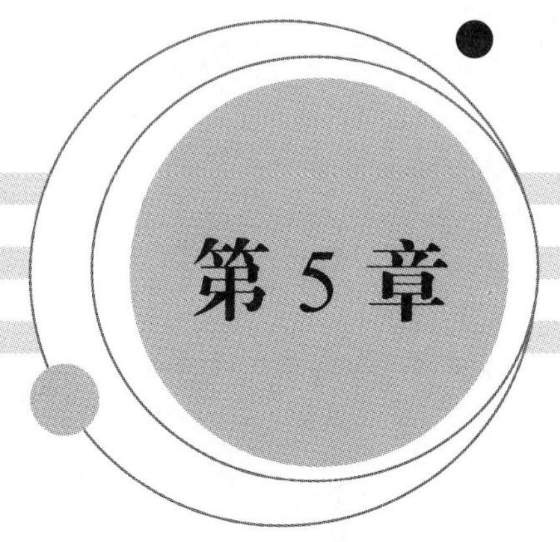

数据可视化

数据可视化主要是借助图形化手段，清晰有效地传达与沟通信息。R 语言在数据可视化方面有很多独特的方面。

5.1 一图胜千言

（1）视觉是人类获得信息的最主要途径。视觉感知是人类大脑的最主要功能之一，超过 50%的人脑功能用于视觉信息的处理。

（2）数据可视化处理可以洞察统计分析无法发现的结构和细节。Anscombe 的 4 组数据（Anscombe's Quartet）如表 5.1 所示。表 5.1 的可视化结果如图 5.1 所示。

表 5.1　Anscombe 的 4 组数据（Anscombe's quartet）

I		II		III		IV	
x	y	x	y	x	y	x	y
10.0	8.04	10.0	9.14	10.0	7.46	8.0	6.58
8.0	6.95	8.0	8.14	8.0	6.77	8.0	5.76
13.0	7.58	13.0	8.74	13.0	12.74	8.0	7.71
9.0	8.81	9.0	8.77	9.0	7.11	8.0	8.84
11.0	8.33	11.0	9.26	11.0	7.81	8.0	8.47
14.0	9.96	14.0	8.10	14.0	8.84	8.0	7.04
6.0	7.24	6.0	6.13	6.0	6.08	8.0	5.25
4.0	4.26	4.0	3.10	4.0	5.39	19.0	12.50
12.0	10.84	12.0	9.13	12.0	8.15	8.0	5.56
7.0	4.82	7.0	7.26	7.0	6.42	8.0	7.91
5.0	5.68	5.0	4.74	5.0	5.73	8.0	6.89

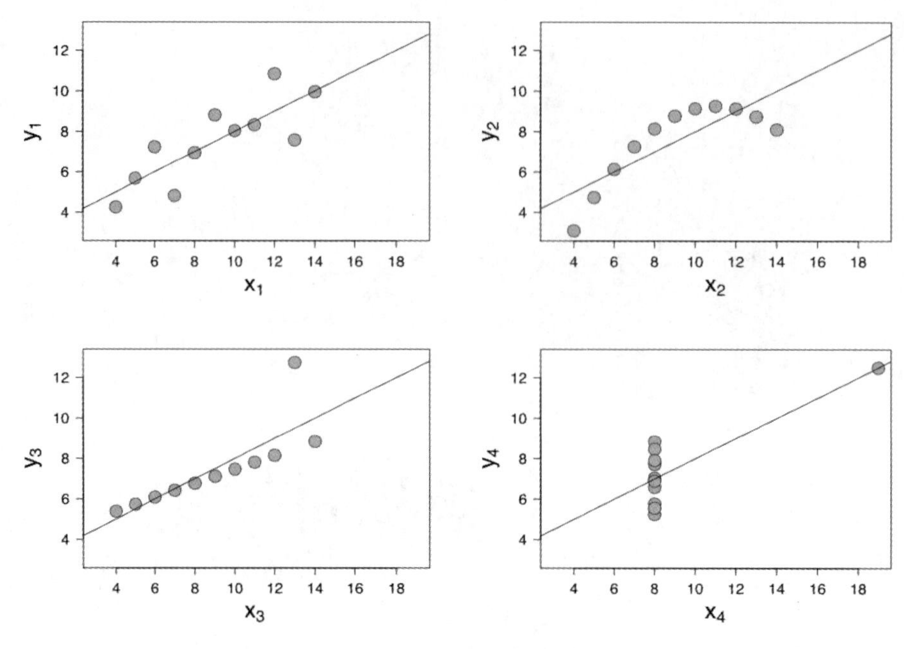

图 5.1　表 5.1 的可视化结果

（3）数据可视化处理结果的解读对用户知识水平的要求较低。

5.2　低水平绘图命令

5.2.1　点图

点图，也称散点图，表示数据在空间上的分布。

【例 5.1】随机产生 80 个点，并绘制图形。

```
>set.seed(1234)
>x<-sample(1:100,80,replace = FALSE)
>y<-2*x+20+rnorm(80,0,10)
>plot(x,y)        #绘制散点图
```

例 5.1 的执行结果如图 5.2 所示。

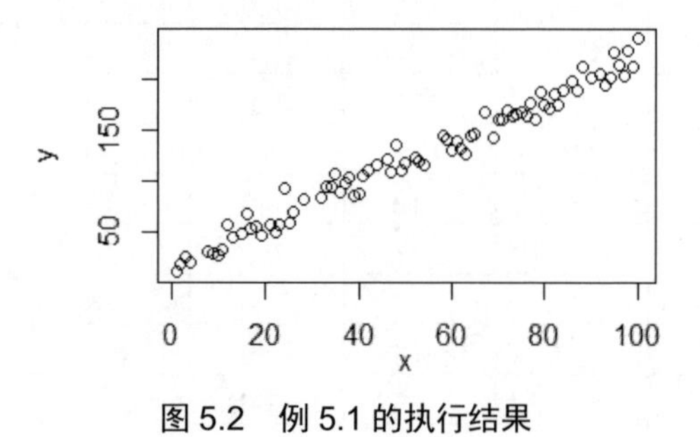

图 5.2　例 5.1 的执行结果

其中各参数与函数的功能如下。

（1）set.seed()，该命令的作用是设定生成随机数的种子，种子的作用是让结果具有重复性。如果不设定种子，生成的随机数无法重现。

（2）sample(x, size, replace = FALSE, prob = NULL)，各参数说明如下。

- x 可以是任何对象。
- size 规定了从对象中抽出多少个数，size 应该小于 x 的规模，否则会报错。
- replace 默认是 FALSE，表示每次抽取后的数不能在下一次被抽取；TRUE 表示抽取过的数可以继续拿来被抽取。

（3）正态分布随机数 rnorm()。

句法是 rnorm(n,mean=0,sd=1)，n 表示生成的随机数数量；mean 是正态分布的均值，默认为 0；sd 是正态分布的标准差，默认为 1。

（4）可以使用 plot(formula)这样的形式来绘制点图，如 plot(y~x)。

（5）对于两列矩阵 matrix，用 plot(matrix)绘制点图，例如：

```
>z<-cbind(x,y)
>plot(z)
```

（6）添加标题和标签。

```
>plot(x,y,xlab="name of x",ylab="name of y",main="Scatter Plot")
```

例 5.1 添加标题的执行结果如图 5.3 所示。

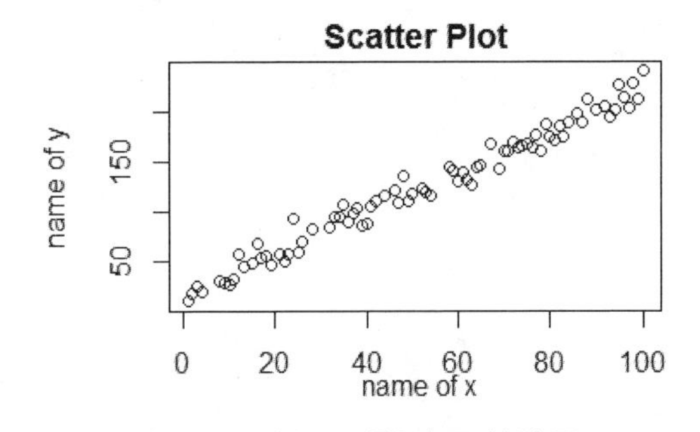

图 5.3　例 5.1 添加标题的结果

（7）设置坐标界限。可先用 range(x)或 range(y)查看 x 和 y 的取值范围。

```
> range(x)
[1]    1 100
> range(y)
[1]  10.92682 240.70271
>plot(x,y,xlab="name of x",ylab="name of y",main="Scatter Plot",xlim=c(1,80),
ylim=c(0,200))
```

执行结果如图 5.4 所示。

（8）更改点的形状。默认情形下，绘图字符为空心点，可以使用 pch 选项参数进行更改。

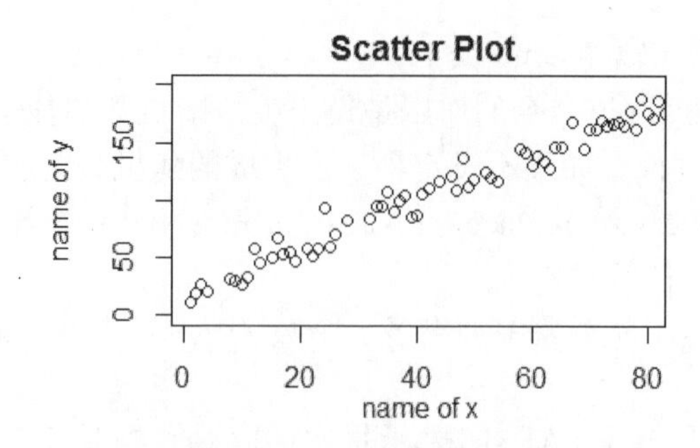

图 5.4　例 5.1 添加标题和取值范围的结果

```
>plot(x,y,xlab="name of x",ylab="name of y",main="Scatter Plot",xlim=c(1,80),
ylim=c(0,200),pch=19)
```

与颜色相关的参数如表 5.2 所示，执行结果如图 5.5 所示。

表 5.2　与颜色相关的参数

参　　数	作　　用	参　　数	作　　用
col	绘图字符的颜色	col.sub	副标题颜色
col.axis	坐标轴文字颜色	fg	前景色
col.lab	坐标轴标签颜色	bg	背景色
col.main	标题颜色		

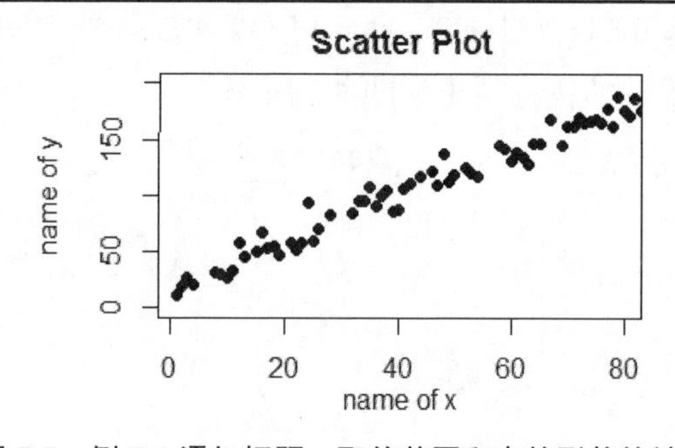

图 5.5　例 5.1 添加标题、取值范围和点的形状的结果

（9）更改颜色。默认情况下，R 绘制的图像是黑白的。但其实，R 中有若干和颜色相关的参数（见表 5.2）。

```
>plot(x,y,main="Plot",sub="Scatter Plot",col="red",col.axis="green",col.lab="blue",
col.m ain="#999000",col.sub="#000999",fg="gray", bg="white")
```

（10）更改尺寸。与颜色类似，存在若干参数可以用来设置图形中元素的尺寸，而且与表 5.1 中设置颜色的参数相对应，只需将 col 更换成 cex 即可。

```
>plot(x,y,main="Plot",sub="Scatter Plot",cex=0.5,cex.axis=1,cex.lab=0.8,cex.main=
2, ex. sub=1.5)
```

5.2.2　线图

线图可显示随时间而变化的连续数据，常用于分析相等时间间隔下数据的发展趋势。

【例 5.2】随机产生 50 个时间点，并绘制图形。

```
>t <- 1:50
>set.seed(1234)
>v<-rnorm(50,0,10)
>plot(t,v,type="l")
```

例 5.2 的执行结果如图 5.6 所示。

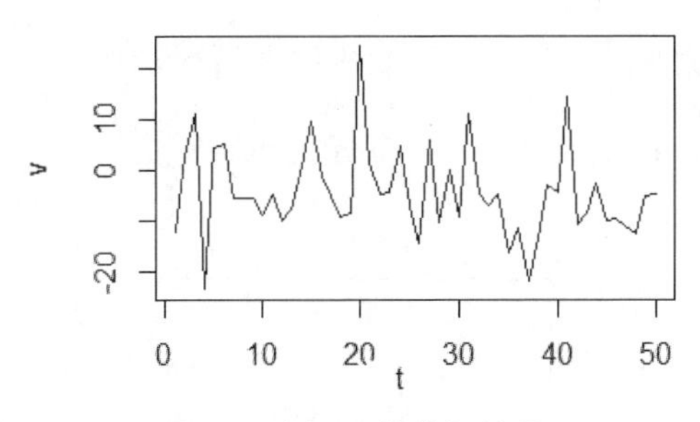

图 5.6　例 5.2 的执行结果

（1）type 的取值。type="p"表示点，type="l"表示线，type="b"表示点画线。

（2）更改线条类型。R 语言中提供了很多类型的线条，可以通过 lty 选项来设定。

执行 plot(t,v,type="l",lty=2)，结果如图 5.7 所示。

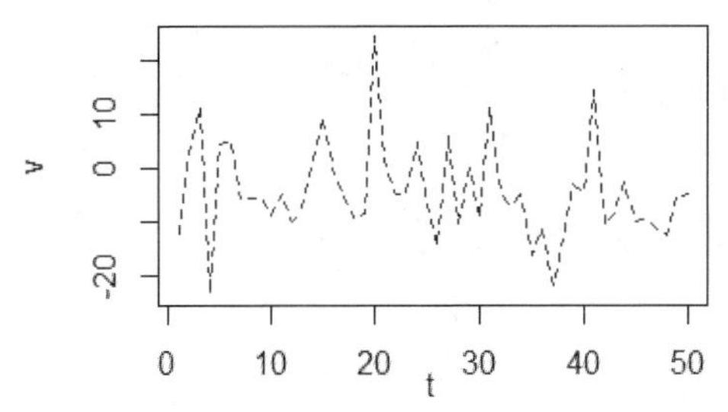

图 5.7　改变例 5.2 线型的结果

lty 取值对应的线型如图 5.8 所示。

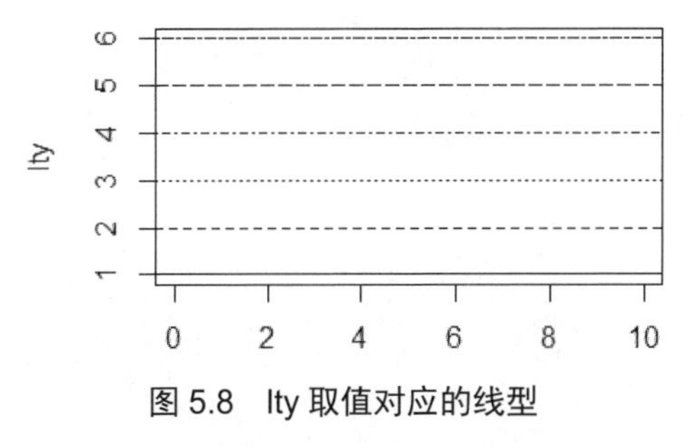

图 5.8　lty 取值对应的线型

（3）更改颜色。与前面更改点的颜色方法相同。

（4）线条变宽。

```
>plot(t,v,type="l",lwd=2)
```

（5）点与线。有时还需要将点突显出来，此时需要利用 type 选型。

```
>plot(t,v,type="b")
```

（6）拟合平滑直线。在做线性回归时，常常会在点图中添加一条拟合直线以查看效果。

```
>model <- lm(y~x)                    #线性回归模型
>plot(x,y)                           #画点
>abline(model,col="blue")            #画回归直线
```

执行结果如图 5.9 所示。

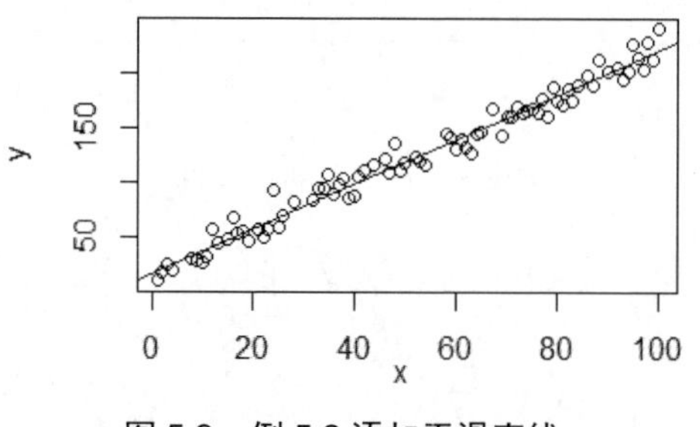

图 5.9　例 5.2 添加平滑直线

（7）拟合平滑曲线。在点图上使用 loess()函数画一条拟合的平滑曲线。

```
>plot(x,y)
>model_loess<-loess(y~x)
>fit<-fitted(model_loess)
>ord<-order(x)
>lines(x[ord],fit[ord],lwd=2,lty=2,col="blue")
```

执行结果如图 5.10 所示。

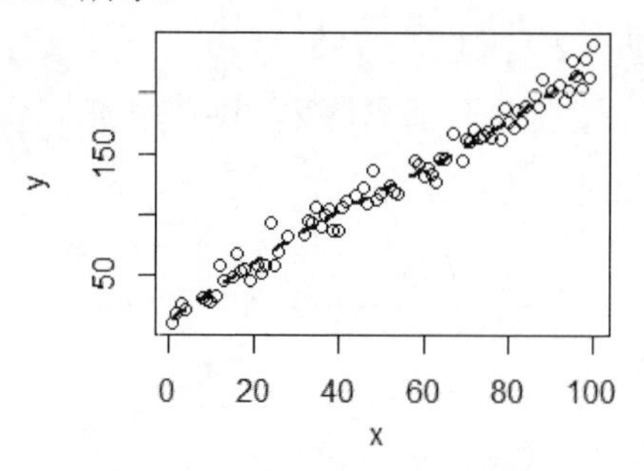

图 5.10　例 5.2 添加平滑曲线

5.2.3　面图

（1）饼图。

饼图是将一个圆（或者圆饼）按类别变量分成几块，每一块所占的面

积比例就是相对应的变量在总体中所占的比例。

【例 5.3】随机产生 10 年的数据。

```
>year<-2001:2010
>set.seed(1234)
>counts <- sample(100:500,10)
>lb <-paste(year,counts,sep=":")                    #构造标签
>pie(counts,labels=lb)                              #画饼图
```

例 5.3 的执行结果如图 5.11 所示。

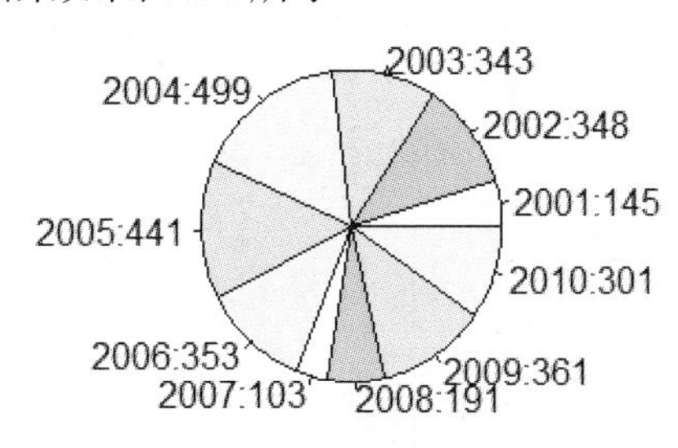

图 5.11　例 5.3 的执行结果

如果让饼图颜色更美观，可使用：

```
>pie(counts,labels=lb,col=rainbow(10))
```

如果想画 3D 效果的饼图，执行：

```
>library(plotrix)
>pie3D(counts,labels=lb)
```

（2）柱状图。

柱状图是通过垂直或者水平的柱状去展示类别变量的频数。

利用例 5.3 数据绘制柱状图，如图 5.12 所示。

```
>barplot(counts,names.arg=year,col=rainbow(10))
```

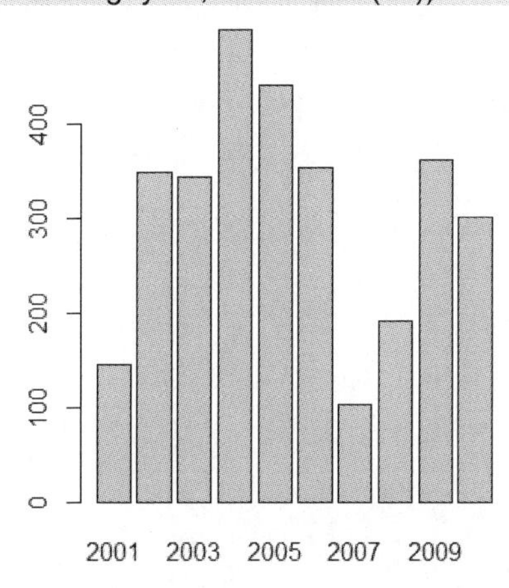

图 5.12　例 5.3 数据对应的柱状图

（3）直方图。

前面介绍的两种图形一般都是用来处理二维数据的，对于一维数据，常用的图形就是直方图。直方图在横轴上将数据值域划分成若干个组别，然后在纵轴上显示其频数。

在 R 语言中，可以使用 hist()函数来绘制直方图。

```
>set.seed(1234)
>x<-rnorm(100,0,1)
>hist(x)
```

执行结果如图 5.13 所示。

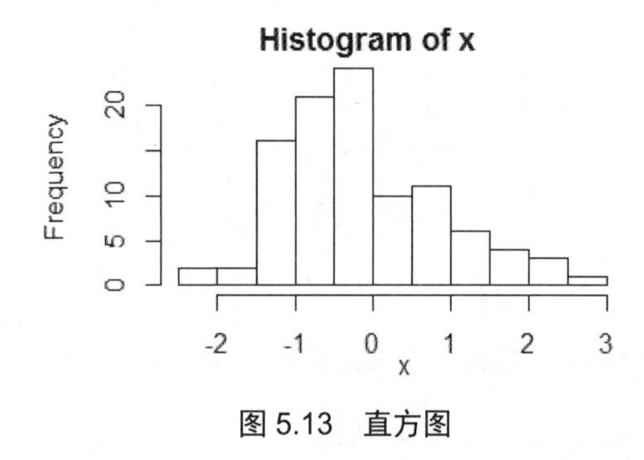

图 5.13 直方图

① 修改颜色，组数。

```
>hist(x,breaks=10,col="gray")
```

② 添加核密度曲线。

```
>hist(x,breaks=10,freq=FALSE,col="gray")
>lines(density(x),col="red",lwd=2)
```

③ 添加正态密度曲线。

```
>h <- hist(x,breaks=10,col="gray")
>xfit<-seq(min(x),max(x),length=100)
>yfit<-dnorm(xfit,mean=mean(x),sd=sd(x))
>yfit<-yfit*diff(h$mids[1:2])*length(x)
>lines(xfit,yfit,col="blue",lwd=2)
```

（4）箱线图。

箱线图是通过绘制连续型变量的 5 个分位数（最大值、最小值、25%分位数、75%分位数以及中位数）描述变量的分布，常用于异常值发现。

绘制例 5.3 中数据 counts 箱线图：

```
>boxplot(counts)
```

执行结果如图 5.14 所示。

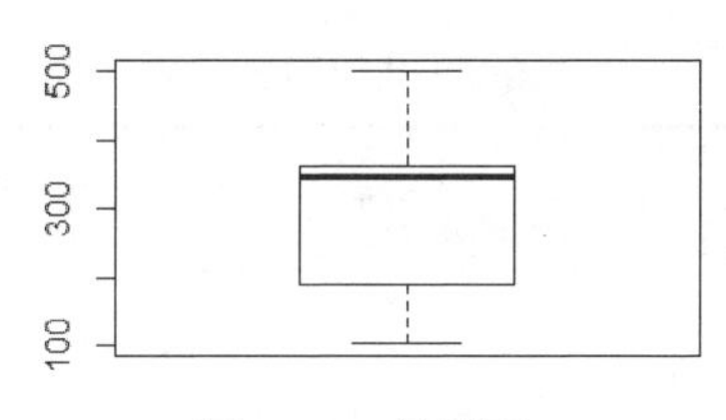

图 5.14 箱线图

5.3 高水平绘图命令

5.3.1 认识 ggplot2

ggplot2 是基于一种全面的图形语法，它提供了一种全新的图形创建方法，能够自动处理位置、文本等注释，也能够按照需求自定义设置。默认情况下有很多选项以供选择，在不设置时会直接使用默认值。

（1）特点。

- ggplot2 的核心理念是将绘图与数据分离，数据相关的绘图与数据无关的绘图分离。
- ggplot2 是按图层作图。
- ggplot2 保有命令式作图的调整函数，使其更具灵活性。
- ggplot2 将常见的统计变换融入绘图中。

（2）画布。

```
ggplot(data=,mapping=)
```

（3）图层。

图层允许用户一步步地构建图形，这样方便单独对图层进行修改。图层用“+”表示，例如：

```
>p<- ggplot(data=,mapping=)
>p<- p+绘图命令
```

（4）绘图命令。

几何绘图命令：geom_XXX(aes=,alpha=,position=)，见 5.3.2 节的表 5.3。其中，alpha 表示透明度，position 表示位置。

统计绘图命令：stat_XXX()，见 5.3.4 节的表 5.4。

标度绘图命令：scale_XXX()，见 5.3.5 节的表 5.5。

其他修饰命令：标题、图例、统计对象、几何对象、标度和分面等。

（5）说明。

绘图命令不能独立使用，必须与画布配合使用。

5.3.2 几何对象

几何对象代表在图中实际看到的图形元素，如点、线、多边形等类型（见表 5.3）。

表 5.3 几何对象函数

几何对象函数	描 述
geom_area	面积图（即连续的柱状图）
geom_bar	柱状图
geom_boxplot	箱线图
geom_contour	等高线图
geom_density	密度图
geom_errorbar	误差线（通常添加到其他图形上，如柱状图、点图、线图等）
geom_histogram	直方图
geom_jitter	点（自动添加了扰动）
geom_line	线
geom_point	点图
geom_text	文本

5.3.3 映射

将数据中的变量映射到图形属性（坐标、颜色等），映射（Mapping）控制了二者之间的关系，如图 5.15 所示。

length	width	depth	trt
2	3	4	a
1	2	1	a
4	5	15	b
9	10	80	b

x	y	colour
2	3	a
1	2	a
4	5	b
9	10	b

图 5.15 变量映射到图形属性

映射用函数 aes(x=,y=,color=,size=)表示。

【例 5.4】将数据集 mpg 中的 cty 映射到 x 轴，hwy 映射到 y 轴，并画点图。

```
> library(ggplot2)
> p <- ggplot(data=mpg, mapping=aes(x=cty, y=hwy))      #第一层，画布
> p + geom_point()                                       #第二层，画点图
```

效果如图 5.16 所示。

说明：（1）画布命令可简化为。

```
>ggplot(mpg, aes(x=cty, y=hwy))
```

（2）将年份映射到颜色属性，如图 5.17 所示。

```
>p<-ggplot(mpg, aes(x=cty, y=hwy,color=factor(year)))
>p + geom_point()
```

（3）画布命令 ggplot()必须为第一图层。

（4）将排量映射到点大小，如图 5.18 所示。

```
p <- ggplot(mpg, aes(x=cty, y=hwy,color=factor(year),size= displ))
p + geom_point()
```

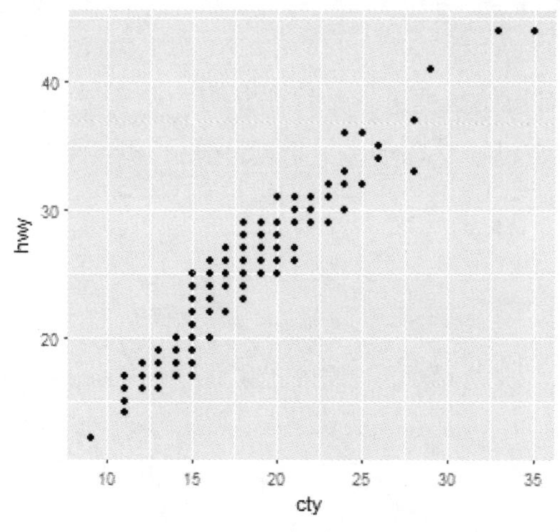

图 5.16　city 和 hwy 点图

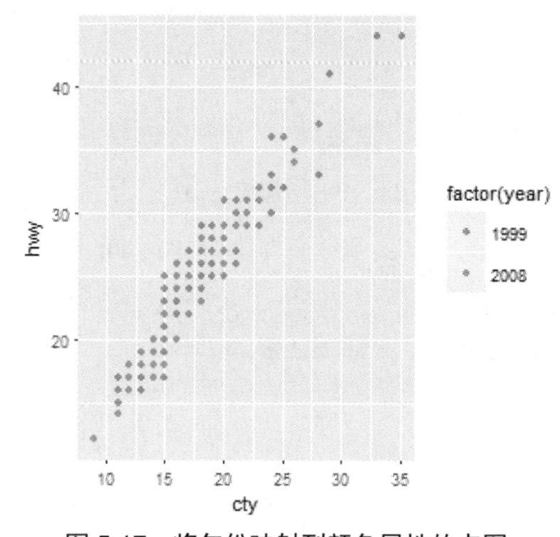

图 5.17　将年份映射到颜色属性的点图

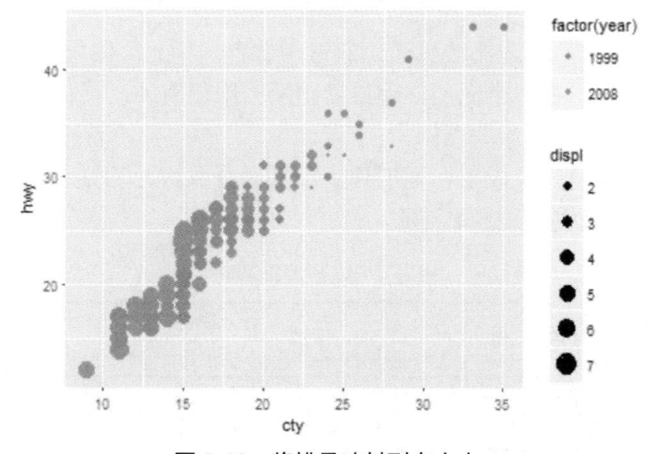

图 5.18　将排量映射到点大小

点图作用：用于多个数量型变量关系探究。

5.3.4 统计对象

统计对象是对原始数据进行某种计算。

【例 5.5】对例 5.4 点图加上一条回归线，如图 5.19 所示。

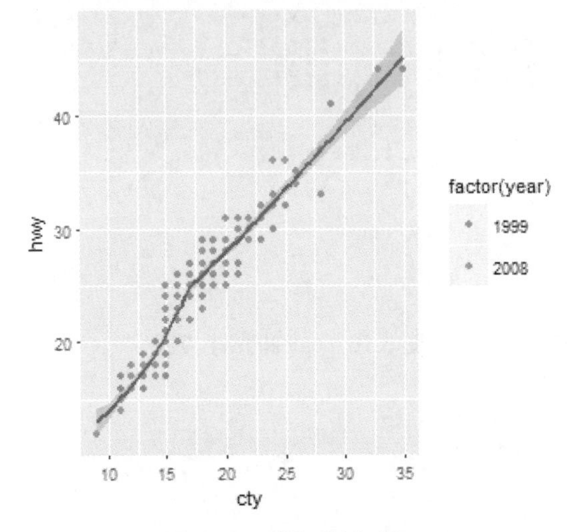

图 5.19 增加统计对象

统计对象用函数 stat_X()表示。绘制图 5.19 的命令如下：

```
> p <- ggplot(data=mpg, mapping=aes(x=cty, y=hwy))      #第一层，画布
> p <- p + geom_point(aes(color=factor(year))           #第二层，画点图
> p + stat_smooth()                                      #第三层，画平滑曲线
```

说明：

（1）多个图层可以写在一行，例如，上面 3 行命令可简写为。

```
>ggplot(mpg,aes(x=cty,y=hwy))+geom_point()+stat_smooth()
```

可见，图层的表达比较灵活，建议初学者一行一个图层。

（2）如果一行一个图层，除最后图层不用赋值外，其他各层必须用赋值语句，并且赋值变量要相同。

（3）如果有颜色映射，需要作为绘图命令参数，否则颜色失效。

统计对象函数如表 5.4 所示。

表 5.4 统计对象函数

统计对象函数	描　述
stat_abline	添加线条，用斜率和截距表示
stat_boxplot	绘制带触须的箱线图
stat_contour	绘制三维数据的等高线图

续表

统计对象函数	描　　述
stat_density	绘制密度图
stat_density2d	绘制二维密度图
stat_function	添加函数曲线
stat_hline	添加水平线
stat_smooth	添加平滑曲线
stat_sum	绘制不重复的取值之和（通常用在三点图上）
stat_summary	绘制汇总数据

5.3.5　标度

标度（Scale）负责控制映射后图形属性的显示方式，具体形式上是图例和坐标刻度。Scale 和 Mapping 是紧密相关的概念，如图 5.20 所示。

x	y	colour
2	3	a
1	2	a
4	5	b
9	10	b

→

x	y	colour
25	11	red
0	0	red
75	53	blue
200	300	blue

图 5.20　标度和映射的关系

【例 5.6】用标度来修改颜色取值，如图 5.21 所示。

```
>p <- ggplot(data=mpg, mapping=aes(x=cty, y=hwy))
>p <- p + geom_point(aes(colour=factor(year),size=displ))
>p <- p+stat_smooth()
>p+scale_color_manual(values =c('blue2','red4'))          #增加标度
```

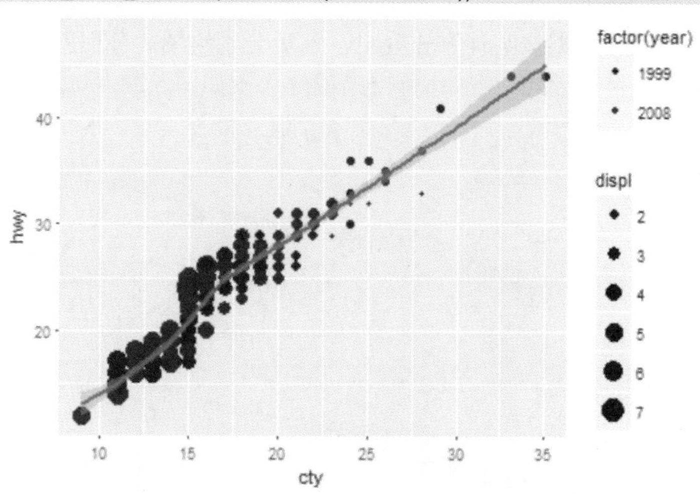

图 5.21　用标度来修改颜色取值

说明：（1）其他标度函数如表 5.5 所示。

表 5.5 标度函数

标 度 函 数	描 述
scale_alpha	alpha 通道值（灰度）
scale_brewer	调色板，来自 colorbrewer.org 网站展示的颜色标度
scale_continuous	连续标度
scale_data	日期
scale_datetime	日期和时间
scale_discrete	离散值
scale_gradient	两种颜色构建的渐变色
scale_gradient2	3 种颜色构建的渐变色
scale_gradientn	n 种颜色构建的渐变色
scale_grey	灰度颜色
scale_hue	均匀色调
scale_identity	直接使用指定的取值，不进行标度转换
scale_linetype	用线条模式来展示不同
scale_manual	手动指定离散标度
scale_shape	用不同的形状来展示不同的数值
scale_size	用不同大小的对象来展示不同的数值

（2）用标度来修改大小取值。

```
>scale_size_continuous(range = c(4, 10))
```

（3）用标度设置填充值。

```
>scale_fill_continuous(high='red2',low= 'blue4')
```

5.3.6 分面

条件绘图将数据按某种方式分组，然后分别绘图。分面就是控制分组绘图的方法和排列形式，例如，例 5.7 的结果图如图 5.22 所示。

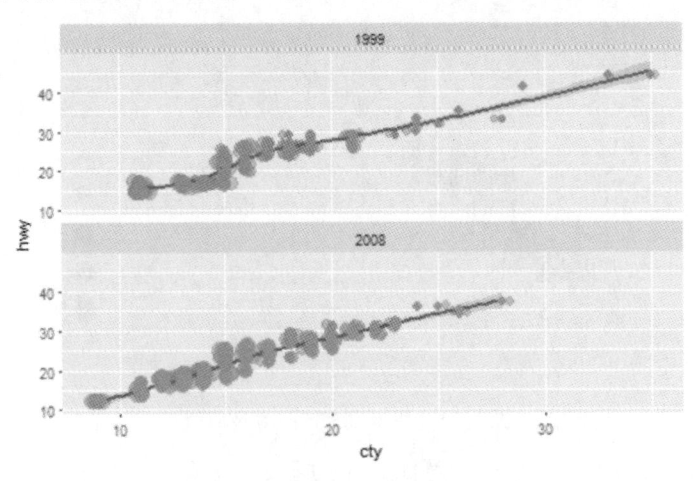

图 5.22 按年分组可视化

分面函数如表 5.6 所示。

表 5.6　分面函数

分 面 函 数	描　　述
facet_grid	将分面放置在二维网格中
facet_wrap	将一维的分面按二维排列

【例 5.7】按年分组，一列显示，效果如图 5.22 所示。

```
>p <- ggplot(data=mpg, mapping=aes(x=cty, y=hwy))
>p <-p + geom_point(aes(colour=class,size=displ))
>p<-p+ stat_smooth()
>p <- p + geom_point(aes(colour=factor(year),size=displ))
>p <- p + scale_size_continuous(range = c(4, 10))          #增加标度
>p + facet_wrap(~ year, ncol=1)                            #分面
```

5.3.7　其他修饰

（1）图例修饰如图 5.23 所示。

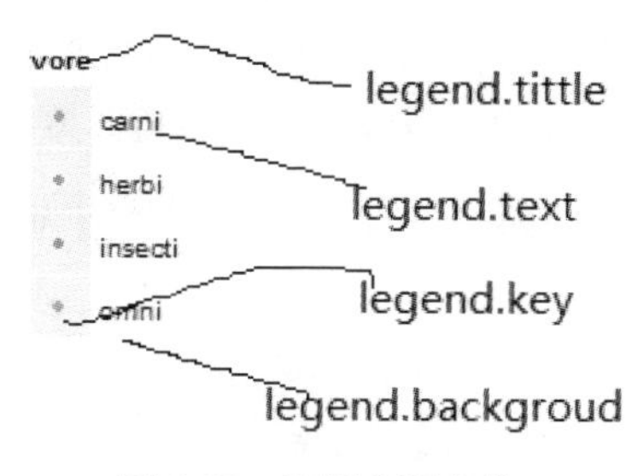

图 5.23　图例主要参数

图 5.23 中，ggplot2 中的 legend 包括 4 个部分：legend.tittle、legend.text、legend.key、legend.backgroud。针对每一部分有 4 种处理方式。

element_text()绘制标签和标题，可控制字体的 family、face、colour、size、hjust、vjust、angle、lineheight，当改变角度时，可将 hjust 调整至 0 或 1。

element_rect()绘制矩形，可以控制颜色的填充（fill）和边界的 colour、size、linetype。

element_blank()表示空主题，即对元素不分配相应的绘图空间。该函数可以删除不感兴趣的绘图元素。使用之前的 colour=NA，fill=NA，让某些元素不可见，但仍然占绘图空间。

element_get()可得到当前主题的设置。

theme()可在一幅图中对某些元素进行局部性修改，theme_update()可为后面图形的绘制进行全局性的修改。

不加 legend，如 p+theme(legend.position='none')。

删除 legend.tittle，如 p+theme(legend.title=element_blank())。

图例（legend）的位置和对齐使用主题设置 legend.position 来控制，其值可为 right、left、top、bottom、none（不加图例），或是一个表示位置的数值。这个数值型位置由 legend.justfication 给定的相对边角位置表示（取 0 和 1 之间的值），它是一个长度为 2 的数值型向量：右上角为 c(1,1)，左下角为 c(0,0)。例如，p+theme(legend.position="left")。

（2）文字 label 位置的设置，如图 5.24 所示，参数 vjust 和 hjust 是对图中文字 label 位置的设置。

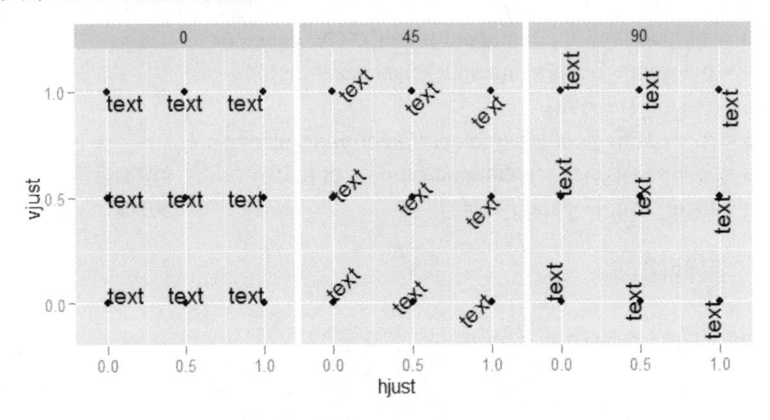

图 5.24 文字 label 位置的设置

（3）柱状图 position 控制位置。如图 5.25 所示为 position='identity'的结果。

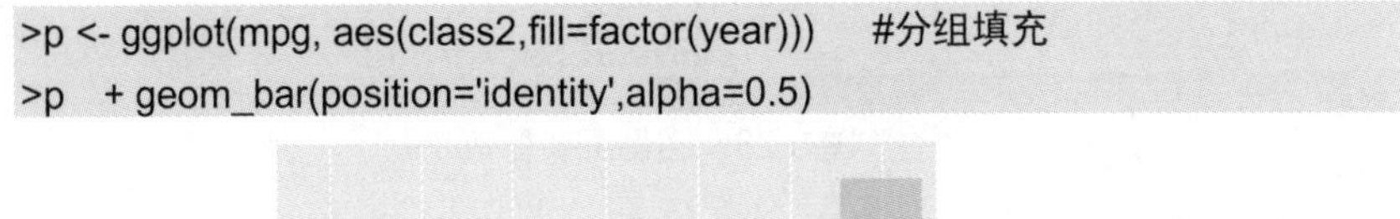

```
>p <- ggplot(mpg, aes(class2,fill=factor(year)))     #分组填充
>p   + geom_bar(position='identity',alpha=0.5)
```

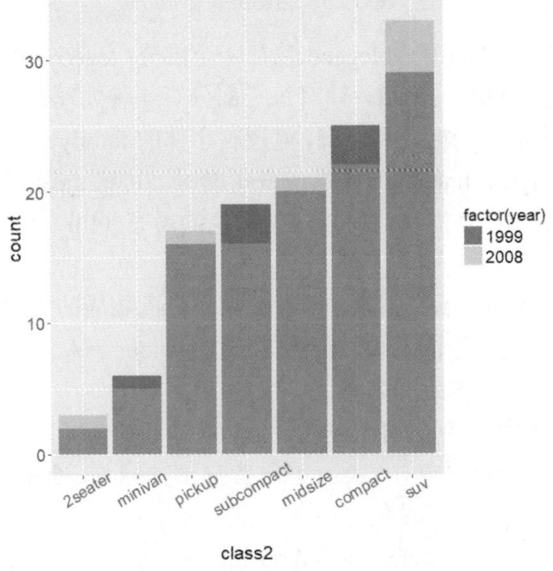

图 5.25 position='identity'的结果

如图 5.26 所示为 position= 'dodge'的结果。

```
>p <- ggplot(mpg, aes(class2,fill=factor(year)))        #分组填充
>p   + geom_bar(position='dodge',alpha=0.5)
```

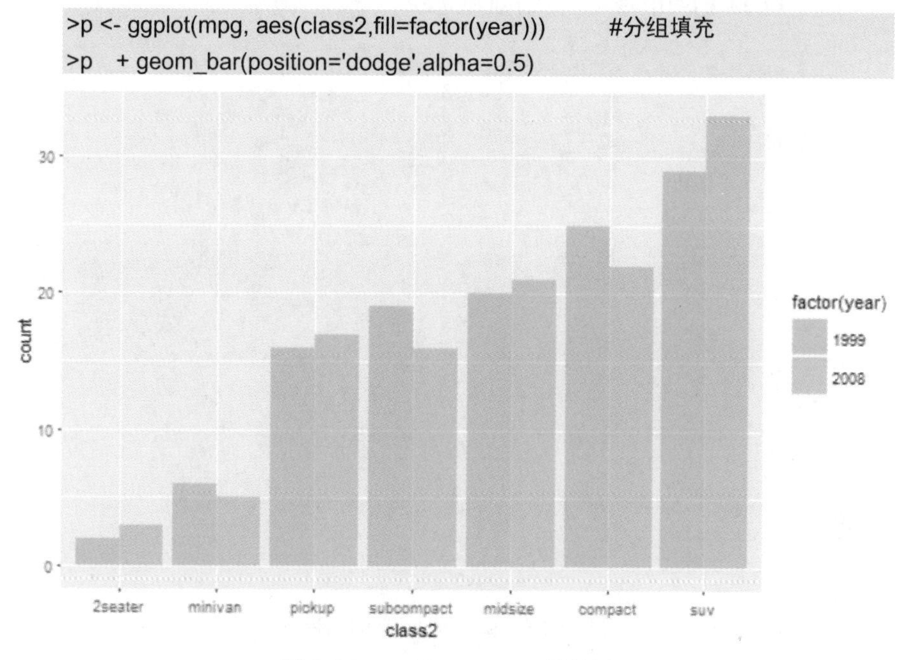

图 5.26　position='dodge'的结果

如图 5.27 所示为 position= 'stack'的结果。

```
>p <- ggplot(mpg, aes(class2,fill=factor(year)))        #分组填充
>p   + geom_bar(position='stack',alpha=0.5)             #叠加柱状图
```

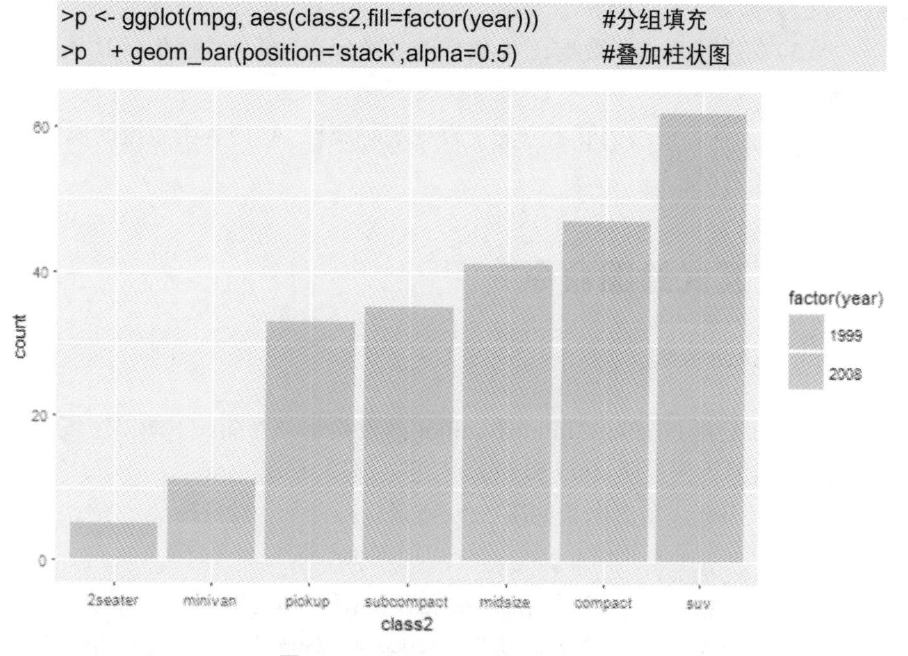

图 5.27　position='stack'的结果

如图 5.28 所示为 position= 'fill'的结果。

```
>p <- ggplot(mpg, aes(class2,fill=factor(year)))     #分组填充
>p   + geom_bar(position='fill',alpha=0.5)
```

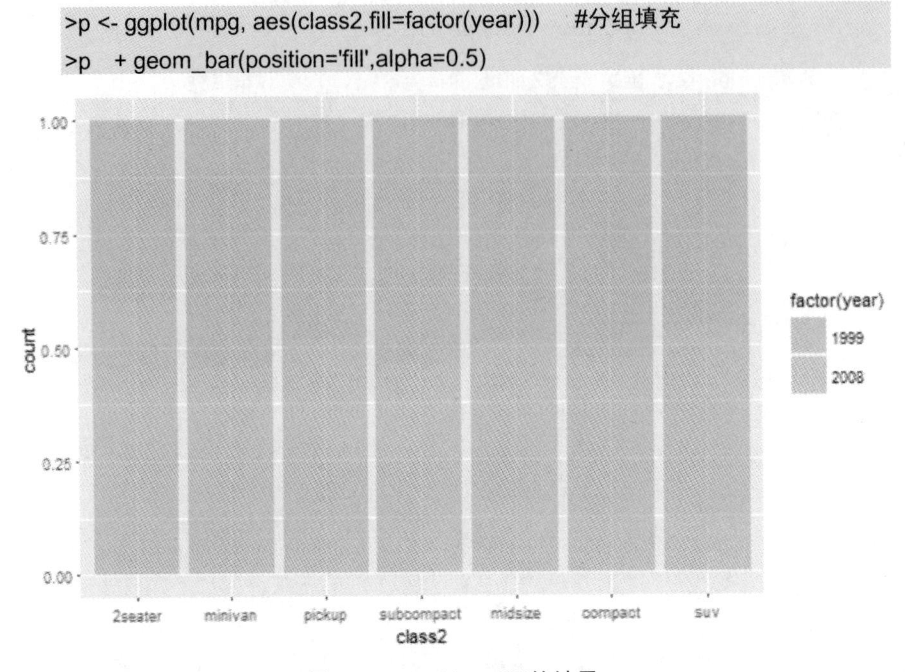

图 5.28　position='fill'的结果

堆积柱状图的作用如下。

（1）两个定性变量分布。

（2）数量 VS 比例。

（3）每个柱形表示数据在 A 属性的各类分布，每种颜色代表 B 属性的分布。

（4）列联表常用的展示方法，直观展示属性 A 内各类数据的属性 B 各类的分布情况。

5.4　交互式绘图命令

5.4.1　rCharts 包

rCharts 包通过 rPlot、nPlot 和 hPlot 函数绘制交互图。下面以空气质量（airquality）为例说明 rPlot 和 nPlot 绘图的基本原理。

执行以下代码得到结果如图 5.29 所示。

```
>library(rCharts)
>airquality$Month<-as.factor(airquality$Month)        #转换为因子类型
>rPlot(Ozone ~ Wind | Month, data = airquality, color ="Month", type ="point")
```

rPlot()函数通过 type 指定图表类型。

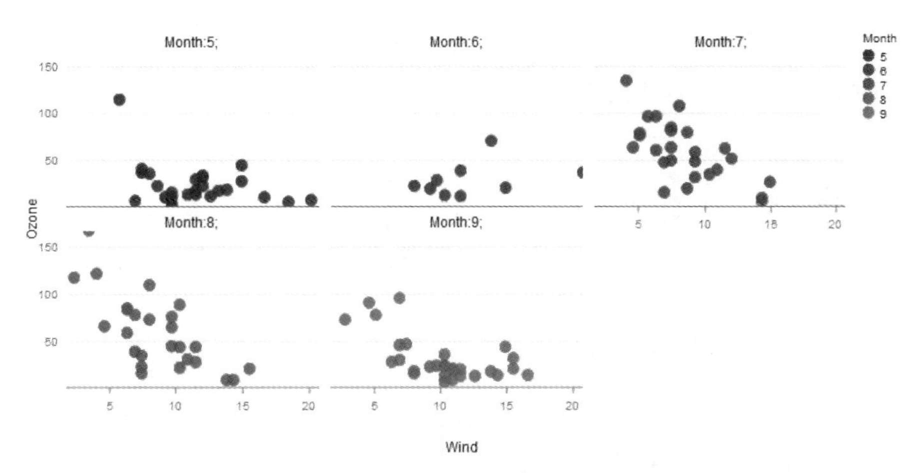

图 5.29　交互点图 rPlot

在图 5.29 中，当鼠标悬停在某个点上，会显示该点的详细信息。

执行以下代码得到结果如图 5.30 所示。

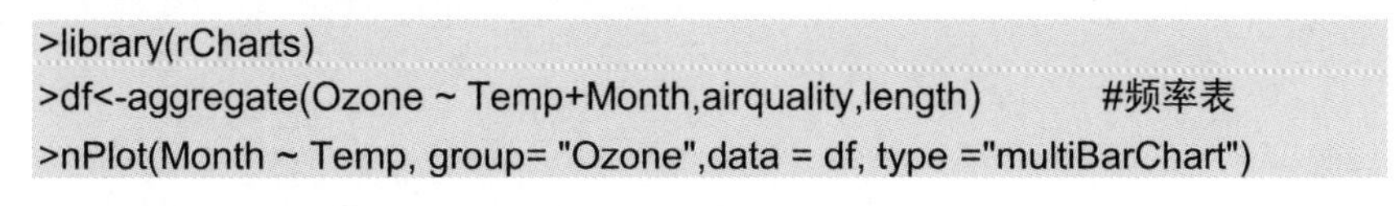

```
>library(rCharts)
>df<-aggregate(Ozone ~ Temp+Month,airquality,length)          #频率表
>nPlot(Month ~ Temp, group= "Ozone",data = df, type ="multiBarChart")
```

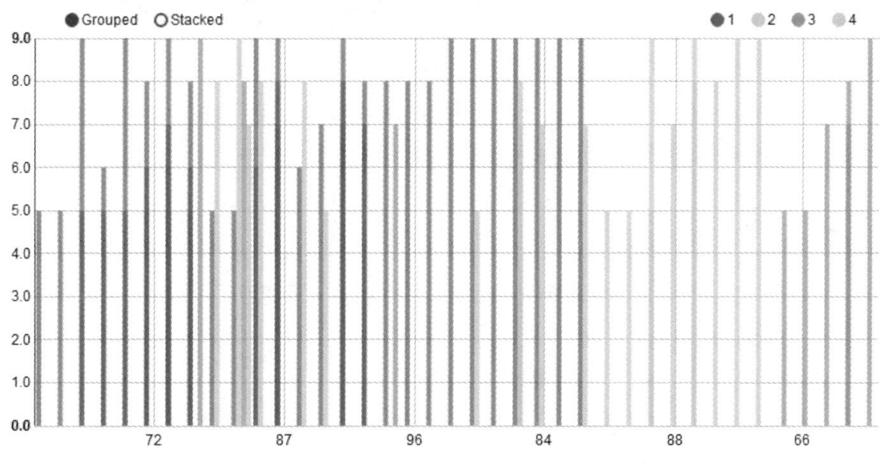

图 5.30　交互柱状图 nPlot

代码中 type="multiBarChart"表示类型设置为柱状图组合方式。

通过图形左上角“Grouped”“Stacked”选择柱子是按照分组还是叠加的方式进行摆放（默认是分组方式）。如果选择 Stacked，就会绘制叠加柱状图。选择右上角的数字，可以对月份显示进行控制。

在 rCharts 包中提供的 hPlot()函数可以实现绘制交互直线图、曲线图、区域图、区域曲线图、柱状图、饼状图和散布图等。

执行以下代码得到结果如图 5.31 所示。可以通过选择图中的图例数字，对月份显示进行控制，当鼠标悬停在某个点上，就会显示该点的详细信息。

```
>library(rCharts)
>airquality$Month<-as.factor(airquality$Month)
>hPlot(x="Ozone", y="Wind", data =airquality, type=c("line", "bubble", "scatter"),
group = "Month", size = "Temp")
```

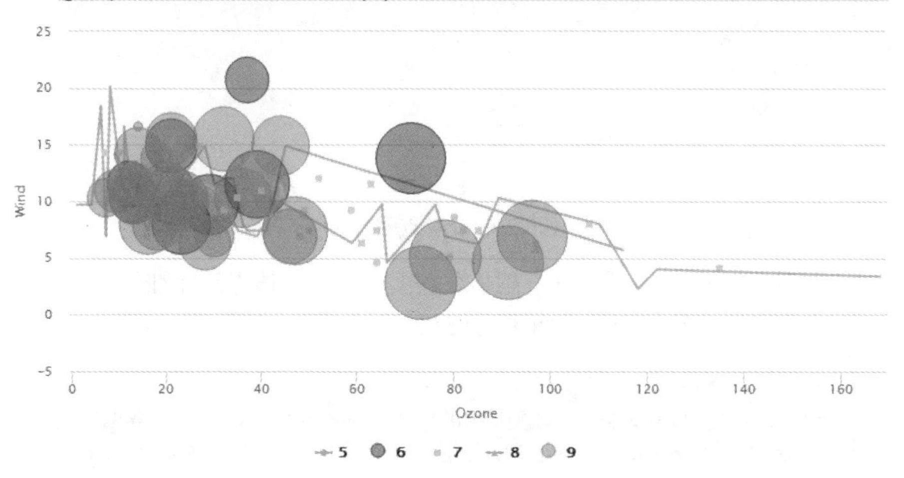

图 5.31　交互气泡图 hPlot

rCharts 包可以画出更多漂亮的交互图。

http://ramnathv.github.io/rCharts/ 和 https://github.com/ramnathv/rCharts/tree/master/demo 有更多的例子可供大家学习。

5.4.2　plotly 包

plotly 包是一个基于浏览器的交互式图表库，它建立在开源的 JavaScript 图表库 plotly.js 之上。

plotly 包使用 plot_ly()函数绘制交互图。

如果相对空气质量数据集绘制点图，需要将 mode 参数设置为 markers。

执行以下代码得到结果如图 5.32 所示。

```
>library(plotly)
>plot_ly(airquality, x = ~Temp, y =~Wind,color ="Month", colors = "Set1", mode =
"markers")
```

如果想绘制交互箱线图，需要将 type 参数设置为 box。

```
>library(plotly)
>plot_ly(midwest, x = percollege, color = state, type = "box")
```

执行结果如图 5.33 所示。

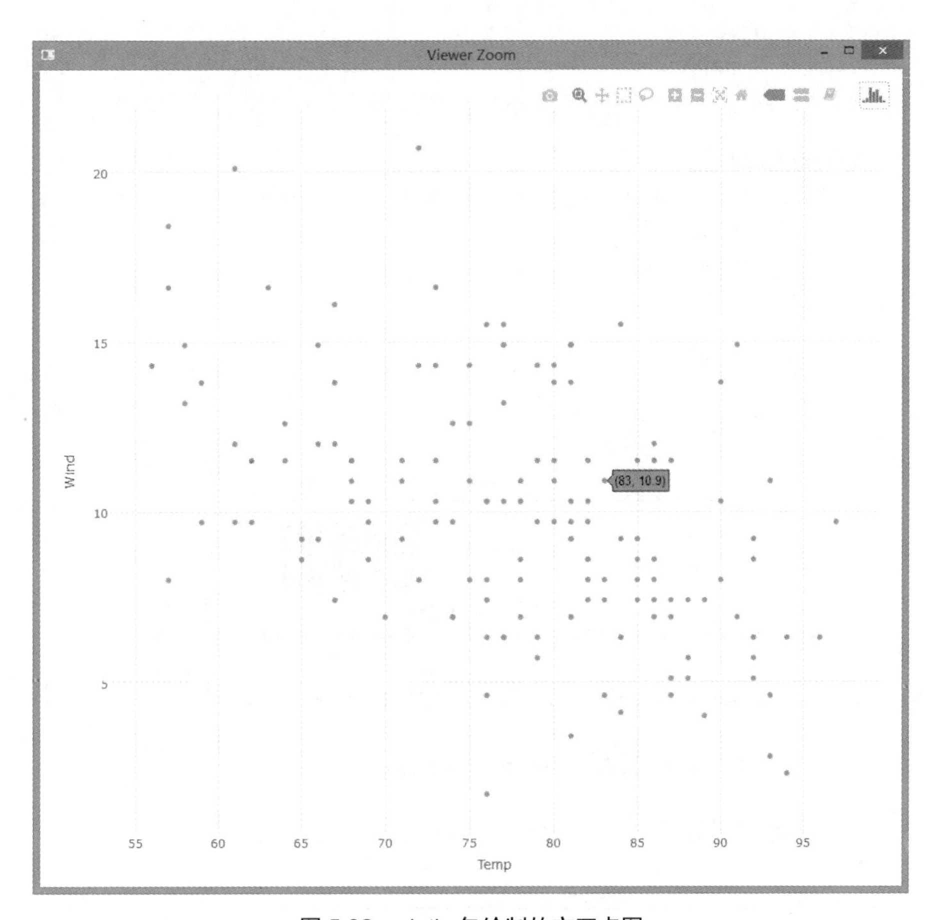

图 5.32　plotly 包绘制的交互点图

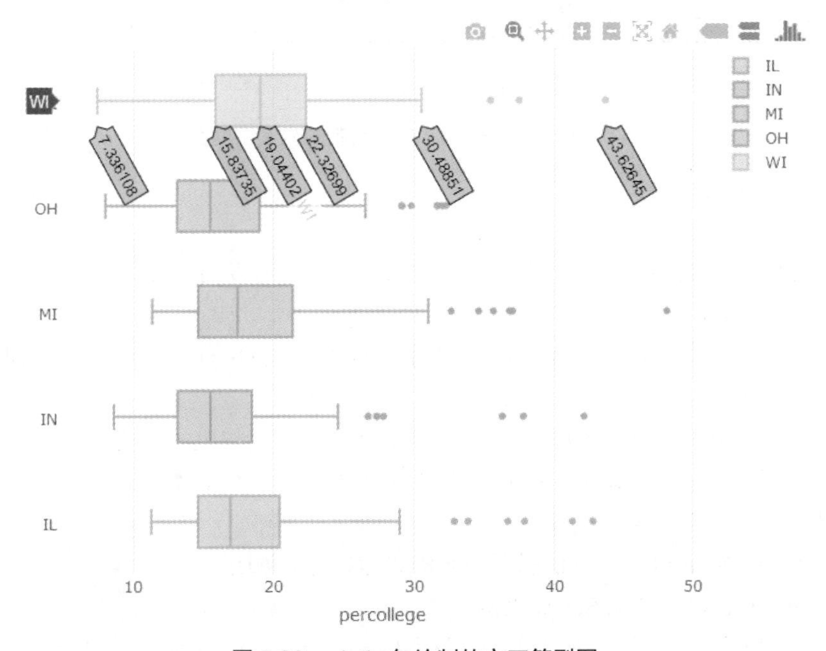

图 5.33　plotly 包绘制的交互箱型图

如果熟悉 ggplot2 的绘图系统，也可以利用 ggplotly()函数实现交互效果。例如，对 ggplot 绘制的密度图实现交互效果，执行以下代码即可。

```
>library(plotly)
>p <- ggplot(data=lattice::singer,aes(x=height,fill=voice.part))+
>geom_density()+
>facet_grid(voice.part~.)
>(gg <- ggplotly(p))
```

执行结果如图 5.34 所示。

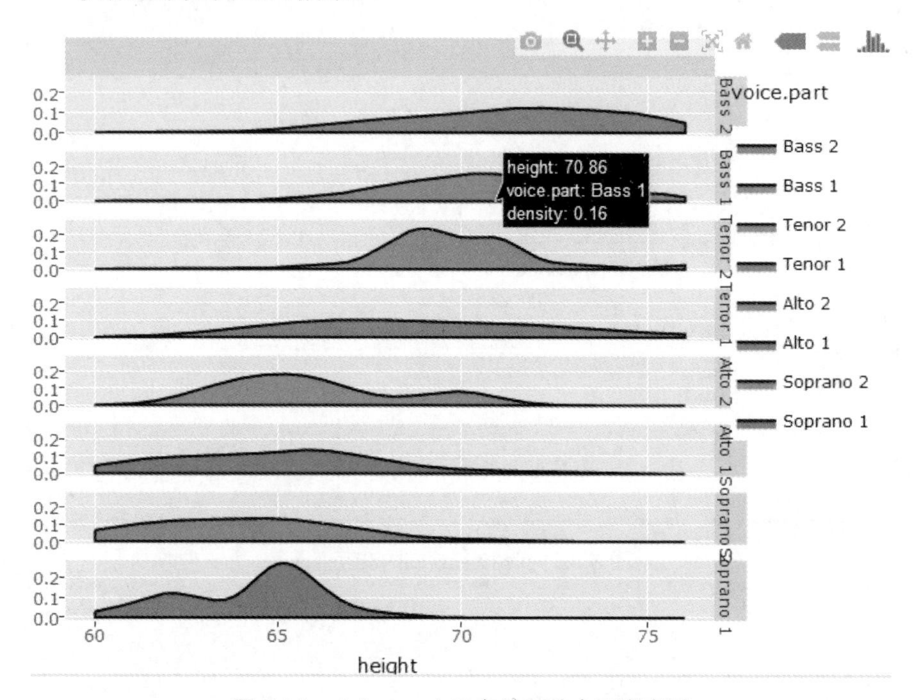

图 5.34 plotly+ggplot2 包绘制的交互密度图

5.4.3 Shiny

Shiny 是 RStudio 公司开发的新包，有了它，可以用 R 语言轻松开发交互式 Web 应用。其具有如下特性。

（1）只用几行代码就可以构建有用的 Web 应用程序——不需要使用 JavaScript。

（2）Shiny 应用程序会自动刷新计算结果，这与电子表格实时计算的效果类似。当用户修改输入时，输出值自动更新，而不需要在浏览器中手动刷新。

（3）Shiny 用户界面可以用纯 R 语言构建，如果想更灵活，可以直接用 HTML.CSS 和 JavaScript 来写。

（4）可以在任何 R 环境中运行（R 命令行、Windows 或 Mac 中的

Rgui、ESS、StatET 和 RStudio 等）。

（5）基于 Twitter Bootstrap 的默认 UI 主题很吸引人。

（6）高度定制化的滑动条小工具（slider widget），内置了对动画的支持。

（7）预先构建有输出小工具，用来展示图形、表格以及打印输出 R 对象。

（8）采用 Web Sockets 包，做到浏览器和 R 之间快速双向通信。

（9）采用反应式（Reactive）编程模型，摒弃了繁杂的事件处理代码，这样可以集中精力于真正关心的代码上。

（10）开发和发布个性化的 Shiny 小工具，其他开发者也可以非常容易地将它加到自己的应用中。

安装：Shiny 可以从 CRAN 获取，所以可以用通常的方式来安装，在 R 的命令行里输入：

```
install.packages("shiny")
```

【例 5.8】 Hello Shiny 如图 5.35 所示。

Hello Shiny!

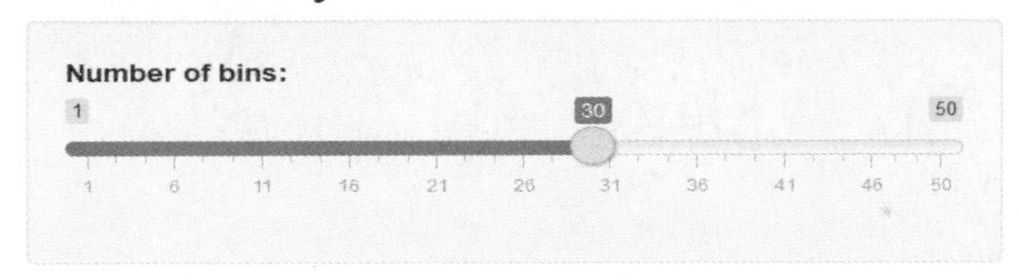

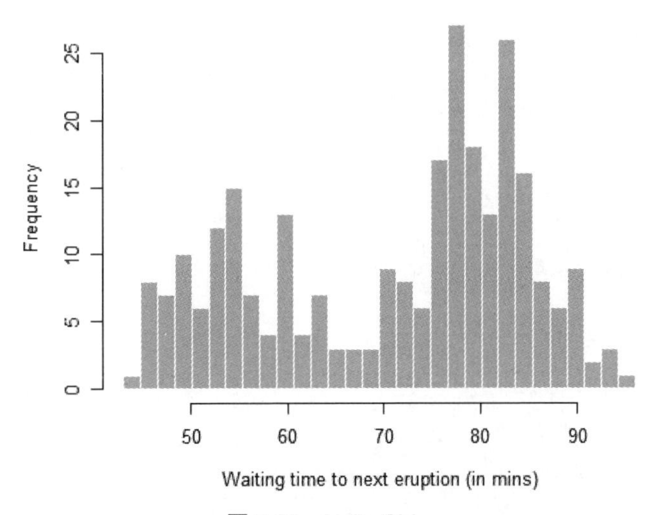

图 5.35 Hello Shiny

Hello Shiny 是一个简单的应用程序，这个程序可以生成正态分布的随机数，随机数个数可以由用户定义，并且绘制这些随机数的直方图。要运行这个例子，只需输入以下代码：

```
library(shiny)
runExample("01_hello")
```

Shiny 应用程序分为两个部分：用户界面定义（UI）和服务端脚本（Server）。

ui.R：

```
library(shiny)
shinyUI(pageWithSidebar(                         #网页布局
        headerPanel("Hello Shiny!"),             #标题
        sidebarPanel(                            #侧边栏设置
            sliderInput("obs", "观测值个数:", min = 0,
max = 1000, value = 500)
                  ),                             #滑动条，改变观测值数量
      mainPanel(                                 #主面板设置
            plotOutput("distPlot")               #显示观测值的分布
         )
      )
)
```

server.R 从某种程度上说很简单——生成给定个数的随机变量，然后将直方图画出来。不过，返回图形的函数被 renderPlot 包裹着。

server.R：

```
library(shiny)
shinyServer(function(input, output) {(
         output$distPlot <- renderPlot({
#脚本主体，注意 distPlot 要与 plotOutput 参数一致
         dist <- rnorm(input$obs)
#obs 要与 sliderInput 第一个参数一致
         hist(dist)
         })
})
```

【例 5.9】Shiny Text 如图 5.36 所示。

Shiny Text

Choose a dataset:

rock

Number of observations to view:

10

图 5.36　Shiny Text

```
     area             peri             shape
 Min.   : 1016   Min.   : 308.6   Min.   :0.09033
 1st Qu.: 5305   1st Qu.:1414.9   1st Qu.:0.16226
 Median : 7487   Median :2536.2   Median :0.19886
 Mean   : 7188   Mean   :2682.2   Mean   :0.21811
 3rd Qu.: 8870   3rd Qu.:3989.5   3rd Qu.:0.26267
 Max.   :12212   Max.   :4864.2   Max.   :0.46413
     perm
 Min.   :   6.30
 1st Qu.:  76.45
 Median : 130.50
 Mean   : 415.45
 3rd Qu.: 777.50
 Max.   :1300.00
```

area	peri	shape	perm
4990	2791.90	0.09	6.30
7002	3892.60	0.15	6.30
7558	3930.66	0.18	6.30
7352	3869.32	0.12	6.30
7943	3948.54	0.12	17.10
7979	4010.15	0.17	17.10
9333	4345.75	0.19	17.10
8209	4344.75	0.16	17.10
8393	3682.04	0.20	119.00
6425	3098.65	0.16	119.00

图 5.36　Shiny Text（续）

这个例子将展示其他输入控件，以及生成文本输出的被动式函数的用法。

Shiny Text 这个应用程序展示的是直接打印 R 对象，以及用 HTML 表格展示数据框。要运行例子程序，只需输入以下代码：

```
> library(shiny)
> runExample("02_text")
```

前面那个例子里用一个滑动条来输入数值，并且输出图形。而这个例子更进了一步：有两个输入，以及两种类型的文本输出。

如果想改变观测个数，就会发现 Shiny 应用程序的一大特性：输入和输出是结合在一起的，并且“实时”更新运算结果（就像 Excel 一样）。在这个例子中，当观测个数发生变化时，只要表格更新，而不需要重新加载整个页面。

下面是用户界面定义的代码。请注意，sidebarPanel()和 mainPanel()的函数调用中有两个参数（对应于两个输入和两个输出）。

ui.R：

```
library(shiny)
shinyUI(
        pageWithSidebar(                                #网页侧边栏布局
         headerPanel("Shiny Text"),
         sidebarPanel(
             selectInput("dataset", "Choose a dataset:",
             choices = c("rock", "pressure", "cars")),       #下拉列表
           numericInput("obs","输入观测值个数: ",10)        #文本框
               ),                                        #sidebarPanel 结束
         mainPanel(                                      #主面板设计
             verbatimTextOutput("summary"),              #输出小结
             tableOutput("view")                         #输出表格
             )                                           #mainPanel 结束
         )                                               #pageWithSidebar 结束
  )                                                      #shinyUI 结束
```

服务端的程序要稍微复杂一点，涉及以下方面。

（1）一个反应性表达式来返回用户选择的相应数据集。

（2）两个渲染表达式，分别是 renderPrint()和 renderTable()，以返回 output$summary 的 output$view 值。

这些表达式和第一个例子中的 renderPlot 运作方式类似：通过声明渲染表达式，也就是告诉 Shiny，一旦渲染表达式所依赖的值（在这里例子中是两个用户输入值的任意一个：input$dataset 或 input$n）发生改变，表达式就会执行。

server.R：

```
 library(shiny)
 library(datasets)                               #加载依赖包
 shinyServer(function(input, output) {
       datasetInput <- reactive({                #反应表达式，接受返回的数据集
       switch(input$dataset,
                  "rock" = rock,
                 "pressure" = pressure,
                 "cars" = cars)
       })
     output$summary <- renderPrint({
                 #渲染表达式对数据集 dataset 的响应
              dataset <- datasetInput()
              summary(dataset)
            })
    output$view <- renderTable({                 #渲染表达式对观测值个数 n 的响应
           head(datasetInput(), n = input$obs)
          })
})
```

【例 5.10】构建 Shiny 应用。

构建应用程序前先建一个空目录，在该目录里创建空文件 ui.R 和 server.R。为了便于解释，假定选择在 shinyapp 创建程序。

下面在每个源文件中添加所需的最少代码。先定义用户接口，调用函数 pageWithSidebar()并传递它的结果到 shinyUI()函数。

ui.R：

```
library(shiny)
shinyUI(pageWithSidebar(
    headerPanel("Miles Per Gallon"),          #设置标题
    sidebarPanel(),                           #增加侧边栏容器
mainPanel()))                                 #处理服务器返回的计算结果
```

3 个函数 headerPanel()、sidebarPanel()和 mainPanel()定义了用户接口的不同区域。程序将会叫作 Miles Per Gallon，所以在创建 header panel 时把它设置为标题。其他 panel 到目前为止还是空的。

服务端调用 shinyServer 并传递给它一个函数，用来接收两个参数：input 和 output。

server.R：

```
library(shiny)
# Define server logic required to plot various variables
shinyServer(function(input, output) {
})
```

服务端程序现在还是空的，不过之后会用它来定义输入和输出的关系。下面来创建一个最小的 Shiny 应用程序，可以调用 runApp()函数来运行：

```
> runApp("shinyapp")
```

如果一切正常，就会在浏览器里看到如图 5.37 所示的结果。

Miles Per Gallon

图 5.37　最小的 Shiny 应用程序

创建一个可运行的 Shiny 程序，尽管它还做不了什么。接下来会完善用户接口并实现服务端脚本，来完成这个应用程序。

（1）在 sidebar 容器上添加输入。使用 R 内置的 datasets 包中的 mtcars 数据构建程序，允许用户查看箱线图来研究英里每加仑（MPG）和其他 3 个变量（气缸、变速器、齿轮）之间的关系。

两个元素：一个是 selectInput，用来指定变量；另一个是 checkboxInput，用来控制是否显示异常值。添加这些元素后的用户接口定义如下。

ui.R：

```
library(shiny)
shinyUI(pageWithSidebar(
    headerPanel("Miles Per Gallon"),
  sidebarPanel(
    selectInput("variable", "Variable:",
                list("Cylinders" = "cyl",
                     "Transmission" = "am",
                     "Gears" = "gear")),
    checkboxInput("outliers", "Show outliers", FALSE)
  ),
  mainPanel()))
```

如果在做了这些修改之后再运行该程序，会在 sidebar 看到两个用户输入，如图 5.38 所示。

Miles Per Gallon

Variable:

Cylinders

☐ Show outliers

图 5.38　最小的 Shiny 应用程序添加输入

（2）创建服务端脚本。服务端脚本用来接收输入，并计算输出。对文件 server.R 说明如下。

使用 input 对象的组件访问输入，并通过向 output 对象的组件赋值生成输出。在启动时初始化的数据可以在应用程序的整个生命周期中被访问，使用反应表达式计算被多个输出共享的值。

Shiny 服务端的脚本的基本任务是定义输入和输出之间的关系。脚本访问输入值，然后计算，接着向输出的组件赋以反应表达式。

下面是全部服务端脚本的代码。

server.R：

```
library(shiny)
library(datasets)                                          #加载依赖包
mtcars$am<-factor(mtcars$am,labels=c("Automatic", "Manual"))
mpgData <- mtcars$am
ShinyServer(function(input, output) {
        formulaText <- reactive({                          #对输入字符串的反应
                paste("mpg ~", input$variable)             #拼接字符串
        })
       output$caption <- renderText({                      #文本渲染
```

```
                formulaText()                          #显示字符串
        })
        output$mpgPlot <- renderPlot({                 #画箱线图渲染
                boxplot(as.formula(formulaText()), data = mpgData, outline =
input$outliers)
        })
})
```

Shiny 用 renderText()和 renderPlot()生成输出（而不是直接赋值），让程序成为反应式。这一层封装返回特殊的表达式，只有当其依赖的值改变时才会重新执行。这就使 Shiny 在输入值发生改变时自动更新输出。

（3）展示输出。服务端脚本给出两个输出赋值：output$caption 和 output$mpgPlot。为了让用户接口能显示输出，需要在主 UI 面板上添加一些元素。

在下面修改后的用户接口定义中，用 h3 元素添加了说明文字，并用 textOutput()函数添加了其中的文字，还调用了 plotOutput()函数渲染了图形。

```
mainPanel(
  h3(textOutput("caption")),
  plotOutput("mpgPlot")
)
```

运行应用程序，可以显示它的最终形式，包括输入和动态更新的输出。

（4）发布。调试成功后就可以发布了。

步骤 1：

```
library(devtools)            #install.packages('devtools')
```

步骤 2：

```
library(shinyapps)           #devtools::install_github('rstudio/shinyapps')
```

步骤 3：注册账号。

步骤 4：登录。

```
shinyapps::setAccountInfo(name='xycheng',token='D6DD6AB32E1C1B10F26F
C5FB92868166',secret='<SECRET>')
```

步骤 5：上传。

```
shinyapps::deployApp('yourpath/app')
```

5.5　数据可视化图形选择建议

图表种类繁多，各种情况下选用什么图表示数据，给出一些建议，如图 5.39 所示。

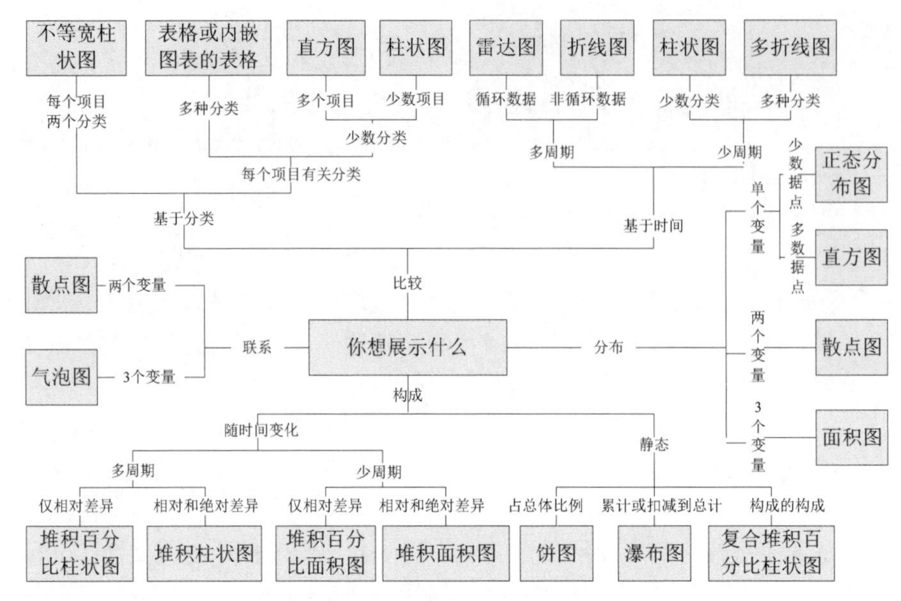

图 5.39　数据可视化图形选择建议

习题

一、单选题

1．在“箱线图”中，箱体的底部表示______。

A．上四分位数　　B．中位数

C．下四分位数　　D．众数

2．polt()更改点的形状使用______参数。

A．xlab　B．xlim　C．pch　D．col

3．polt()设置坐标标签使用______参数。

A．xlab　B．xlim　C．pch　D．col

4．polt()设置数取值范围使用______参数。

A．xlab　B．xlim　C．pch　D．col

5．polt()设置点的颜色使用______参数。

A．xlab　B．xlim　C．pch　D．col

6．polt()设置点的大小使用______参数。

A．xlab　B．bg　C．pch　D．cex

7．polt()设置背景颜色使用______参数。

A．xlab　B．bg　C．pch　D．cex

8．polt()绘制点画线，参数 type=______。

A．p　B．l　C．b　D．c

9．polt()绘制点，参数 type=______。

A．p　　B．l　　C．b　　D．c

10．polt()绘制实线，参数 type=______。

A．p　　B．l　　C．b　　D．c

11．polt()______参数设置线型。

A．cex　　B．lty　　C．pch　　D．lwd

12．polt()______参数设置线宽。

A．cex　　B．lty　　C．pch　　D．lwd

13．绘制饼图使用______函数。

A．hist()　　B．pie()

C．barplot　　D．boxplot

14．绘制直方图使用______函数。

A．hist()　　B．pie()

C．barplot　　D．boxplot

15．绘制柱状图使用______函数。

A．hist()　　B．pie()

C．barplot　　D．boxplot

16．绘制箱线图使用______函数。

A．hist()　　B．pie()

C．barplot　　D．boxplot

二、多选题

1．正确地绘画点图的方法包括______，其中 x，y 为向量，z=cbind(x,y)。

A．plot(y~x)　　B．plot(x,y)

C．plot(z)　　D．plot(x)

2．适合展示数据分布的图包括______。

A．直方图　　B．点图

C．面积图　　D．饼图

3．适合展示数据联系的图包括______。

A．直方图　　B．点图

C．气泡图　　D．饼图

4．适合展示数据占比的图包括______。

A．堆积百分比柱状图　　B．瀑布点图

C．气泡图　　D．饼图

三、填空题

1．绘制拟合平滑直线使用______函数。

2．绘制拟合平滑曲线使用______函数。

3．ggplot2 的核心理念是将绘图与数据______。

4．ggplot2 是按______层作图。

四、判断题

1．数据可视化主要是借助图形化手段，清晰有效地传达与沟通信息。（　　）

2．数据可视化处理结果的解读对用户知识水平的要求较高。（　　）

3．set.seed()的作用是让结果具有重复性。（　　）

4．ggplot2 将常见的统计变换融入绘图中。（　　）

5．ggplot2 绘图命令可以独立使用。（　　）

6．ggplot2 可以绘制交互图。（　　）

数据清洗

在海量数据中不可避免地存在“脏”的数据，如何将这些“脏”数据有效转化成高质量的干净数据，就是数据清洗。数据清洗的最终目的就是提高数据的质量。数据的质量体现出数据的价值，更是知识服务水平的保障。“脏”数据主要包括：缺失数据、异常数据、重复数据、不一致的数据、敏感数据、虚假数据等，使分析结果更客观、更可靠。

本章实验使用的数据集是 titanic_train.csv。

6.1 缺失值分析

6.1.1 缺失值检测

（1）判断 x 是否为缺失值的函数是 is.na(x)，如果是则返回 TRUE，否则返回 FALSE。

【例 6.1】对 titanic_train.csv 缺失值分析。

```
>df<-read.table(file = "titanic_train.csv",header = TRUE,sep = ",",na.strings = "")
#读数据
head(df)                             #查看数据
PassengerId Survived Pclass                                              Name
1        1        0      3                           Braund, Mr. Owen Harris
2        2        1      1    Cumings, Mrs. John Bradley (Florence Thayer)
3        3        1      3                            Heikkinen, Miss. Laina
4        4        1      1      Futrelle, Mrs. Jacques Heath (Lily May Peel)
5        5        0      3                          Allen, Mr. William Henry
6        6        0      3                                  Moran, Mr. James
```

```
      Sex    Age SibSp Parch          Ticket     Fare Cabin Embarked
  1  male    22    1     0        A/5 21171    7.2500  <NA>      S
  2  female  38    1     0         PC 17599   71.2833  C85       C
  3  female  26    0     0 STON/O2. 3101282    7.9250  <NA>      S
  4  female  35    1     0           113803   53.1000  C123      S
  5  male    35    0     0           373450    8.0500  <NA>      S
  6  male    NA    0     0           330877    8.4583  <NA>      Q
```

（2）缺失值分布可视化，如图 6.1 所示。

```
>library(mice)
>md.pattern(df)    #方法 1
```

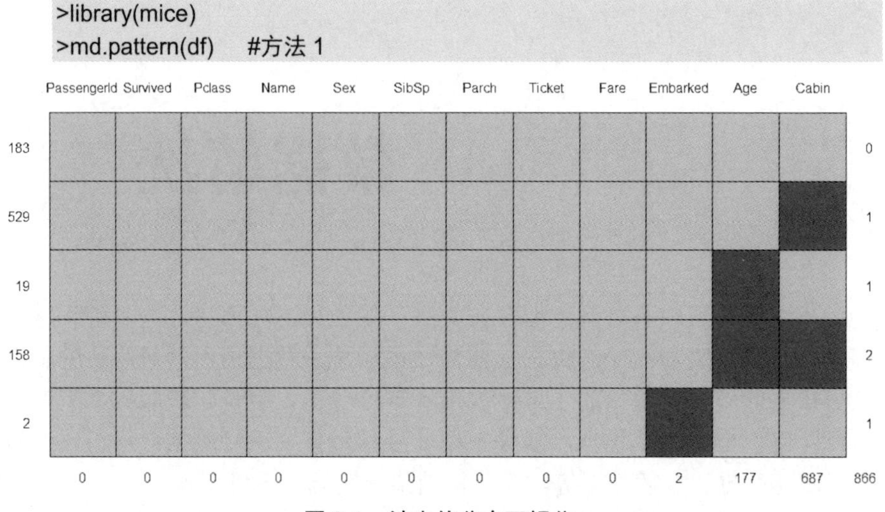

图 6.1　缺失值分布可视化

从图 6.1 可知：Embarked、Age 和 Cabin 3 个变量有缺失值，缺失值个数分别为 2、177、687。没有缺失值的样本是 183 个，只有 Cabin 有缺失值的样本数为 529 个，只有 Age 有缺失值的样本数为 19 个，只有 Embarked 有缺失值的样本数为 2 个，Age 和 Cabin 同时有缺失值的样本数为 158 个。

（3）统计每个变量的缺失值数量。

```
>summary(df)
```

（4）统计特定变量缺失值总数。

```
>sum(is.na(df$Age) == TRUE)
 [1] 177
```

6.1.2　缺失数据处理

对于缺失数据处理通常有以下 3 种方法。

方法 1：当缺失数据较少时直接删除相应样本。

删除缺失数据样本的前提是缺失数据的比例较少，而且缺失数据是随机出现的，这样删除缺失数据后对分析结果影响不大。

方法 2：对缺失数据进行插补。

用变量均值或中位数来代替缺失值，其优点在于不会减少样本信息，处理简单。其缺点在于当缺失数据不是随机出现时会产成偏误。

```
>df$Age<-ifelse(is.na(df$Age),mean(df$Age,na.rm =TRUE),df$Age) #空值替换
>sum(is.na(df$Age) == TRUE)
```

对出发港口缺失值处理：

```
>table(df$Embarked,useNA = "always")                    #出发港口的分布
>#将其中两个缺失值处理为概率最大的两个港口
>df$Embarked[which(is.na(df$Embarked))] = 'S'
>table(df$Embarked,useNA = "always")
```

6.2 异常值分析

异常值（离群点）是指测量数据中的随机错误或偏差，包括错误值或偏离均值的孤立点值。在数据处理中，异常值会极大地影响回归或分类的效果。

为了避免异常值造成的损失，需要在数据预处理阶段进行异常值检测。另外，某些情况下，异常值检测也可能是研究的目的，如数据造假的发现、电脑入侵检测等。

6.2.1 箱线图检测离群点

在一条数轴上，以数据的上下四分位数（Q1～Q3）为界画一个矩形盒子（中间 50%的数据落在盒内）；在数据的中位数位置画一条线段为中位线；默认延长线不超过盒长的 1.5 倍，延长线之外的点认为是异常值（用○标记），如图 6.2 所示。

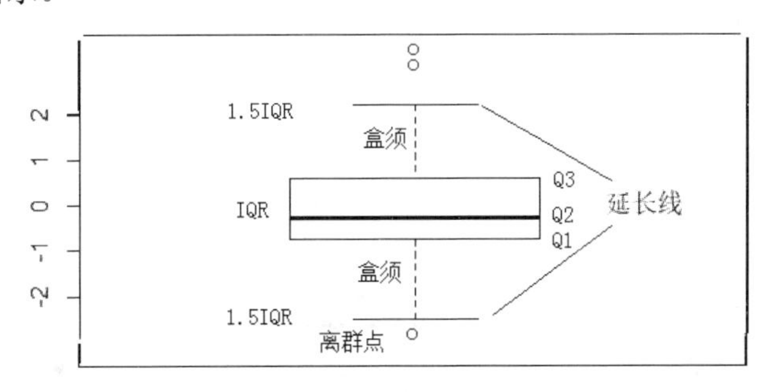

图 6.2　箱线图检测离群点

检测数据的异常值使用的函数是 boxplot.stats()，使用的数据集是 titanic_train.csv，执行如下代码得到的结果如图 6.3 所示。

```
y<-boxplot.stats(df[,'Fare'], coef=1.5, do.conf=TRUE, do.out=TRUE)
boxplot(df[,'Fare'])                                    #绘制箱线图
```

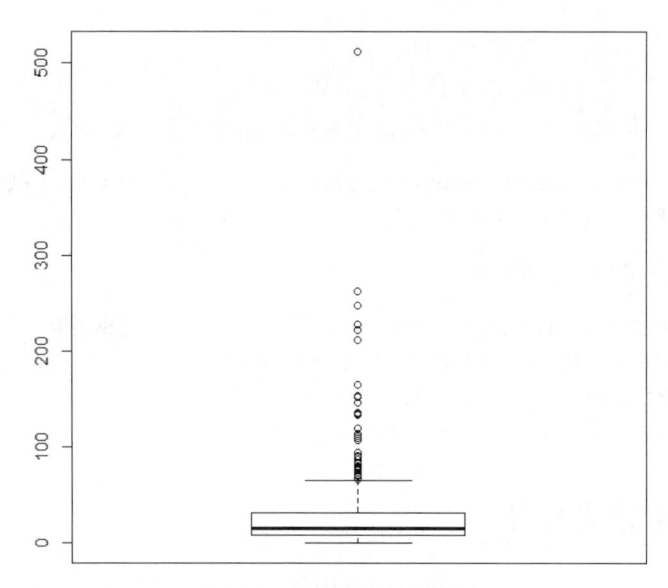

图 6.3　箱线图离群点检测

其中，coef 为盒须的长度是 IQR 的几倍，默认为 1.5 倍；do.conf 和 do.out 设置是否输出 conf 和 out。

返回值：stats 返回 5 个元素的向量值，包括盒须最小值、盒最小值、中位数、盒最大值、盒须最大值；n 返回非缺失值的个数；conf 返回中位数的 95%置信区间；out 返回异常值。

想查看具体的异常值，执行如下代码：

```
> y$out
```

想查看置信区间，执行如下代码：

```
>y$conf
[1] 13.23202 15.67638
```

6.2.2　点图检测离群点

点图通过离群点检测异常值。执行如下代码，结果如图 6.4 所示。

```
>set.seed(2016)
>x<-rnorm(100)
>y<-rnorm(100)
>df<-data.frame(x,y)
```

寻找异常值的 x 坐标。

```
a<-which(x %in% boxplot.stats(x)$out)
[1] 5
```

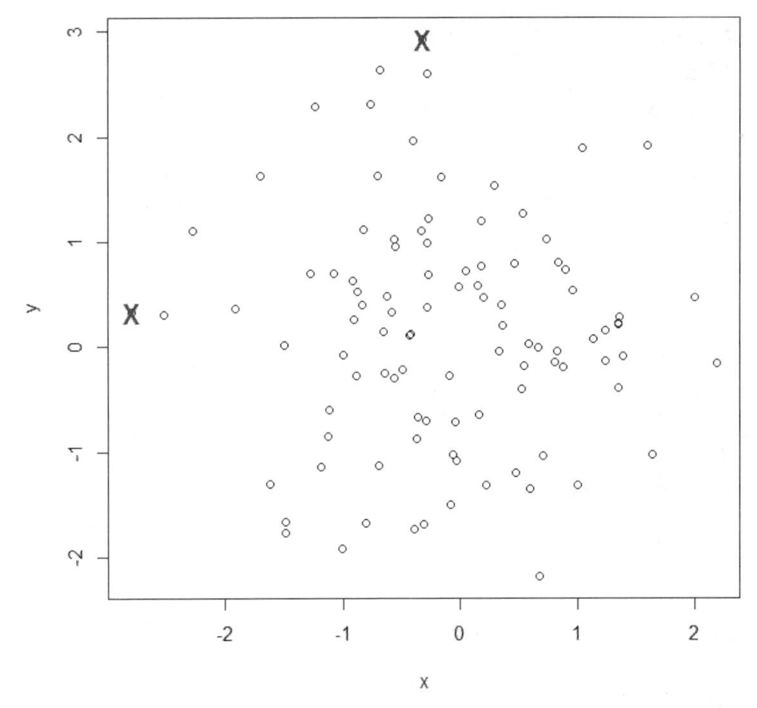

图 6.4　点图异常值检测

寻找异常值的 y 坐标。

```
>b<-which(y %in% boxplot.stats(y)$out)
>b
[1] 23
>plot(df)                                     #绘制 x、y 的点图
>p2<-union(a,b)                               #寻找变量 x 或 y 为异常值的坐标位置
>points(df[p2,],col="red",pch="x",cex=2)  #标记异常值
```

6.3　数据去重

数据重复检测函数包括 unique()和 duplicated()。

unique()函数只能作用于向量。

duplicated()函数是一个用来解决向量或者数据框重复值的函数，它会返回一个 TRUE 或 FALSE 的向量，以标注该索引所对应的值是否是前面数据所重复的值。

```
>test <- data.frame(
  x1 = c(1,2,3,4,5,1,3,5),
  x2 = c("a","b","c","d","e","a","b","e"),
  x3 = c("a","b","c","d","e","a","c","e"))
> test
```

```
  x1 x2 x3
1  1  a  a
2  2  b  b
3  3  c  c
4  4  d  d
5  5  e  e
6  1  a  a
7  3  b  c
8  5  e  e
> test[!duplicated(test),]                     #删掉所有列上都重复的
  x1 x2 x3
1  1  a  a
2  2  b  b
3  3  c  c
4  4  d  d
5  5  e  e
7  3  b  c
```

6.4 规范化

6.4.1 数据的中心化

数据的中心化是指数据集中的各项数据减去数据集的均值。

例如，有数据集1，2，3，6，3，其均值为3，那么中心化之后的数据集为-2，-1，0，3，0。

在R语言中可以使用scale()方法来对数据进行中心化。

```
> data <- c(1, 2, 3, 6, 3)
> scale(data, center=T,scale=F)            #数据中心化
     [,1]
[1,]   -2
[2,]   -1
[3,]    0
[4,]    3
[5,]    0
attr(,"scaled:center")
[1] 3
```

6.4.2 数据标准化

数据标准化是指中心化之后的数据再除以数据集的标准差，即数据集中的各项数据减去数据集的均值再除以数据集的标准差。

例如，有数据集 1，2，3，6，3，其均值为 3，其标准差为 1.87，那么标准化之后的数据集为(1−3)/1.87，(2−3)/1.87，(3−3)/1.87，(6−3)/1.87，(3−3)/1.87，即−1.069，−0.535，0，1.604，0。

数据中心化和标准化的意义是一样的，目的都是为了消除量纲对数据结构的影响。R 语言使用 scale()方法来对数据进行标准化。

```
> data <- c(1, 2, 3, 6, 3)
> scale(data, center=T,scale=T)                #数据标准化
            [,1]
[1,] -1.06904
[2,] -0.53452
[3,]   0.00000
[4,]   1.60357
[5,]   0.00000
>attr(,"scaled:center")
[1] 3
>attr(,"scaled:scale")
[1] 1.8708
```

小数定标规范化：移动变量的小数点位置来将变量值映射到[−1,1]。

```
>#小数定标规范化
>i1=ceiling(log(max(abs(data[,1])),10))      #小数定标的指数
>c1=data[,1]/10^i1
>i2=ceiling(log(max(abs(data[,2])),10))
>c2=data[,2]/10^i2
>i3=ceiling(log(max(abs(data[,3])),10))
>c3=data[,3]/10^i3
>i4=ceiling(log(max(abs(data[,4])),10))
>c4=data[,4]/10^i4
>data_dot=cbind(c1,c2,c3,c4)
>#打印结果
>options(digits = 4)                          #控制输出结果的有效位数
>data_dot
```

6.5　格式转换

格式转换除类型转换，本节主要讲解的是字符串变换。其是数据清洗最难处理的内容，因为字符串如何变换与分析目标和业务场景有关，强依赖于人的经验。

如图 6.5 所示的 Titanic 数据集中 name 列信息可知，name 包含称谓、家族、名等信息。

```
> head(df)
  PassengerId Survived Pclass                                                Name
1           1        0      3                             Braund, Mr. Owen Harris
2           2        1      1 Cumings, Mrs. John Bradley (Florence Briggs Thayer)
3           3        1      3                              Heikkinen, Miss. Laina
4           4        1      1        Futrelle, Mrs. Jacques Heath (Lily May Peel)
5           5        0      3                            Allen, Mr. William Henry
6           6        0      3                                    Moran, Mr. James
```

图6.5　Titanic数据name列信息

【例6.2】统计Titanic数据集中name列各个称谓出现的次数。

（1）将name转换成character。

```
>df$Name = as.character(df$Name)
```

（2）按空格键、Enter键、换行等空白符，分割name为单词列表。

```
>strsplit(df$Name,"\\s+")
```

strsplit()把字符串按照某个规则进行拆分，返回列表。\\s表示空格、回车、换行等空白符，+号表示一个或多个的意思。

（3）列表转换为向量。

```
>unlist(strsplit(df$Name,"\\s+"))
```

（4）统计单词出现的频次。

```
>table_words = table(unlist(strsplit(df$Name,"\\s+")))
```

（5）筛选称谓。

```
>title<-grep("\\.",names(table_words))
```

用（"\\."）作为一种正则表达式及筛选的条件。

（6）对称谓出现次数排序。

```
>sort(table_words[title],decreasing = TRUE)
Mr.    Miss.    Mrs.   Master.   Dr.    Rev.    Col.   Major.
517    182      125    40        7      6       2      2
Mlle.  Capt. Countess. Don. Jonkheer.  L.  Lady.  Mme.  Ms.  Sir.
2      1     1         1    1          1   1      1     1    1
```

【例6.3】根据各个称谓的平均年龄填充年龄的缺失值。

（1）将称谓和年龄组成一个新的数据框tb。

```
>library(stringr)
>tb = cbind(df$Age,str_match(df$Name,"[a-zA-Z]+\\."))
>tb
```

tb的左侧列出了年龄包括默认值，右侧列出了正则表达式。

（2）筛选年龄为空值对应的称谓。

```
>tb[is.na(tb[,1]),2]
```

（3）对筛选后的称谓进行统计。

```
>table(tb[is.na(tb[,1]),2])
Dr.     Master.    Miss.    Mr.     Mrs.
1       4          36       119     17
```

（4）统计每类人的年龄均值（不包含缺失值）。

grepl()检索目标行命令， Mr\\.的\\表示绝对匹配。

```
>mean.mr = mean(df$Age[grepl("Mr\\.",df$Name)&!is.na(df$Age)])
>mean.mrs = mean(df$Age[grepl("Mrs\\.",df$Name)&!is.na(df$Age)])
>mean.dr = mean(df$Age[grepl("Dr\\.",df$Name)&!is.na(df$Age)])
>mean.miss = mean(df$Age[grepl("Miss\\.",df$Name)&!is.na(df$Age)])
>mean.master = mean(df$Age[grepl("Master\\.",df$Name)&!is.na(df$Age)])
```

（5）填充年龄缺失值。

如果某个人群包含缺失值，插补的方式是将每一类人群年龄平均值插补到缺失值中。

```
>df$Age[grepl("Mr\\.",df$Name)&is.na(df$Age)] = mean.mr
>df$Age[grepl("Mrs\\.",df$Name)&is.na(df$Age)] = mean.mrs
>df$Age[grepl("Dr\\.",df$Name)&is.na(df$Age)] = mean.dr
>df$Age[grepl("Miss\\.",df$Name)&is.na(df$Age)] = mean.miss
>df$Age[grepl("Master\\.",df$Name)&is.na(df$Age)] = mean.master
```

习题

一、单选题

1．判断是否有缺失值的函数是______。

A．is.na()　　B．complete.cases()

C．NA()　　D．NULL()

2．数据重复检测函数中______函数是用来解决向量或者数据框重复值的，并且它会返回一个 TRUE 或 FALSE 的向量。

A．duplicated()　　B．unique()

C．matrix()　　D．data frame()

3．数据集 1，2，3，6，3 经过中心化的结果是______。

A．−2，−1，0，3，0　　B．−1，0，1，4，1

C．−3，−2，−1，2，−1　　D．1，2，3，6，3

二、填空题

1．对于缺失数据通常有三种应付手段：______、______和______。

2．在 R 中，用代码 NA 表示缺失数据。在向量及数据框中，在缺失数据处应使用该代码作为占位符。在 R 中对含有缺失值的向量进行计算，会返回一个包装缺失值的向量作为结果，例如：

```
> u=(3,5,6,NA,12,14)
>u
```

执行结果是______。

```
>2^u
```

执行结果是______。

3．检测数据的异常值时使用函数______。

4．在 R 语言中，通常使用______来画直方图。

5．当对数据进行批量操作时，可以通过对函数返回值进行约束，根据是否提示错误判断、是否存在数据不一致问题，可以通过______函数。

6．数据集 1，2，3，6，3 经过数据的标准化后的结果是______。

7．如果 x 有缺失值，则函数 is.na(x)=______。

8．______是通过变量间关系来预测缺失数据。

9．______是指测量数据中的随机错误或偏差，包括错误值或偏离均值的孤立点值。

三、判断题

1．数据清洗的最终目的是提高数据的质量。（　　）

2．用变量均值或中位数来代替缺失值是最好的方法。（　　）

3．若 T 是一个矩阵，则 unique(T)的功能是识别重复行。（　　）

4．数据的中心化是指数据集中的各项数据加上数据集的均值。（　　）

5．数据标准化是指中心化之后的数据再除以数据集的标准差。（　　）

四、多选题

1．数据清理的主要任务是通过识别______来“清理脏数据”。

A．缺失值　　B．噪声数据

C．不一致数据　　D．重复数据

2．数据重复检测函数包括______。

A．unique()　　B．duplicated()

C．only()　　D．repeat()

五、简答题

1．简述缺失数据的处理方法。

2．简述异常值分析的常用方法。

数据探索

在数据分析之前，可以通过数据探索来获得关于数据的基本认识。数据探索可以帮助我们了解数据的形状、数据的边界（最值）、数值特性和分布特性等。本章使用的实验数据集是 titanic_train.csv。

7.1 单一变量分析

7.1.1 定量变量

所谓定量变量，就是可以取连续数值的变量，如年龄、收入等。

如果只分析一个定量变量，可采用直方图和箱线图。

（1）直方图。

在 R 语言中，使用 hist()函数画出样本的直方图。

以 titanic 数据集为例，执行下面代码，得到的乘客年龄分布直方图如图 7.1 所示。

```
>hist(df$Age,main = "passager age",xlab = "Age")
```

从图 7.1 可知，乘客年龄 20～40 岁居多。

与直方图相配套的是核密度图，其目的是用已知样本，估计其密度，执行下面代码，得到结果如图 7.2 所示。

```
>hist(df$Age,freq=FALSE,main = "passager age",xlab = "Age")
>lines(density(df$Age),col="red",lwd=2)
```

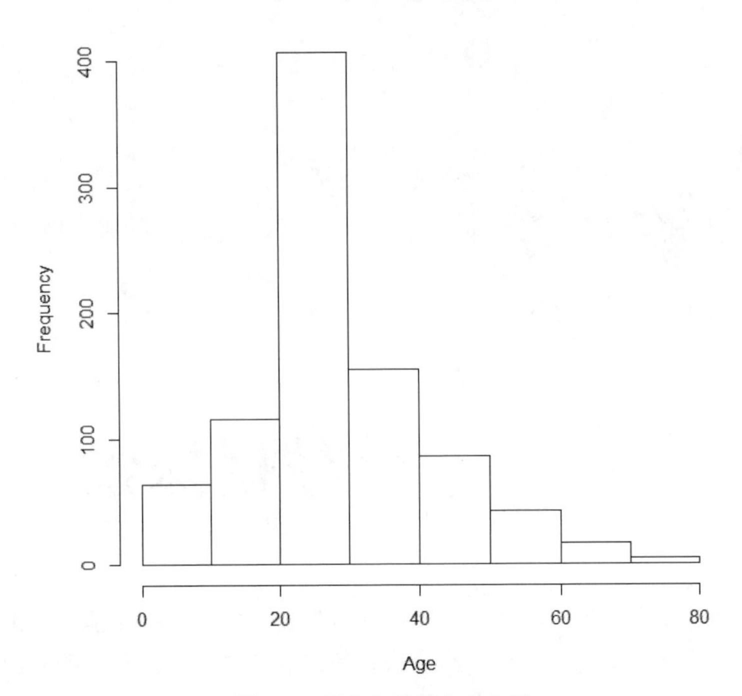

图 7.1　乘客年龄分布直方图

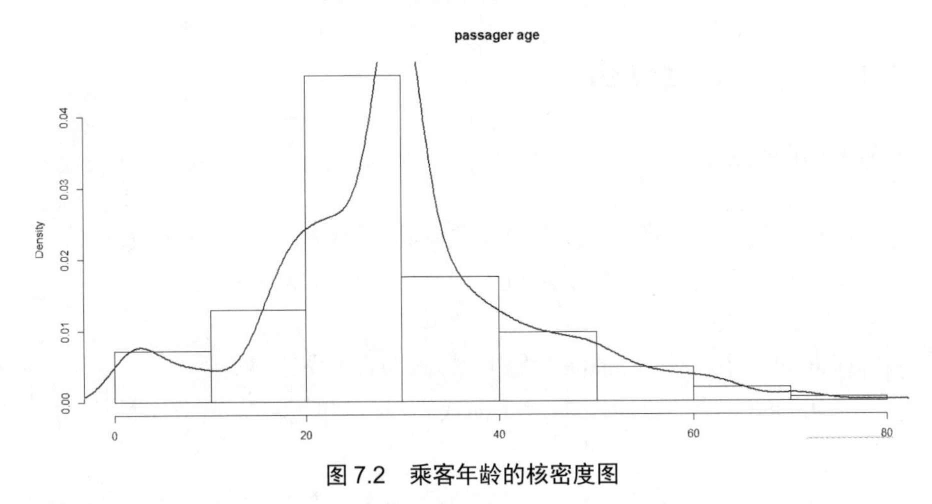

图 7.2　乘客年龄的核密度图

也可以使用ggplot2提供的qplot绘制直方图。

```
>library(ggplot2)
>qplot(data=df,x = Age,binwidth=5)    #如何设置 binwidth 是经验值
```

（2）箱线图。

对数据表中的定量变量分析哪些是异常值，可以使用箱线图，见6.2.1节。

7.1.2　定性变量

所谓定性变量，就是取值为离散的变量，如性别、国籍等。描述这类型变量的图形有两种：柱状图和饼图。

（1）柱状图。

柱状图适合展示一个定性变量的频数分布，也可用来观察不同类别样本的分布。R 中主要采用 barplot()函数来完成，其使用方法如下。

```
barplot(height,names.arg)
```

其中，height 是柱子的高度，names.arg 是柱子的名称。例如 Titanic 数据中，X 性别就是一个有不同取值的定性变量，如果想看看不同性别的频数分布，便可以画一个柱状图：

```
>a=table(df$Sex)
>barplot(a,names.arg=names(a))
```

大家可以看到，barplot()函数的基本参数只需要每个类别的数量，即定义不同柱子高度的向量，需要频率统计函数 table()配合；后面的常用参数包括 names.arg，用来定义每个柱子的名字，也就是类别变量的类别名称。

如果使用 qplot()绘制，省略 binwidth 参数，就不需要 table()配合。

```
>qplot(data=df,x = Sex)
```

注意：不可以用 hist()。

（2）饼图。

从上面的分析可以看到，柱状图能用“高度”展现每个类别的数量多少，饼图本质上是极坐标下的柱状图。在 R 中画饼图的核心函数是 pie()，其使用方法如下。

```
pie(numerical vector,labels)
```

它需要传入画饼图的数字向量（其实就是各类别的频数）以及用来标记每块小饼的标签，其他很多参数与 barplot 相同，如定义颜色、图标题等。任意定义一个数值向量，就可以为它画出一个饼图，来展示每个元素所占的比例多少。执行下面代码，得到生存和死亡比例。

```
>a=table(df$Survived)
>pie(a)
```

注意：定量可以转换为定性，例如年龄可以转换为少年、中年、老年等。

7.2 双变量分析

7.2.1 一个定性变量和一个定量变量

探索定性与定量变量之间的关系是数据分析中很常见的需求，例如，想比较不同性别的生存差异，想比较不同舱位的生存差异，这些就是在某个类别变量的标准下，比较另一个定量变量的表现。

要达到这个目的，可以使用多个箱线图来表达定性变量的维度。

执行下面代码，得到男女的年龄分布，如图 7.3 所示。

```
>boxplot(Age~Sex,data=df,col=c("lightblue","lightpink"),names=c("男","女"))
```

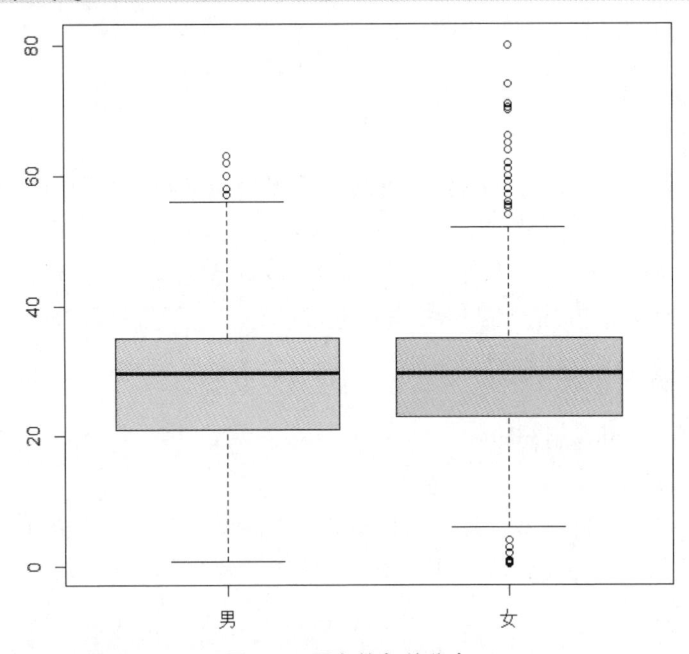

图 7.3　男女的年龄分布

boxplot，第一个参数是用“公式形式”表示的，即 y~x，其中 y 是要对比的定量变量，x 是分组定性变量，这样就告诉函数，需要将 y 按照 x 分组，来分别画箱线图。

7.2.2 两个定性变量

定性变量可以用柱状图来表示各个水平的取值大小，而两个定性变量可以采用柱状图的变形——堆积柱状图和并列柱状图。

进入现代社会，女士优先已经不再是男士们表现绅士风度的行为，女士优先已经成为一种类似于道德标准的社会行为准则，而在近百年前的泰坦尼克号上，人们是否也会遵循女士优先的准则呢？

执行下面代码，得到性别与生存的关系，如图 7.4 所示。

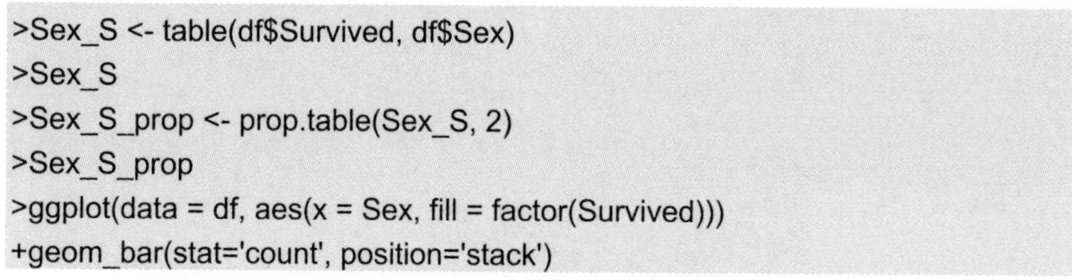

```
>Sex_S <- table(df$Survived, df$Sex)
>Sex_S
>Sex_S_prop <- prop.table(Sex_S, 2)
>Sex_S_prop
>ggplot(data = df, aes(x = Sex, fill = factor(Survived)))
+geom_bar(stat='count', position='stack')
```

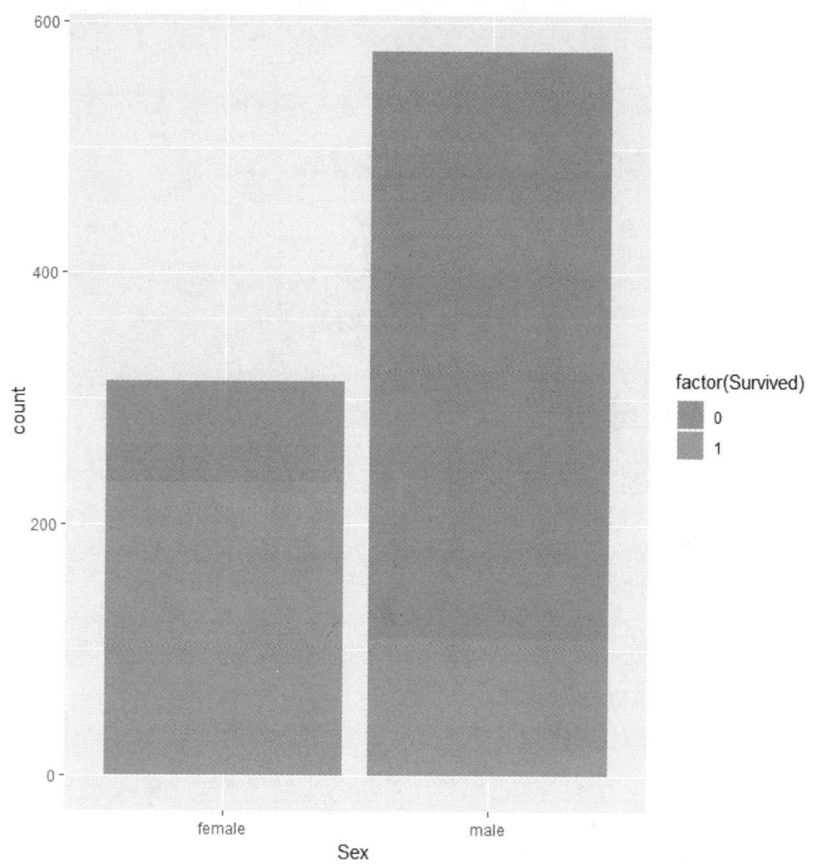

图 7.4　性别与生存的关系

结论：女士优先。

7.2.3　两个定量变量

如果想探究两个定量变量之间的关系，最常用的就是点图，它为这两个变量的相关程度提供了直观的阐释。

执行下面代码，得到年龄和费用之间的关系，如图 7.5 所示。

```
>plot(df$Age,df$Fare)
```

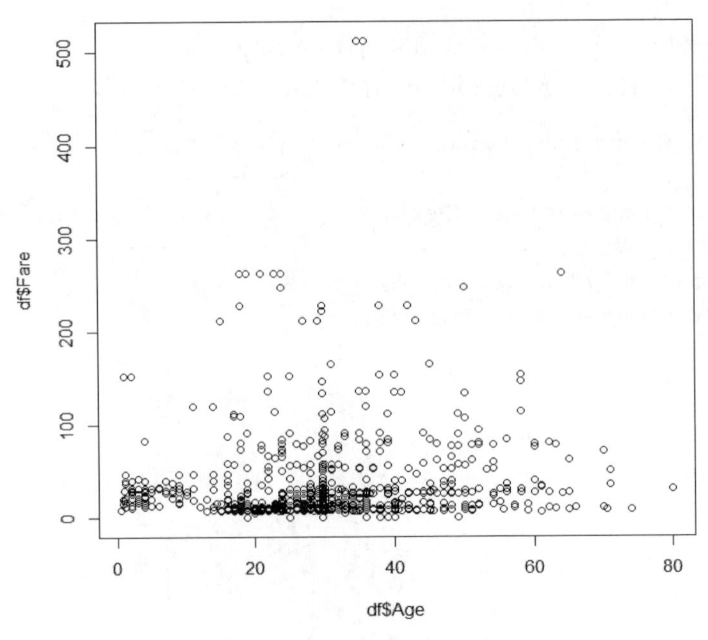

图7.5　年龄和费用之间的关系

7.3　多变量分析

用统计指标对定量数据进行统计描述，常从集中趋势和离中趋势两个方面进行分析。

7.3.1　集中趋势度量

（1）均值。

均值是所有数据的平均值。

如果求 n 个原始观察数据的平均数，计算公式为

$$\text{mean}(x)=\bar{x}=\frac{\sum_{i=1}^{n}x_i}{n} \tag{7.1}$$

有时，为了反映在均值中不同成分所占的不同重要程度，为数据集中的每一个 x_i 赋予 w_i，就得到了加权均值的计算公式：

$$\text{mean}(x)=\bar{x}=\frac{\sum_{i=1}^{n}w_i x_i}{\sum_{i=1}^{n}w_i} \tag{7.2}$$

作为一个统计量，均值的主要问题是对极端值很敏感。如果数据中存在极端值或者数据是偏态分布的，那么均值就不能很好地度量数据的集中趋势。为了消除少数极端值的影响，可以使用截断均值或者中位数来度量数据的集中趋势。截断均值是去掉高、低极端值之后的平均数。

（2）中位数。

中位数是将一组观察值从小到大按顺序排列，位于中间的那个数据，即在全部数据中，小于和大于中位数的数据个数相等。

将某一数据集 $x:\{x_1,x_2,\cdots,x_n\}$ 从小到大排序：$\{x(1),x(2),\cdots,x(n)\}$。

当 n 为奇数时

$$M = x_{\left(\frac{n+1}{2}\right)} \tag{7.3}$$

当 n 为偶数时

$$M = \frac{1}{2}\left(x_{\left(\frac{n}{2}\right)} + x_{\left(\frac{n+1}{2}\right)}\right) \tag{7.4}$$

（3）众数。

众数是指数据集中出现最频繁的值。众数并不经常用来度量定性变量的中心位置，更适用于定性变量。众数不具有唯一性。

7.3.2　离中趋势度量

（1）极差

极差=最大值-最小值

极差对数据集的极端值非常敏感，并且忽略了位于最大值与最小值之间的数据是如何分布的。

（2）标准差。

标准差度量数据偏离均值的程度，计算公式为

$$s = \sqrt{\frac{\sum_{i=1}^{n}(x_i - \overline{x})^2}{n}} \tag{7.5}$$

（3）变异系数。

变异系数度量标准差相对于均值的离中趋势，计算公式为

$$\mathrm{CV} = \frac{s}{\overline{x}} \times 100\% \tag{7.6}$$

变异系数主要用来比较两个或多个具有不同单位或不同波动幅度的数据集的离中趋势。

（4）四分位数间距。

四分位数包括上四分位数和下四分位数。将所有数值由小到大排列并分成四等份，处于第一个分割点位置的数值是下四分位数，处于第二个分割点位置（中间位置）的数值是中位数，处于第三个分割点位置的数值是上四分位数。

四分位数间距是上四分位数与下四分位数之差，其间包含全部观察值的一半。其值越大，说明数据的变异程度越大；反之，说明变异程度越小。

统计量函数如下：

```
>is=read.table(iris,header=TRUE)
>sales=is[,2]                                        #获取第 2 列数据
>mean_ = mean(sales,na.rm=T)                         #均值
>median_ = median(sales,na.rm=T)                     #中位数
>range_ = max(sales,na.rm=T)-min(sales,na.rm=T)      #极差
>std_ = sqrt(var(sales,na.rm=T))                     #标准差
>variation_ = std_/mean_                             #变异系数
>q1 = quantile(sales,0.25,na.rm=T)
>q3 = quantile(sales,0.75,na.rm=T)
>distance = q3-q1                                    #四分位数间距
>a=matrix(c(mean_,median_,range_,std_,variation_,q1,q3,distance),1,byrow=T)
```

7.4 相关分析

分析定量变量之间线性相关程度的强弱，并用适当的统计指标表示出来的过程称为相关分析。

7.4 1 相关系数

为了更加准确地描述变量之间的线性相关程度，可以通过计算相关系数来进行相关分析。在二元变量的相关分析过程中，比较常用的有 Pearson 相关系数、Spearman 秩相关系数和判定系数。

（1）Pearson 相关系数。

Pearson 相关系数一般用于分析两个连续性变量之间的关系，其计算公式为

$$r=\frac{\sum_{i=1}^{n}(x_i-\overline{x})(y_i-\overline{y})}{\sqrt{\sum_{i=1}^{n}(x_i-\overline{x})^2\sum_{i=1}^{n}(y_i-\overline{y})^2}} \tag{7.7}$$

相关系数 r 的取值范围：$-1\leqslant r\leqslant 1$。

$$\begin{cases} r>0\text{，为正相关，}r<0\text{为负相关} \\ |r|=0\text{，表示不存在线性相关} \\ |r|=1\text{，表示完全线性相关} \end{cases} \tag{7.8}$$

$0<|r|<1$ 表示存在不同程度线性相关。

（2）Spearman 秩相关系数。

Pearson 线性相关系数要求连续变量的取值服从正态分布。不服从正态分布的变量、分类或等级变量之间的关联性可采用 Spearman 秩相关系数，也称等级相关系数来描述。其计算公式为

$$r_s=1-\frac{6\sum_{i=1}^{n}(R_i-Q_i)^2}{n(n^2-1)} \tag{7.9}$$

对两个变量成对的取值分别按照从小到大（或者从大到小）顺序编秩，R_i 代表 x_i 的秩次，Q_i 代表 y_i 的秩次，$R_i - Q_i$ 为 x_i、y_i 的秩次之差。

表 7.1 给出一个变量 $x(x_1, x_2, \cdots x_i, \cdots x_n)$ 秩次的计算过程。

表 7.1　变量 x 秩次的计算过程

x_i 从小到大排序	从小到大排序的位置	秩次 R_i
0.5	1	1
0.8	2	2
1.0	3	3
1.2	4	(4+5)/2=4.5
1.2	5	(4+5)/2=4.5
2.3	6	6
2.8	7	7

因为一个变量的相同的取值必须有相同的秩次，所以在计算中采用的秩次是排序后所在位置的平均值。

只要两个变量具有严格单调的函数关系，它们就是完全 Spearman 秩相关的，这与 Pearson 相关不同，Pearson 相关只有在变量具有线性关系时才是完全相关的。

在实际应用计算中，上述两种相关系数都要对其进行假设检验，使用 t 检验方法检验其显著性水平以确定其相关程度。研究表明，在正态分布假定下，Spearman 秩相关系数与 Pearson 相关系数在效率上是等价的，而对于连续测量数据，更适合用 Pearson 相关系数来进行分析。

（3）判定系数。

判定系数是相关系数的平方，用 r^2 表示，用来衡量回归方程对 y 的解释程度。判定系数取值范围：$0 \leqslant r^2 \leqslant 1$。$r^2$ 越接近于 1，表明 x 与 y 之间的相关性越强；r^2 越接近于 0，表明两个变量之间越没有直线相关关系。

7.4.2　直接绘制点图

判断两个变量是否具有线性相关关系的最直观的方法是直接绘制点图，相关关系类型如图 7.6 所示。

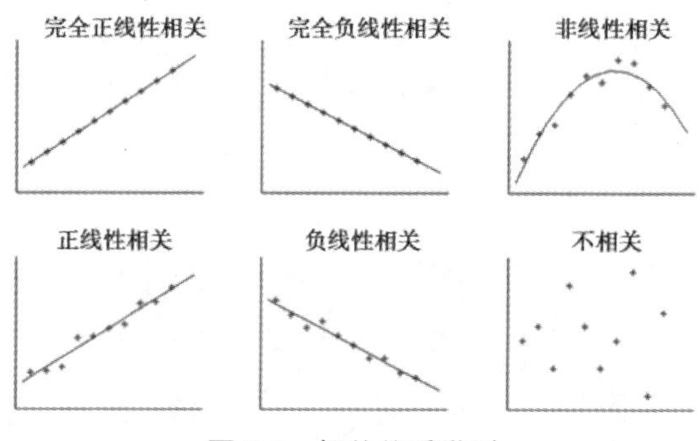

图 7.6　相关关系类型

7.4.3 绘制点图矩阵

需要同时考察多个变量间的相关关系时，一一绘制它们间的简单点图是十分麻烦的。此时可利用点图矩阵同时绘制各变量间的点图，从而快速发现多个变量间的主要相关性，这在进行多元线性回归时显得尤为重要。执行如下代码，得到如图 7.7 所示的点图矩阵。

```
>library(car)
>scatterplot.matrix(~x1+y2+y3+y4,data=anscombe,spread=FALSE,lty. smooth=2,
main="Scatter Plot Matrix via car Package")
```

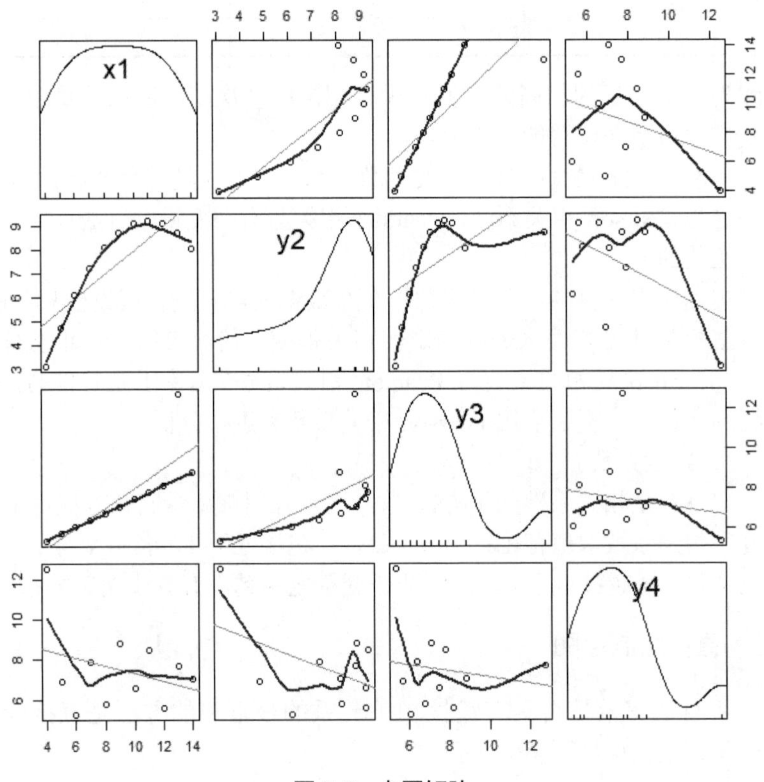

图 7.7　点图矩阵

从图 7.7 可以看出，x1 与 y3 正线性相关，x1 与 y2 非线性相关，x1 与 y4 不线性相关。

习题

简答题

1．分别探索 titanic 数据“年龄”“存活”“船舱等级”“登船港口”“性别”分布。

2．探索“年龄与存活”的关系。

3．探索“船票费用和存活”的关系。

4．探索“船舱等级和存活”的关系。

5．探索“兄弟多少和存活”的关系。

6．探索“父母多少和存活”的关系。

7．探索“性别和存活”的关系。

8．探索“船票费用和年龄”的关系。

第 8 章 数据变换

如图 8.1 所示，如果想知道有多少根火柴，数清楚需要花点时间。同样的数据经整理后，如图 8.2 所示，再问有多少根火柴，问题可能就简单许多。从这个简单例子可以看出在数据分析之前对数据做变换的重要性。

图 8.1 杂乱的火柴

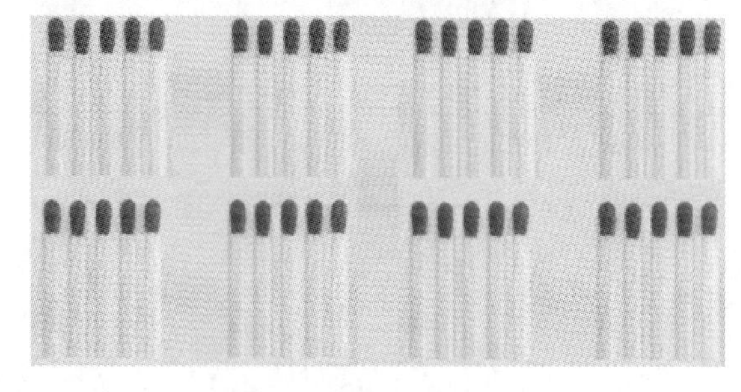

图 8.2 整齐排列的火柴

本章使用的实验数据集是 titanic_train.csv。

8.1　数据集划分与选择

8.1.1　数据集划分

通常把数据集划分为 3 个独立的数据集：训练数据（Train data）集、验证数据（Validation data）集和测试数据（Test data）集。数据集划分是随机的，每个数据集起着不同的作用。

（1）训练数据集。

训练数据集是用于建模的，数据集每个样本都是有标签的（有参考答案）。通常情况下，在训练数据集上模型执行得很好，并不能真的说明模型好；人们更希望模型对看不见的数据有好的表现，训练属于建模阶段。如果把数据分析过程比作高考过程，训练就相当于平时的练习。

（2）验证数据集。

为了使模型对看不见的数据有好的表现，使用验证数据集评估模型的各项指标；如果评估结果不理想，将改变一些用于构建学习模型的参数，最终得到一个满意的训练模型。如果把数据分析过程比作高考过程，验证相当于月考或周考。

（3）测试数据集。

测试数据集是一个在建模阶段没有使用过的数据集。人们希望模型在测试集上有好的表现，即强泛化能力。如果把数据分析过程比作高考过程，测试相当高考。

（4）数据集划分标准。

一般来说采用 70/15/15 比例来划分，但这不是必需的，要根据具体任务确定划分比例。

以下代码将数据集 data 按 7∶3 进行划分。

```
>setwd("xxx")
>data<-read.table(file="titanic_train.csv",header=TRUE,sep=",",na.strings="")
>dim(data)
>ind = sample(2,nrow(data),replace=TRUE,prob=c(0.7,0.3))
>trainset=data[ind==1,]
>testset=data[ind==2,-2]
>dim(trainset)
>dim(testset)
```

思考：按 70/15/15 比例，划分 3 个数据集，如何修改程序。

8.1.2 数据集选择

数据集的每一行是一个样本，每一列是一个变量。并不是所有样本和变量的质量都能得到保障，所以数据集选择就是直观选择有利于问题解决的样本和变量。执行如下代码，生成一个 10 行、4 列的数据集。

```
>library(tidyverse)
>test<-data.frame(x=rnorm(10,mean=50,sd=5),
                  y=sample(letters[1:3],10.replace=T),
                  z_1=1:10,
                  z_2=2:11)
```

（1）筛选样本。

```
>test %>% filter(x>50)
>test %>% filter(x>50&y=='a')
>test %>% filter(x>50&z_1 %in% c(1:20))
```

（2）筛选变量。

```
>test %>% select(y)
>test %>% select(starts_with('z')
>test %>% select(end_with('1')
```

（3）混合筛选。

```
>test %>% filter(x>50) %>% select(y)
```

数据集的选择也可认为是特征工程的初级阶段。

8.2 特征工程

8.2.1 特征工程概述

特征通常是指自变量对因变量影响比较大的属性。

并不是所有的原始特征（属性）都应该用来作为训练的特征，也不是只有给定的属性才能作为特征。

特征工程是模型构建的一个重要方面，每个数据分析人员都必须掌握。它有助于排除相关特征、偏见和不必要噪声的限制来建立预测模型。

特征如何抽取？如何处理？如何使用？都是特征工程的范畴，特征工程需要具备数据分析的能力，数据科学家一定是有很强的特征工程能力的人。

没有合适的特征的预测，就等于瞎猜，对预测目标而言无任何意义。

好的特征允许选择简单的模型，同时运行速度更快，也更容易理解和维护。

特征工程主要包含 3 个任务：特征构建、特征选择和特征抽取。

特征工程说起来容易，做起来真的不易，想要对实际问题进行模型分析，几乎大部分时间都花在了特征工程上。其将面临如下挑战。

（1）自动特征抽取。

（2）特征的可解释性。

（3）特征的评价。

8.2.2　特征构建

特征构建的目的是获取更多的原始特征。其常用方法如下。

（1）属性值离散化（概念分层）。

例如，年龄值[6-11]，[12-34]，[35-50]映射为“儿童”“青年”“中年”。

优点：减少类别数。

缺点：信息丢失。

概念分层如图 8.3 所示。

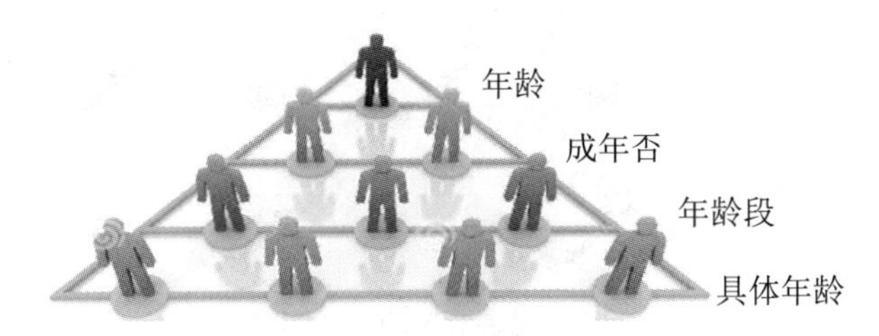

图 8.3　概念分层

（2）属性组合。

属性组合是将两个或多个属性按照一定规则组合为一个新的特征。特定领域知识在具体应用中扮演着重要的角色。

① 同质组合（纲量相同）。

例如，平均值、变异程度、比率、增长率、最大/最小/平均增长率。

在医疗领域，确诊率=门诊确认病例数/门诊病历总数。

在电商领域，跳出率=离开网站人数/访问总人数。

② 异质组合（纲量不同）。

在医疗领域，平均确诊天数=确诊病人确诊总天数/确诊病人总数。

在电商领域，每单交易平均浏览时间=客户网站浏览时间/网站交易量。

（3）属性值组合。

属性值组合是对属性取值进行组合来构建新特征的方法。

步骤 1：将属性值转换为逻辑值（离散化）。

步骤 2：基于逻辑特征进行组合。

如图 8.4 所示为离散变量的二元组合。

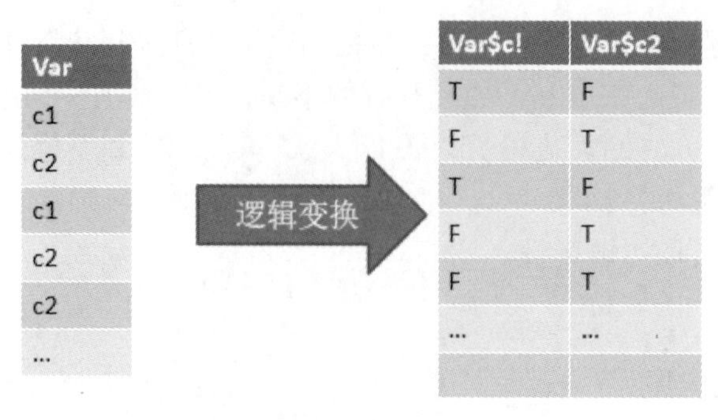

图 8.4　离散变量的二元组合

如图 8.5 所示为连续变量的二元组合。

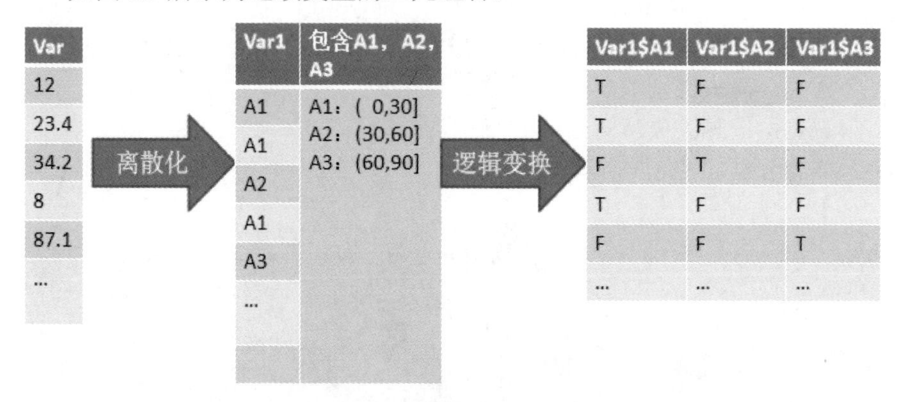

图 8.5　连续变量的二元组合

特征构建并不关心特征的冗余及特征的重要性。

8.2.3　特征选择

经过特征构建得到了大量的特征，但特征与特征之间可能存在相关性，还有可能存在冗余的特征。为了提升建模效率，需要对数据集进行降维处理，获取区分度更好的特征，以得到最优子集，这个过程叫作特征选择。

特征选择的常用方法有直接法、单变量特征选择和多变量特征选择。

（1）直接法。

① 对离散特征，可以统计该特征的所有取值占比；如果均衡度差异过大，则可以考虑去掉这个特征。

② 对连续特征，剔除标准差小的特征。因为方差接近于 0 的特征基本上没有差异，这个特征对于样本的区分没有什么用途。

③ 凭感觉去掉一些列。

④ 保留特征与目标相关性大的特征：这点比较显见，与目标相关性大的特征，应当优先选择。

⑤ 删除有 75%以上相同数值的自变量。

有时，数据集中有某些变量的值非常稀少，而其他值可能又很多，例如性别字段，男的有 1000 个样本，女的只有 10 个样本。此时如何处理这个变量？要么删除，要么保留。对于这种严重不平衡的数据，如果保留在模型内，其结果将会令人失望，且模型的稳定性也将大打折扣！最好是把这样的变量删除，现在拥有 caret 包，又能省去很多工作。

caret 包里 nzv()函数语法如下。

```
nzv(x, freqCut=95/5, uniqueCut=10)
```

- ❑ x：为一个向量或矩阵或数据框，需要注意的是，x 必须是数值型对象，如果是字符型的变量，建议转换为数值型的值，可通过 factor()函数实现。
- ❑ freqCut：为一个阈值，默认值为 95/5，即最频繁的数值个数除以次频繁的数值个数。例如，上面的性别字段，990/10>95/5。
- ❑ uniqueCut：为一个阈值，默认值为 10%，即某个变量中不同值的个数除以样本总量。例如，上面的性别字段，2/1000<0.1（根据近零方差的判断标准，如果某个变量的 freqCut 超过了给到的默认阈值，并且 uniqueCut 低于给到的默认阈值，就认为该变量是近零方差的）。

例子：

```
>set.seed(1234)
>x1 <- sample(1:3,1000,replace = TRUE)
>x2 <- sample(1:3,1000,replace = TRUE, prob = c(0.95,0.02,0.03))
>x3 <- sample(c('f','m'),1000,replace = TRUE, prob = c(0.99,0.01))
>df <- data.frame(x1 = x1, x2 = x2, x3 = x3)
>df <- transform(df, x3_num = factor(x3,levels = c('f','m'), labels = c(0,1)))
>head(df)
>rm_col <- nzv(df[,-3])
>rm_col
>head(df[,-3][,-rm_col])
```

（2）单变量特征选择。

① 删除高相关性的自变量。在某些模型算法中明确要求变量间不能有高度线性相关的变量，因为这会导致模型非常敏感与不稳定，例如，线性回归模型或基于最小二乘方法的其他模型一般都要求变量间尽量不存在线性相关性。下面介绍 caret 包是如何简单处理的。其函数语法如下。

```
findCorrelation(x,cutoff=.90,exact=ncol(x)<100)
```

- ❑ x：为一个相关系数矩阵。
- ❑ cutoff：指定高度线性相关的临界值，默认为 0.90。
- ❑ exact：逻辑值，是否重新计算每一步的平均相关系数。

例子。

```
>#返回相关系数矩阵中的上三角值
>corr <- cor(iris[,1:4])
>corr[upper.tri(corr)]
```

虽然能够一目了然地看到哪些相关系数是高相关的，但不能明确哪组变量间是高相关的。下面代码可以指出高相关的变量。

```
>fC = findCorrelation(corr, cutoff = .8)
>fC
>head(iris[fC])
>head(iris[-fC])
```

② 重要变量的选择。

```
>library(Boruta)                                    #载入 Boruta 包
>iris1<-data.frame(iris,apply(iris[,-5],2,sample))
>fs<-Boruta(Species~.,data=iris1,doTrace=2)         #对重要变量进行选择
>plot(fs)
```

执行上述代码，得到如图 8.6 所示的结果。

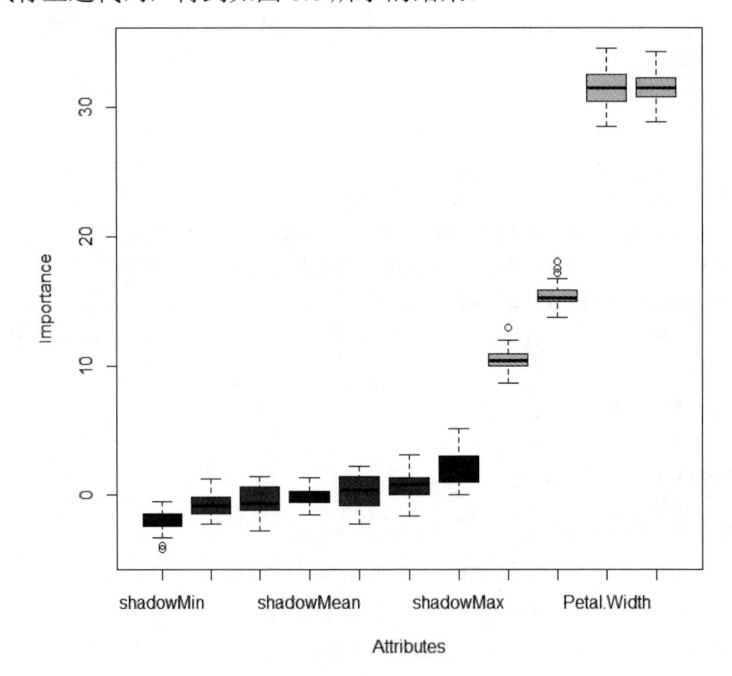

图 8.6 变量的重要性

（3）多变量特征选择。

多变量特征选择是一次性针对多个变量，通过评价各个组合的得分，最终选择最优的特征组合。其基本流程如图 8.7 所示。

① 向前引入法。从单变量开始，逐步增加变量，使指标值达到最优为止。

② 向后剔除法。从全变量开始，逐步删去某个变量，使指标值达到最优为止。

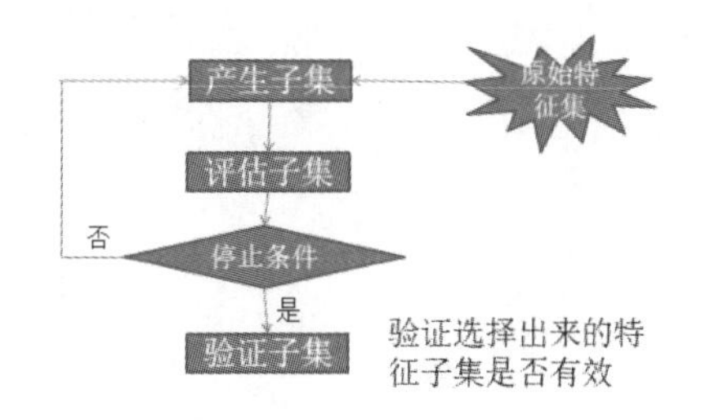

图 8.7 多变量特征选择流程

③ 多变量特征选择实战。

```
>x1<-c(7,1,11,11,7,11,3,1,2,21,1,11,10)
>x2<-c(26,29,56,31,52,55,71,31,54,47,40,66,68)
>x3<-c(5,15,8,8,6,9,17,22,18,4,23,9,8)
>x4<-c(60,52,20,47,33,22,6,44,22,26,34,12,12)
>y<-c(78.5,74.3,104.2,87.6,95.9,109.2,102.7,72.5,93.1,115.9,83.8,113.3,109.4)
>cemht<-data.frame(x1=x1,x2=x2,x3=x3,x4=x4,y=y)
>head(cemht)
>lm.fit<-lm(y~x1+x2+x3+x4,data=cemht)
>lm.fit.step<-step(lm.fit,direction = "backward")        #向后逐步回归
>summary(lm.fit.step)
```

查看拟合情况，发现 x4 拟合得不好，去掉 x4，AIC 增加不明显。

```
>dev.new()
>library(car)
>crPlots(lm.fit.step)                                      #各变量拟合后的残差曲线
>fit2<-lm(y~x1+x2,data=cemht)
>summary(lm.fit2)
>crPlots(lm.fit2)                                          #各变量拟合后的残差曲线
```

8.2.4 特征抽取

特征选择和特征抽取的区别如图 8.8 所示。

特征抽取涉及从原始属性中生成一些新特征的一系列算法。通常使用的方法包括主成分分析和因子分析。

（1）主成分分析。

PCA（Principal Component Analysis，主成分分析）的基本思想是一种数据降维技巧，它能将大量相关变量转换为一组很少的不相关变量，这些不相关变量称为主成分。

PCA 的目标是用一组较少的不相关变量代替大量相关变量，同时尽可能保留初始变量的信息，主成分是初始特征的线性组合。例如，第一主成分为

$$PC1=a_1X_1=a_2X_2+\cdots+a_kX_k \tag{8.1}$$

它是 k 个初始特征的加权组合，对初始特征的方差解释性最大。

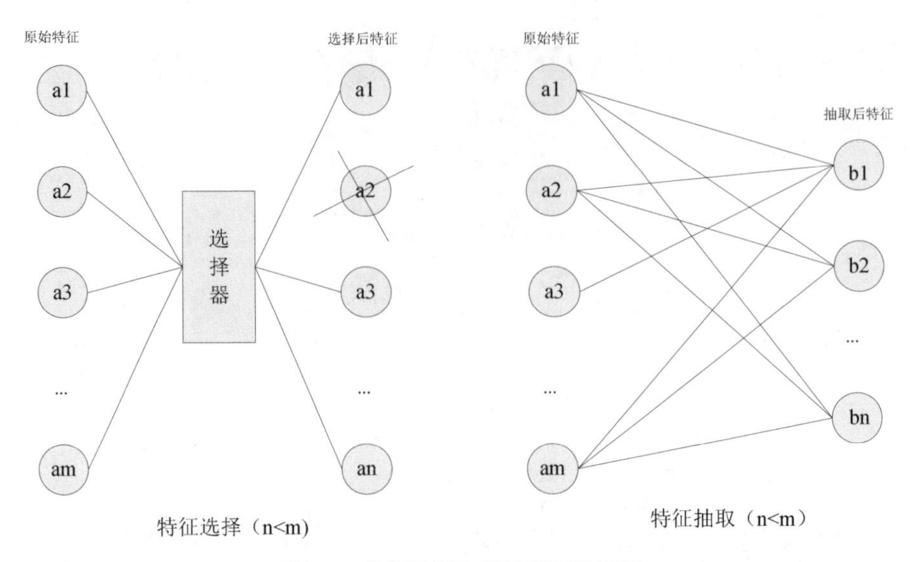

图 8.8　特征选择和特征抽取的区别

第二主成分是初始特征的线性组合，对方差的解释性排第二，同时与第一主成分正交（不相关）。后面每一个主成分都最大化它对方差的解释程度，同时与之前所有的主成分都正交，但从实用的角度来看，都希望能用较少的主成分来近似全变量集。

利用 fa.parallel()函数挑选出相应的主成分。

格式：principal(data,n.obs=,fa=,n.iter=)。

- data：原始数据矩阵。
- n.obs：当 data 是相关系数矩阵时，给出原始数据（非原始变量）个数，data 是原始数据矩阵时忽略此参数。
- fa：pc 为仅计算主成分，botn 为计算主成分及因子。
- n.iter：模拟平行分析次数。

```
>head(USJudgeRatings)   #美国 42 名法官对 12 个指标的打分
>dim(USJudgeRatings)
>library psydv
>(pc<-principal(USJudgeRatings[,-1],nfactors=1))
>fa.parallel(USJudgeRatings[,-1],n.obs=112,fa="both",n.iter=100,main="Scree
plots with parallel analysis")
```

（2）因子分析。

① 因子分析（FA）特点。因子分析是一系列用来发现一组变量的潜在结构的方法，通过寻找一组更小的、潜在的或隐藏的结构来解释已观测到的、变量间的关系。其具有以下特点。

- 因子的数量远少于原始变量个数，因此因子分析能够减少分析中的工作量。
- 因子变量不是对原始变量的取舍，而是根据原始变量的信息进行重组，能反映原始变量的大部分信息。

- 因子之间不存在线性相关关系。

② 因子分析目标。FA 的目标是通过发掘隐藏在数据下的一组较少的、更为基本的无法观测的变量，来解释一组可观测变量的相关性。这些虚拟的、无法观测的变量称作因子（每个因子被认为可解释多个观测变量间共有的方差，也叫作公共因子）。

模型的形式如下。

$$X_i=a_1F_1+a_2F_2+\cdots+a_pF_p+U_i \tag{8.2}$$

X_i 是第 i 个特征（$i=1,2,\cdots,k$）。

F_j 是公共因子（$j=1,2,\cdots,p$）。

③ 判断需提取的公共因子数。

```
>options(digits=2)                          #环境变量设置，保留小数 2 位
>covariances<-ability.cov$cov               #计算 ability 的协方差矩阵
>correlations<-cov2cor(covariances)         #协方差矩阵转换为相关系数矩阵
>correlations
>library(psych)
>fa.parallel(correlations,n.obs=112,fa="both",n.iter=100,main="碎石图分析")
```

psych 包中有用的因子分析函数如表 8.1 所示。

表 8.1 有用的因子分析函数

函　数	描　述
Principal()	含多种可选的方差放置方法的主成分分析
fa()	可用主轴、最小残差、加权最小平方或最大似然法估计的因子分析
fa.parallel()	含平等分析的碎石图
factor.plot()	绘制因子分析或主成分分析的结果
fa.diagram()	绘制因子分析或主成分分析的载荷矩阵
scree()	因子分析和主成分分析的碎石图

8.2.5 自动化特征工程

特征工程极其浪费人力，质量难以保障，自动化特征工程是未来的发展趋势。在受限领域已经出现了一些自动特征工程的方法。下面着重介绍两种。

（1）基于遗传算法的方法。

genalg 包不仅实现了遗传算法，还提供了遗传算法的数据可视化，让用户以更直观的角度理解算法。遗传算法流程如图 8.9 所示。

以下代码实现基于遗传算法选择最佳特征子集。

```
>library(subselect)
>data(swiss)
>?swiss   #1888 年左右瑞士 47 个法语省份的标准化生育率测量和社会经济指标
```

```
>head(swiss)   #数据内容
>dim(swiss)    #数据维度
>genetic(cor(swiss),3,4,popsize=10,nger=5,criterion="Rv")
```

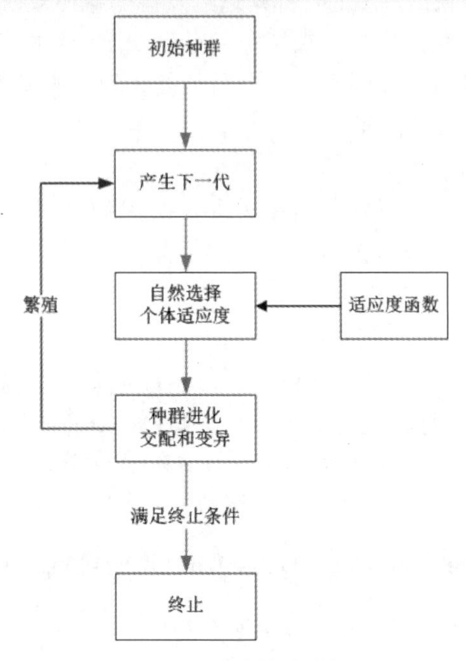

图 8.9 遗传算法流程

popsize=10 为种群数，nger=5 为迭代次数，criterion 为准则。

（2）基于深度学习的方法。

在计算机视觉和语音识别领域，深度学习实现了特征工程自动化，存在的不足是不可解释性。

8.3 数据整合

数据整合不仅仅是为了改善数据的外观，也是进行一些统计分析和作图前必要的步骤，是数据预处理的内容之一。如图 8.10 所示，展示了数据整合的主要任务。

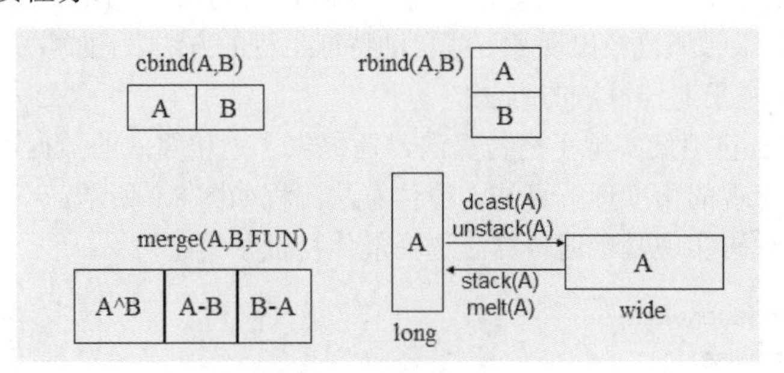

图 8.10 数据整合任务

8.3.1 通过向量化重构数据

重构数据的基本思路是把数据全部向量化，按业务分析要求，用向量构建其他类型的数据。

```
> (x <- matrix(1:4, ncol=2))
     [,1] [,2]
[1,]    1    3
[2,]    2    4
> as.vector(x)
[1] 1 2 3 4
> (x <- array(1:8, dim=c(2,2,2)))
, , 1
     [,1] [,2]
[1,]    1    3
[2,]    2    4
, , 2
     [,1] [,2]
[1,]    5    7
[2,]    6    8
> as.vector(x)
[1] 1 2 3 4 5 6 7 8
```

列表向量化可以用 unlist()，数据框本质是元素长度相同的列表，所以也用 unlist()。

```
> (x <- list(x=1:3, y=5:10))
$x
[1] 1 2 3
$y
[1]  5  6  7  8  9 10
> unlist(x)
x1 x2 x3 y1 y2 y3 y4 y5 y6
 1  2  3  5  6  7  8  9 10
> x <- data.frame(x=1:3, y=5:7)
> unlist(x)
x1 x2 x3 y1 y2 y3
 1  2  3  5  6  7
```

其他类型的数据一般都可以通过数组、矩阵或列表转成向量。

注意：array 和 matrix 不能作用于 unlist()。

8.3.2 为数据添加新变量

transform()函数对数据框进行操作，作用是为原数据框增加新的列变量。下面代码为airquality数据框增加了一列log.ozone，因为没有把结果赋值给原变量名，所以原数据是不变的。

```
> head(airquality,2)
  Ozone Solar.R Wind Temp Month Day
1   41     190  7.4   67     5   1
2   36     118  8.0   72     5   2
> aq <- transform(airquality, loglog.ozone=log(Ozone))
> head(airquality,2)
  Ozone Solar.R Wind Temp Month Day
1   41     190  7.4   67     5   1
2   36     118  8.0   72     5   2
> head(aq,2)
  Ozone Solar.R Wind Temp Month Day log.ozone
1   41     190  7.4   67     5   1 3.713572
2   36     118  8.0   72     5   2 3.583519
```

transform()可以增加新列变量、改变列变量的值，以及通过NULL赋值的方式删除列变量。

```
> aq <- transform(airquality,loglog.ozone=log(Ozone),Ozone=NULL,WindWind=
Wind^2)
> head(aq,2)
  Solar.R  Wind Temp Month Day log.ozone
1     190 54.76   67     5   1 3.713572
2     118 64.00   72     5   2 3.583519
```

也可以用以前学过的方法，完成同样的任务，但没有transform()灵活，容易理解。

```
>aq<-airquality
>aq$loglog.ozone<-log(aq$Ozone)
>head(aq,2)
>aq$ozone<-NULL
>Wind<-Wind^2
>head(aq,2)
```

8.3.3 变形与融合

（1）stack()和unstack()函数。

stack()和unstack()函数主要用于数据框/列表的长、宽格式之间的转换。数据框宽格式是记录原始数据常用的格式，类似如下示例：

```
>mydata<-data.frame(CK=c(1.1,1.2,1.1,1.5),T1=c(2.1,2.2,2.3,2.1),T2=c(2.5,2.2,
2.3,2.1))
> mydata
```

```
  CK  T1  T2
1 1.1 2.1 2.5
2 1.2 2.2 2.2
3 1.1 2.3 2.3
4 1.5 2.1 2.1
```

一般统计和作图用的是长格式，stack()函数可以做成如下格式：

```
> (xx <- stack(mydata))
  values ind
1     1.1  CK
2     1.2  CK
3     1.1  CK
4     1.5  CK
5     2.1  T1
6     2.2  T1
7     2.3  T1
8     2.1  T1
9     2.5  T2
10    2.2  T2
11    2.3  T2
12    2.1  T2
```

Unstack()函数的作用正好和stack()函数相反，但要注意它的第二个参数是公式类型：公式左边的变量是值，右边的变量会被当成因子类型，它的每个水平都会形成一列：

```
> unstack(xx, values~ind)
  CK  T1  T2
1 1.1 2.1 2.5
2 1.2 2.2 2.2
3 1.1 2.3 2.3
4 1.5 2.1 2.1
```

（2）reshape2 包。

reshape2 的函数很少，一般用户直接使用的是 melt.acast 和 melt.dcast 函数。melt 是溶解/分解的意思，即拆分数据。melt()函数会根据数据类型（数据框、数组或列表）选择 melt.data.frame、melt.array 或 melt.list 函数进行实际操作。

如果是数组（array）类型，melt()函数的用法就很简单，它依次对各维度的名称进行组合，将数据进行线性/向量化。如果数组有 n 维，那么得到的结果共有 n+1 列，前 n 列记录数组的位置信息，最后一列才是观测值。

```
> datax <- array(1:8, dim=c(2,2,2))
> melt(datax)
 Var1 Var2 Var3 value
```

```
1  1  1  1  1
2  2  1  1  2
3  1  2  1  3
4  2  2  1  4
5  1  1  2  5
6  2  1  2  6
7  1  2  2  7
8  2  2  2  8
> melt(datax, varnames=LETTERS[24:26],value.name="Val")
 X Y Z Val
1 1 1 1  1
2 2 1 1  2
3 1 2 1  3
4 2 2 1  4
5 1 1 2  5
6 2 1 2  6
7 1 2 2  7
8 2 2 2  8
```

melt()函数获得的数据可以用 acast()或 dcast()还原。acast()获得数组，dcast()获得数据框。和 unstack()函数一样，cast()函数使用公式参数。公式的左边每个变量都会作为结果中的一列，而右边的变量被当成因子类型，每个水平都会在结果中产生一列，如图 8.11 所示。

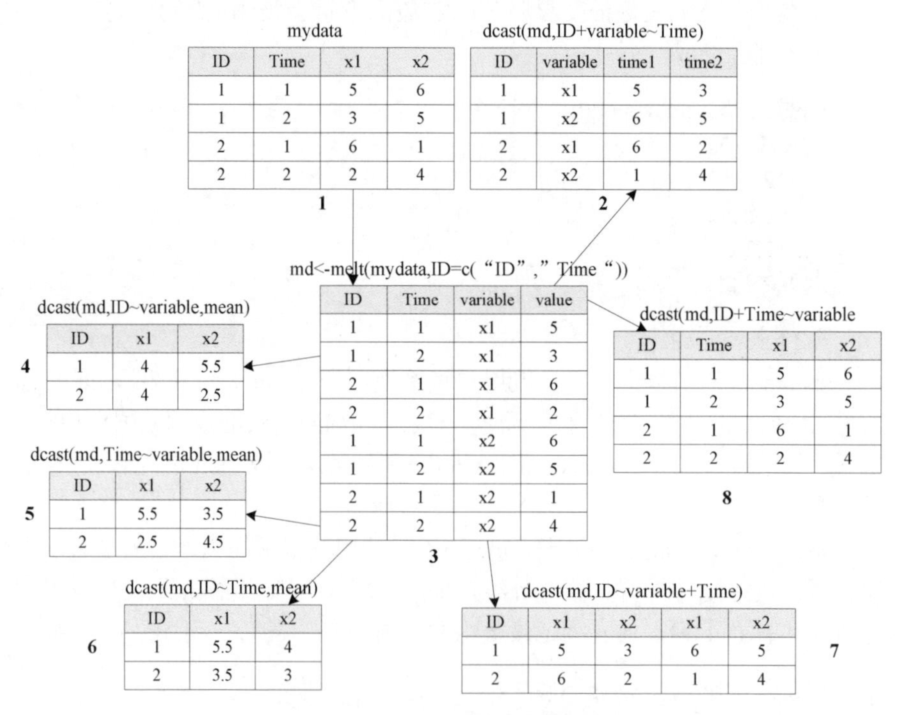

图 8.11　melt()和 dcast()操作示例

8.3.4 列联表

table()不仅可以统计数字出现的频率，还可以统计其他被看作因子的数据类型。

```
>table(b)
>b
1 2 3
9 9 9
>c <- sample(letters[1:5], 10, replace=TRUE)
>c
[1] "a" "c" "b" "d" "a" "e" "d" "e" "c" "a"
>table(c)
>c
a b c d e
3 1 2 2 2
```

如果参数不止一个，它们的长度应该一样，结果是不同因子组合的频度表。

```
> a <- rep(letters[1:3], each=4)
> b <- sample(LETTERS[1:3],12,replace=T)
> table(a,b)
    b
a  A B C
a   0 3 1
b   3 0 1
c   1 1 2
```

8.3.5 分组汇总

（1）apply()函数。

apply()函数的使用格式如下。

```
apply(data, MARGIN=, FUN=)
```

- MARGIN：1 对行操作，2 对列操作。
- FUN：支持内部函数和自定义函数。

定义数据如下。

```
mydata<-data.frame(
  ID=c(1,1,2,2),
  Time=c(1,2,1,2),
  x1=c(5,3,6,2),
  x2=c(6,5,1,4)
)
apply(mydata,1,sum)       #计算每行的和
apply(mydata,2,sum)       #计算每列的和
```

（2）aggregate()函数。

aggregate()函数的功能比较强大，它首先将数据进行分组（按行），然后对每组数据进行函数统计，最后把结果组合成一个比较 nice 的表格返回。根据数据对象不同，aggregate()函数有 3 种用法，分别应用于数据框（data.frame）、公式（formula）和时间序列（ts）。

```
aggregate(x,by,FUN,...,simplify=TRUE)
aggregate(formula,data,FUN, ..., subset,nana.action=na.omit)
>aggregate(x,nfrequency=1,FUN=sum,ndeltat=1,ts.eps=getOption("ts.eps"), ...)
```

通过 mtcars 数据集的操作，对该函数进行简单了解。mtcars 数据集是不同类型汽车道路测试的数据框类型数据。

```
> str(mtcars)
 'data.frame':   32 obs. of  11 variables:
 $ mpg : num  21 21 22.8 21.4 18.7 18.1 14.3 24.4 22.8 19.2 ...
 $ cyl : num  6 6 4 6 8 6 8 4 4 6 ...
 $ disp: num  160 160 108 258 360 ...
 $ hp  : num  110 110 93 110 175 105 245 62 95 123 ...
 $ drat: num  3.9 3.9 3.85 3.08 3.15 2.76 3.21 3.69 3.92 3.92 ...
 $ wt  : num  2.62 2.88 2.32 3.21 3.44 ...
 $ qsec: num  17.5 17 18.6 19.4 17 ...
 $ vs  : num  0 0 1 1 0 1 0 1 1 1 ...
 $ am  : num  1 1 1 0 0 0 0 0 0 0 ...
 $ gear: num  4 4 4 3 3 3 3 4 4 4 ...
 $ carb: num  4 4 1 1 2 1 4 2 2 4 ...
```

先用 attach()函数把 mtcars 数据集的列变量名称加入变量搜索范围内，然后使用 aggregate()函数按 cyl（气缸数）进行分类计算平均值。

```
> attach(mtcars)
> aggregate(mtcars, by=list(cyl), FUN=mean)
Group.1  mpg  cyl  disp  hp  drat  wt  qsec  vs  am  gear  carb
1  4  26.66  4  105.13  82.63  4.07  2.28  19.13  0.91  0.727  4.09  1.545
2  6  19.75  6  183.31  122.28  3.58  3.12  17.97  0.57  0.43  3.86  3.43
3  8  15.10  8  353.10  209.21  3.23  3.99  16.77  0.00  0.143  3.28  3.50
```

by 参数也可以包含多个类型的因子，得到的是每个不同因子组合的统计结果。

```
> aggregate(mtcars, by=list(cyl, gear), FUN=mean)
Group.1   Group.2 mpg cyl   disp   hp   drat   wt   qsec   vs   am   gear   carb
1     4     3 21.500   4 120.1000  97.0000 3.700000 2.465000 20.0100 1.0 0.00
3 1.000000
2     6     3 19.750   6 241.5000 107.5000 2.920000 3.337500 19.8300 1.0 0.00
3 1.000000
3     8     3 15.050   8 357.6167 194.1667 3.120833 4.104083 17.1425 0.0 0.00
3 3.083333
```

```
4    4    4 26.925   4 102.6250  76.0000 4.110000 2.378125 19.6125 1.0 0.75
4 1.500000
5    6    4 19.750   6 163.8000 116.5000 3.910000 3.093750 17.6700 0.5 0.50
4 4.000000
6    4    5 28.200   4 107.7000 102.0000 4.100000 1.826500 16.8000 0.5 1.00
5 2.000000
7    6    5 19.700   6 145.0000 175.0000 3.620000 2.770000 15.5000 0.0 1.00
5 6.000000
8    8    5 15.400   8 326.0000 299.5000 3.880000 3.370000 14.5500 0.0 1.00
5 6.000000
```

公式（formula）是一种特殊的 R 数据对象，在 aggregate()函数中使用公式参数可以对数据框的部分指标进行统计。

```
> aggregate(cbind(mpg,hp)~ cyl+gear, FUN=mean)
  cyl gear   mpg       hp
1   4    3 21.500  97.0000
2   6    3 19.750 107.5000
3   8    3 15.050 194.1667
4   4    4 26.925  76.0000
5   6    4 19.750 116.5000
6   4    5 28.200 102.0000
7   6    5 19.700 175.0000
8   8    5 15.400 299.5000
```

公式 cbind(mpg,hp) ~ cyl+gear 表示使用 cyl 和 gear 的因子组合对 cbind(mpg,hp)数据进行操作。

aggregate()函数在时间序列数据上的应用请参考相关说明文档。

8.3.6 连接表

（1）向量合并。

```
>x<-1:4
>y<-11:15
>c(x,y)
```

（2）数据框合并。

定义数据：

```
>mydata<-data.frame(
  ID=c(1,1,2,2),
  Time=c(1,2,1,2),
  x1=c(5,3,6,2),
  x2=c(6,5,1,4)
)
>rbind(mydata,x)
>cbind(mydata,x)
>merge(mydata,x)
```

（3）数据框连接。

首先明确进行连接的原因；本质上来说，连接就是按照一定的对应规则，把两个表格合并为一个表格的操作。举个例子：假设有 3 张表，如图 8.12 所示。

STUDENT

Sno	Sname	Sex	Age	Sdept
200215121	李勇	男	20	CS
200215122	刘晨	女	19	CS
200215123	王敏	女	18	MA
200215125	张立	男	19	IS
200311001	姜玉	男	20	IS
200311002	祁建良	男	19	IS
200311003	刘建红	女	19	IS
200312001	郭禹	女	20	MA
200312002	康伟	男	20	CS
200312003	王楠	女	20	CS
2017001	张恒军	男	23	CS
2017002	李涛	男	25	IS
2017005	张帅	男	21	MA

COURSE

Cno	Cname	Cpno	Ccredit	Tname
1	数据库	5	4	刘岩
2	数学		2	王丽丽
3	信息系统	1	4	刘岩
4	操作系统	6	3	刘宇
5	数据结构	7	4	王艳
6	数据处理		2	刘岩
7	C语言	6	4	李利

SC

Sno	Cno	Score
200215121	1	92
200215121	2	85
200215121	3	88
200215121	4	87
200215121	5	66
200215121	6	76
200215121	7	97
200215122	2	90
200215122	3	80
200215122	6	78
200311001	3	87
200311001	6	67
200311001	7	90
200311002	7	91
200311003	7	87
200312003	7	90

图 8.12　学生信息表 STUDENT、学生选课表 SC 和课程信息表 COURSE

例如，要查询选了 7 号课程的学生姓名，学生姓名在 STUDENT 中出现，而课程号在 SC 和 COURSE 中出现，这个任务需获取两张表的信息。通过连接，能够把众多表格的数据合并起来，从而让孤立的数据能够联系在一起。

连接分为很多种，包括内连接、全连接、左连接、右连接等，如图 8.13 所示。

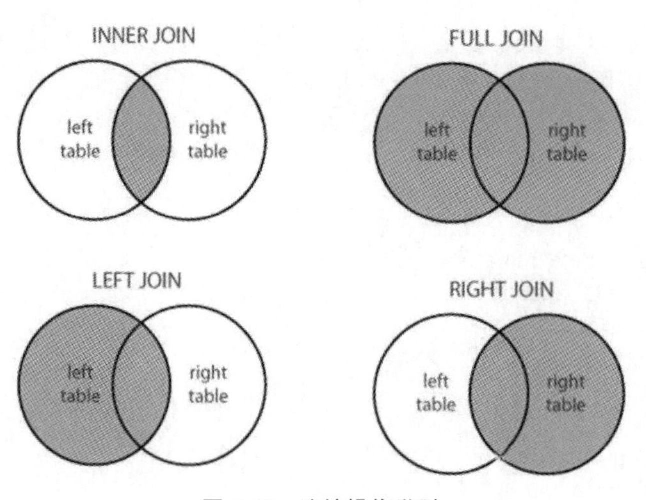

图 8.13　连接操作类型

R 语言执行连接操作需要导入 dplyr 包，对应图 8.13 4 种连接函数如下。

```
inner_join(x,y,by='key')
left_join(x,y,by='key')
right_join(x,y,by='key')
full_join(x,y,by='key')
library(dplyr)
>setwd("XX")                                   #设置工作路径
>student=read.csv("student.csv",header = T)    #读学生信息表
>course=read.csv("course.csv",header = T)      #读课程信息表
>sc=read.csv("sc.csv",header = T)              #读学生选课表
>head(course,4)                                #显示课程信息前 4 行
>dim(course)
```

查询选了 7 号课程的学生姓名。

```
>df1<-left_join(student,sc,by='Sno')
>df1[df1$Cno==7&!is.na(df1$Cno),'Sname']
```

习题

一、单选题

1．训练数据集是用于______。

A．建模　　B．预测

C．评估　　D．决策

2．如果把数据划分比作考试，那么验证集相当于______。

A．上课　　B．周考或月考

C．高考　　D．自学

3．table()的结果类型为______。

A．向量　　B．数据框

C．因子　　D．列表

4．apply(mydata,1,sum)的功能是计算 mydata______。

A．每行的和　　B．每列的和

C．全部元素的和　　D．对角线元素和

5．aggregate(cbind(mpg,hp)~ cyl, FUN=mean)功能是按______分组。

A．mpg　　B．hp

C．mpg 和 hp　　D．cyl

二、多选题

1．数据集一般需要划分为______。

A．训练集　　B．验证集

C．测试集　　D．特征集

2．特征工程主要包含3个任务，即______。
A．特征构建　　B．特征选择
C．特征抽取　　D．特征使用
3．特征工程面临挑战包括______。
A．自动特征抽取　　B．特征的可解释性
C．特征的评价　　D．计算能力
4．特征选择方法包括______。
A．直接法　　B．单变量特征选择
C．多变量特征选择　　D．主成分分析
5．特抽取方法包括______。
A．主成分分析　　B．向后剔除法
C．因子分析　　D．向前引入法
6．自动特征工程的方法包括______。
A．遗传算法　　B．PCA
C．FA　　D．深度学习
7．向量化函数unlist()的作用对象包括______。
A．array　　B．matrix
C．dataframe　　D．list
8．连接分为很多种，包括______。
A．内连接　　B．全连接
C．左连接　　D．右连接

三、填空题

1．______通常指自变量对因变量影响比较大的属性。
2．______的目标是通过发掘隐藏在数据下的一组较少的、更为基本的无法观测的变量，来解释一组可观测变量的相关性。
3．transform()函数对数据框进行操作，作用是为原数据框增加新的______。

四、判断题

1．划分数据集的比例只能是70/15/15。（　　）
2．数据集划分是随机的，确保每个数据集能够表达整体的观测数据。（　　）
3．在训练数据集上模型表现得很好，说明是个好模型。（　　）
4．在验证数据集上模型表现得很好，说明是个好模型。（　　）
5．在测试数据集上模型表现得很好，说明是个好模型。（　　）
6．通常期望学习到的模型具有较强的泛化能力。（　　）
7．数据集选择就是直观选择，有利于问题解决的样本。（　　）
8．并不是所有的原始特征（属性）都应该用来作为训练的特征，也不

是只有给定的属性才能作为特征。（ ）

9. 没有合适的特征的预测，就等于瞎猜，对预测目标而言无任何意义。（ ）

10. 好的特征允许你选择简单的模型，同时运行速度更快，也更容易理解和维护。（ ）

11. 特征工程做起来很不易。（ ）

12. 与目标相关性高的特征，应当优先选择。（ ）

13. 删除高相关性的因变量。（ ）

14. stack()函数的作用是把宽表转换为长表。（ ）

五、简答题

1. 简述 aggregate()函数的作用。

2. 简述特征构建。

3. 例如性别字段，男的有 1000 个样本，女的只有 10 个样本。请问如何处理这个变量？

4. 方差接近于 0 的特征为什么要剔除？

5. 简述特征选择和特征抽取的区别。

6. 简述主成分分析的基本思想。

7. 简述主成分分析和因子分析的区别。

8. 简述左连接和内连接的区别。

六、根据 student.csv、course.csv 和 sc.csv 这 3 个文件数据，实现以下功能的 R 代码。

1. 数据准备

```
setwd("XXXX")                                  #设置工作路径
student=read.csv("student.csv",header = T)     #读学生信息表
course=read.csv("course.csv",header = T)       #读课程信息表
sc=read.csv("sc.csv",header = T)               #读学生选课表
head(course,4)                                 #显示课程信息表前 4 行
dim(course)                                    #显示课程信息表的维度
```

2. 回答问题

（1）显示全部课程名。

（2）显示 3 号课程信息。

（3）刘岩老师教什么课。

（4）刘岩老师教几门课。

（5）有几门课没有先选课。

（6）没有先选课的课程名。

（7）共有几位老师。

（8）输出老师的姓名（重复输出一次）。

（9）刘岩老师教的4学分课程有哪些？
（10）查询数据库课程号。
（11）显示课程号为cp的课程名（假设cp=2）。
（12）数据库的先选课程是什么课程。
（13）按课程号统计选课人数。
（14）按课程号统计总分。
（15）按课程号统计各个分数的人数。
（16）按课程号统计平均分。
（17）查询选了7号课程的学号。
（18）学号为no1的学生姓名（假设no1=2017001）。
（19）查询选了7号课程的姓名。
（20）没有选课的学生数。
（21）没有选课的学生姓名。
（22）选了课程的学号。
（23）李勇的“数据库”成绩。
（24）成绩清零。
（25）修改李勇的“数据库”成绩为98。
（26）全部成绩加1分。
（27）删除7号课程选课记录。
（28）删除所在系列。
（29）给student表增加Tel列。
（30）student表增加行“自己的信息”。
（31）用直方图表示按系统计学生人数。
（32）用直方图表示按性别统计学生人数。

七、写出实现图8.12操作的R代码。

高级编程

在问题简单的情况下，R 语言程序中很少使用控制结构，但在解决相对复杂的问题时，也需要使用程序控制结构。程序控制结构可以实现在特定情况下执行另外的语句。R 语言拥有一般编程语言中都有的标准控制结构，如选择结构、循环结构和自定义函数等。选择结构包括 if、switch 和 ifelse 等语句。循环结构包括 for、while 和 repeat 等语句，并且可组合 break 和 next 语句。自定义函数实现了面向对象的封装功能。

9.1　条件表达式

（1）关系表达式。

① 关系运算符；R 语言包含 6 个关系运算符：>、<、>=、<=、==、!=。

② 关系表达式：由关系运算符构成的表达式，关系表达式的值是逻辑值。

示例：

```
>b=c(2,3,3,3,5,8,9,3,4,1)
>a=c(3,4,9)
>a==b
[1] FALSE FALSE FALSE TRUE FALSE FALSE FALSE FALSE FALSE FALSE
```

注意：对于长度不相等的恒等比较，首先补齐 a=c(3,4,9,3,4,9,3, 4,9,3)，然后再一一与 b 进行相等比较。

（2）逻辑表达式。

① 逻辑运算符：&、|、!、&&、||、xor。

② 逻辑表达式：由逻辑运算符构成的表达式，逻辑表达式的值是逻辑值。

注意：逻辑运算只适用于标量。

示例：

```
> x <- c(T,T,F)
> y <- c(F,T,F)
> x&&y              #适用于标量或向量
  [1] FALSE
> x&y
  [1] FALSE TRUE FALSE
```

（3）逻辑函数。

① 逻辑判断。

```
is.logical(x)
```

all()是在全部为 TURE 时返回 T。

any()是在存在任何一个 TRUE 时返回 TRUE。

all()和 any()都还有另外一个参数 na.rm=T/F，即是否删除 NA 值。

例如：

```
> all(x, na.rm=T)
```

② 逻辑值转换。

```
as.logical(x)
```

9.2 选择结构

在选择结构中，一条或一组语句仅在满足一个指定条件时执行。其有以下 4 种形式。

（1）单分支结构。

格式：

```
if(cond) statement1
statement2
```

功能：当括号中的 cond 条件为 TRUE 时，执行 statement1 后执行 statement2；否则跳过 statement1 后执行 statemen2。单分支结构流程如图 9.1 所示。

看下面的例子，其中的%%是求模运算，即求两个数除法的余数。

```
>num<-7
>if(num%%2==0) print("T")
```

```
>print("执行完毕！")
```

思考：num<-7 改为 num<-8，结果是什么？

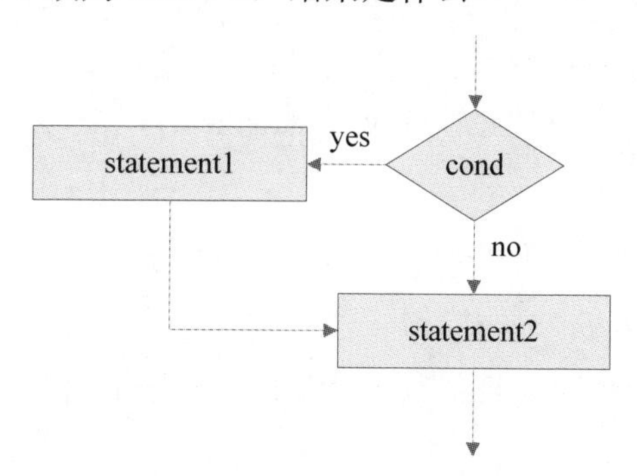

图 9.1　单分支结构流程

（2）双分支结构。

格式 1：

```
if(cond) statement1 else statement2
statement3
```

功能：如果 if 后的条件满足，则执行 statement1 后执行 statement3；否则执行 statement2 后执行 statement3。双分支结构流程如图 9.2 所示。

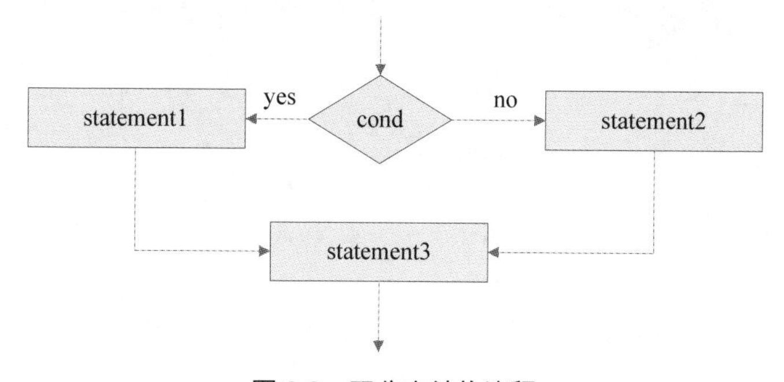

图 9.2　双分支结构流程

示例：

```
>num<-7
>if(num%%2==0) print("T") else print("F")
>print("执行完毕！")
```

思考：num<-7 改为 num<-8，结果是什么？

注意 1：else 不能单独成一行，它的前边必须有内容，否则会报错。

注意 2：每个分支有多个语句时，需要放在花括号中，示例如下。

```
>num<-7
>if(num%%2==0) {print("T");print("是偶数") }else {print("F");print("是奇数")}
>print("执行完毕！")
```

格式2：

```
ifelse(cond, statement1, statement2)
```

ifelse结构是if-else结构比较紧凑的向量化版本。

功能：若cond为TRUE，则执行statement1，否则执行statement2，示例如下：

```
>ifelse(score > 0.5, print("Passed"), print("Failed"))
```

（3）多分支结构（嵌套）。

在处理实际问题时，可能有多个条件，根据不同的条件选择不同的分支执行。

格式：

```
if(cond1）
statement1 else if(cond2)
statement2 else if(cond3)
…
statementk else statementk+1)
statementk+2
```

多分支结构流程如图9.3所示。

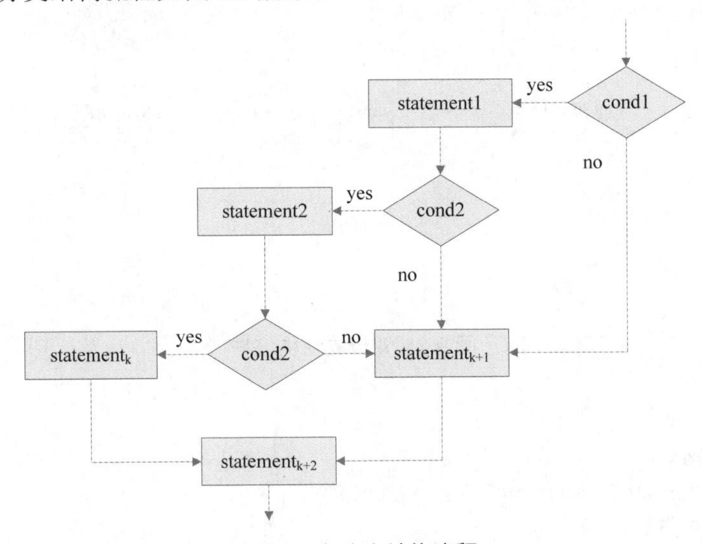

图9.3 多分支结构流程

示例：

```
>score<-86
>if(score>0 && score<60)
   print("不及格") else if (score<70)
   print("及格") else if (score<80)
```

```
    print("中等") else if (score<90)
    print("良好") else if (score<=100)
    print("优秀") else print("成绩不合理")
```

（4）switch 结构。

格式 1：

```
switch(expr, list)
```

功能：若 expr 的计算结果为整数，且值在 1～length(list)时，则 switch()函数返回列表相应位置的值。若 expr 的值超出范围，则没有返回值。

示例：

```
>x<-2
>switch(x,"你","我","他")
[1] "我"
```

思考：switch(3,3+5,3*5,3-5,3**5)

格式 2：

```
switch(expr,
       v1=epxr1,
       v2=epxr2,
       …
       vk=epxrk)
```

功能：根据 expr 的值 v1,v2,...,vk，输出绑定表达式的值，示例如下：

```
> feelings <- c("sad", "afraid")
> for(i in feelings)
    print(
     switch(i,
       happy = "I am glad you are happy",
       afraid = "There is nothing to fear",
       sad = "Cheer up"
    )
```

9.3　循环结构

（1）for 结构。

格式：

```
for(var in seq) statement1
    statement2
```

功能：for 循环重复执行 statement1，直到某个变量的值不再包含在序列 seq 中为止，statement1 称为循环体，var 称为循环变量。for 循环结构流程如图 9.4 所示。

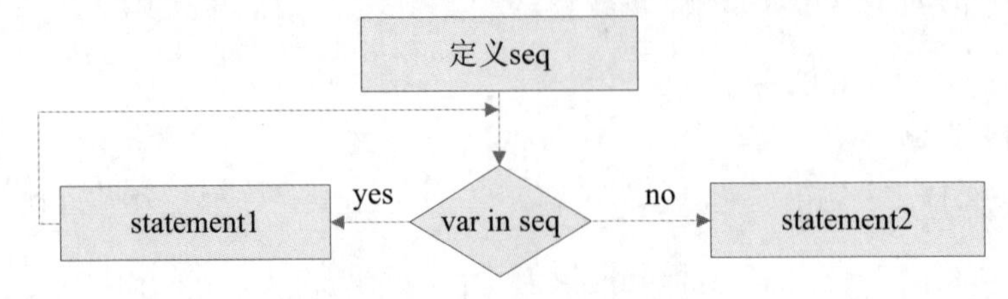

图 9.4 for 循环结构流程

注意：① 执行 statement1 后 var 自动取下一个 seq 的值。
② 循环体包含一个语句以上，要用{}括起来。
③ 循环变量在循环体内修改是无效的。
④ 建议循环体采用缩进风格。

示例：

```
>for(i in 1:10) print("Hello")
```

结果是单词 Hello 被输出了 10 次。

求 1～100 所有数的和的代码如下：

```
>sum <- 0
>for(i in 1:100) sum = sum + i
>print(sum)
```

请读者分析下面代码的输出：

```
>sum <- 0
>for(i in 1:100)
  {sum = sum + i; sum=5;i=i+1}
>print(sum)
>print(i)
```

（2）while 结构。

格式：

```
while(cond) statement1
     statement2
```

功能：重复地执行一条语句，直到条件不为真为止。while 循环结构流程如图 9.5 所示。

示例：

```
>i <- 10
>while(i>0) {print("Hello"); i <- i-1}
```

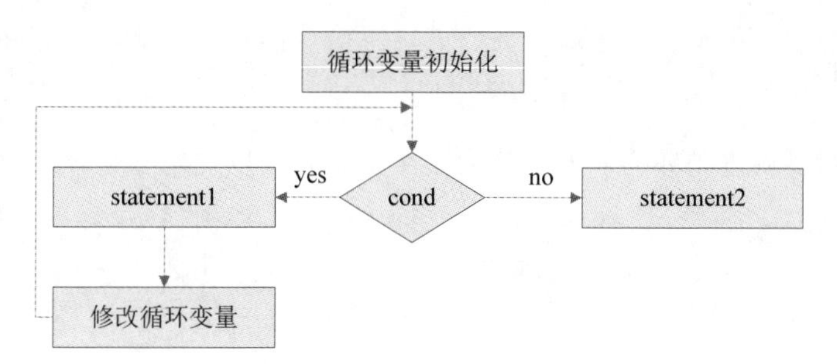

图 9.5　while 循环结构流程

（3）repeat 结构。

格式：

```
repeat{statement}
```

功能：repeat 主要用来重复执行 statement1，需要配合 break 来使用，否则无法结束循环。repeat 循环结构流程如图 9.6 所示。

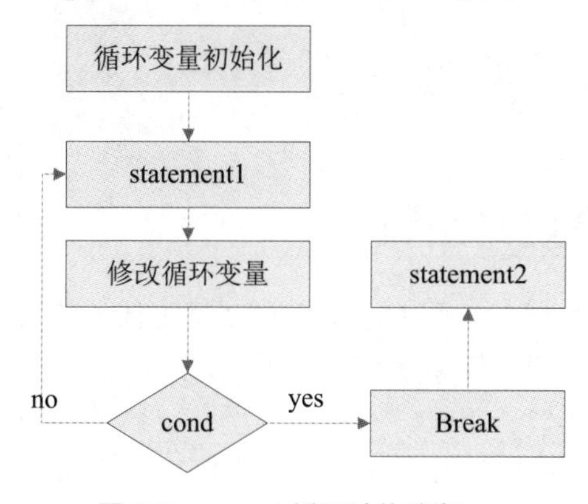

图 9.6　repeat 循环结构流程

示例：

```
>i<-1
>repeat{
i<-i+1
if(i>10) break
}
```

注意：repeat 结构，循环体必须包含 break 语句，否则会陷入死循环。

（4）循环控制跳出循环 next 和 break。

当想要终止循环跳出循环体时，使用 break 语句。

```
for(i in 1:5){
 if(i==3){
    break;
 }
 print(i);
```

```
}
[1] 1,2
```

当想要跳过循环的当前迭代而不终止它时可以使用 next 控制语句。

```
for(i in 1:5){
 if(i==3){
   next;
 }
 print(i);
}
[1] 1,2,4,5
```

思考：

```
for(i in 1:5){
 if(i=3){
   next;
 }
 print(i);
}
```

9.4 用户自定义函数

函数是一个组织在一起的一组以执行特定任务的语句。R 语言有大量的内置函数，用户也可以创建自己的函数。

（1）函数定义。

R 函数是通过使用关键字 function 创建的。R 函数的定义基本语法如下。

```
function_name <- function(arg_1, arg_2, ...) {
    函数体
     return (value)
}
```

- function_name：函数的实际名称，被存入 R 环境作为一个对象来使用。
- arg_1, arg_2, ...：形参列表，参数是可选的，也就是说，一个函数可以含有任何参数。此外，参数可以有默认值。
- 函数体：包含定义函数是用来做什么的语句集合。
- value：函数的返回值。

（2）函数调用。

格式：

```
function_name(arg_1, arg_2, ...)
```

arg_1, arg_2, ...：实参。

功能：实参在传到函数调用时，可以以相同的顺序调用，如提供在函数定义的顺序一样，或者它们也可以以不同的顺序提供（按参数名称）。

示例：利用自定义函数 new.function()，计算整数 i 的平方。

```
>new.function <- function(a) {
  >for(i in 1:a) {
     b <- i^2
     print(b)
     }
  }
```

当执行 new.function(6)时，它产生以下结果。

```
[1] 1
[1] 4
[1] 9
[1] 16
[1] 25
[1] 36
```

思考：若 welcome<-function() print("Welcome to learn R")，如何调用。

注意：① 函数名后面的()不能省略。

② 建议函数体采用缩进风格。

（3）带默认值参数的函数。

在一个函数中有多个参数时，部分参数可能在一些情况下用户不必提供或用户无法提供时，可以使用默认值。编写一个函数，求出 3 个数的最大值，程序代码如下。

```
>maxnum<-function(n1,n2=0,n3)
   { maxn<-n1
     if(n2>maxn) maxn<-n2
     if(n3>maxn) maxn<-n3
     return(maxn)
}
```

在这个自定义函数中，n2 使用了默认值 0，在调用时，下面几种格式都是合法的。

```
maxnum(1,2,3)
maxnum(1,n3=3)
maxnum(n1=1,n2=2,n3=4)
```

习题

一、填空题

1．R 语言中需要通过 break 来结束循环的循环结构是______。

2．R 语言中测试条件在循环体的末尾的循环结构是______。

3．R 语言中一个函数可以含有任何参数，但参数不能有______。

4．for(i in 1:10)　print("Hello")，单词 Hello 被输出了______次。

5．R 语言的选择控制结构包括______、______和______。

6．R 语言中适用于一个条件有多个分支的情况的选择结构是______。

7．R 语言的循环结构除了有常见的 while 循环、for 循环外，还有______循环。

二、编程题

1．写出下列代码的结果。

```
> x <- 1:10
> y <- ifelse(x>5, 0, 10)
> y
```

2．写出下列代码的结果。

```
 x <- c("what","is","truth")
 if("Truth" %in% x){
 print("Truth is found")
 } else {
print("Truth is not found")
}
```

3．当执行 new.function(6)时，写出下列代码的结果。

```
  new.function <- function(a) {
  sum<- 0
  for(i in 1:a) {
            sum<- sum+i
     }
 print(sum)
}
```

第 10 章 数据建模

在生成高质量的数据集后，就可以在此基础上建立模型来进行分析了。建模阶段主要是选择和应用各种建模技术，同时对它们的参数进行调试以达到最优值。

建立模型是一个螺旋上升、不断优化的过程，在每次建模结束后，需要判断模型结果在业务上是否有意义。如果结果不理想，则需要调整模型，对其进行优化。

R 语言 Rattle 包集各种模型与一体，是一个“傻瓜式”建模工具，是本书推荐的建模工具。

10.1　Rattle 包

Rattle 包的最大优势在于提供一个图形交互界面，使用者就算不熟悉 R 语言的语法，也可以通过 Rattle 包来完成数据挖掘工作。另外，Rattle 包有一个 Log 记录，任何在 Rattle 包操作的行为对应的 R 代码都很明确地被一步一步记录下来。所以，如果想学习 R 语言的命令和函数，可以一边用 Rattle 包，一边通过 Log 来学习。

（1）Rattle 包的安装与启动。

```
install.packages("cairoDevice")
install.packages("RGtk2")
install.packages("rattle")
```

用上述代码可以完成 Rattle 包的安装。

在 Rstudio 命令控制台输入如下脚本载入 Rattle 包：

```
> library(rattle)
```

在 Rstudio 命令控制台输入如下脚本启动 Rattle 包：

```
> rattle()
```

Rattle 包的主界面如图 10.1 所示。

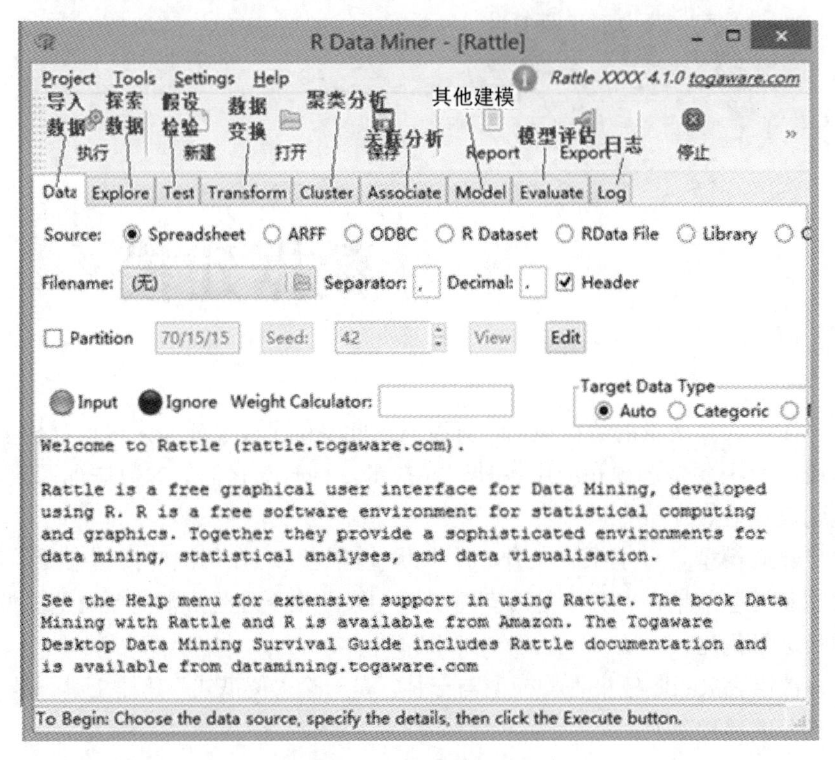

图 10.1　Rattle 包的主界面

（2）Rattle 包选项卡介绍。

Rattle 包选项卡含义如图 10.1 所示。导入数据、探索数据、假设检验、数据变换的使用就不在这里赘述了，主要介绍与建模相关的 3 个选项卡：聚类分析、关联分析和其他模型。

在 Model 选项卡中，第一行是模型类型，共有 6 种：决策树模型（Tree）、随机森林模型（Forest）、自适应选择模型（Boost）、支持向量机分类模型（SVM）、线性回归模型（Linear）、单隐藏层人工神经网络模型（Neural Net），如图 10.2 所示。模型类别并非由 R 软件固定决定，而主要取决于读者计算机中的相关程序包，即读者需要创建何种类型的模型，应先下载并安装相应模型的 R 包。

在确定了模型类型后，属性面板将会出现与模型有关的参数。确定模型的类别以及模型相关参数后，单击“执行”按钮进行建模。

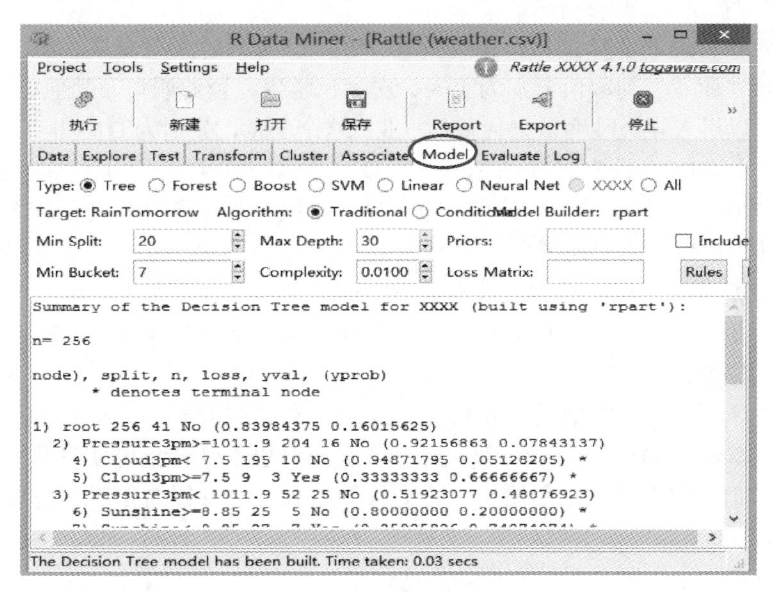

图 10.2 Model 选项卡界面

10.2 变量的类别

变量类别不同于变量类型。变量类别是针对数据框列的分类。

（1）连续变量和离散变量。

取值连续的变量为连续变量，如年龄、身高、房价等。取值离散的变量为离散变量，如性别、舱位等级、姓名等。

（2）定量变量和定性变量。

定量变量也称数值变量，可以是连续的也可以是离散的。定性变量的值可以是数值，也可以是非数值，但如果是数值，一定是离散的。

变量类别不是一成不变的，根据研究目的的需要，各类变量之间可以进行转换。年龄原属数值变量，若按年龄段划分可转换为定性变量：少年、中年、青年、老年等。

（3）因变量和自变量。

任何一个系统（或模型）都是由各种变量构成的，当分析这些系统（或模型）时，可以选择研究其中一些变量对另一些变量的影响，那么选择的这些变量就称为自变量，而被影响的变量就被称为因变量。例如，在分析人体这个系统中，呼吸对于维持生命的影响，呼吸就是自变量，而生命维持的状态是因变量。

自变量一词来自数学。在数学中，函数 $y=f(x)$中的自变量是 x，因变量是 y。自变量被看作是因变量变化的原因，因变量被看作是自变量变化的结果。因变量也称为响应变量或决策变量。

（4）哑变量。

哑变量（Dummy Variable），也叫虚拟变量，引入哑变量的目的是将不能定量处理的变量量化，构造只取“0”或“1”的人工变量。例如，假设变量“职业”的取值分别为工人、农民、学生、企业职员、其他 5 种选项，可以引入 4 个哑变量来代替“职业”这个变量，分别为 D1（1=工人/0=非工人）、D2（1=农民/0=非农民）、D3（1=学生/0=非学生）、D4（1=企业职员/0=非企业职员），最后一个选项“其他”的信息已经包含在这 4 个变量中，所以不需要再增加一个 D5（1=其他/0=非其他）了。这个过程就是引入哑变量的过程，其实在数据分析中，就是利用哑变量来分析各个属性的效用值的。在线性回归分析中，引入哑变量的目的是观察定性因素对因变量的影响。

由于哑变量的取值只有 0 和 1，它起到的作用像是一个“开关”的作用，它可以屏蔽掉 D=0 的情况，使之不进入分析。引入哑变量可使模型变得更复杂，但对问题描述更简明，一个方程能达到两个方程的作用，而且接近现实。

建模中引入哑变量的作用如下：

① 分离异常因素的影响。例如，在分析癌症病因时，可以剔除无关的身高因素。

② 检验不同属性类型对因变量的作用，例如工资模型中的文化程度、季节对销售额的影响。

③ 提高模型的精度，相当于将不同属性的样本合并，扩大了样本容量（增加了误差自由度，从而降低了误差方差）。

因子型变量进行哑变量处理，可以使用 caret 包中的 dummyVars()函数来构建。

```
dummyVars(formula, data, sep = ".",
          levelsOnly = FALSE,
          fullRank = FALSE, ...)
predict(object, newdata, na.action = na.pass, ...)
```

- formula：为公式，y~x1 + x2 + x3。公式右边指定需要处理为哑变量的因子型变量。
- data：指定要处理的数据集。
- sep：设置变量与水平间的分割符，默认为实心点。例如 x.a，x 就是变量名，a 就是 x 的一个水平。
- levelsOnly：逻辑值，如果为 True，则列名中剔除原变量名。例如 x.a 变为 a。
- object：为 dummyVars()函数构成的结果。
- newdata：需要处理的新数据。
- na.action：缺失值的对待，变量水平中如果有缺失值，则结果仍为缺失值。

示例：

```
>library(caret)
>dummy <- dummyVars(formula = ~ ., data = iris)
>pred <- predict(dummy, newdata = iris)
>head(pred)
```

（5）类别变量。

类别变量是说明事物类别的一个名称，其取值是分类数据。例如，“性别”就是一个类别变量，其变量值为“男”或“女”；“行业”也是一个类别变量，其变量值为“零售业”“旅游业”“汽车制造业”等。

类别变量（见 3.2.4 节）分为无序类别变量和有序类别变量两类。

- 无序类别变量。无序类别变量是指所分类别或属性之间无程度和顺序的差别。它又可分为：① 二项分类，如性别（男、女）、药物反应（阴性和阳性）等；② 多项分类，如血型（O、A、B、AB）、职业（工、农、商、学、兵）等。对于无序类别变量的分析，应先按类别分组，清点各组的观察单位数，编制类别变量的频数表。
- 有序类别变量。有序类别变量是指各类别之间有程度的差别。例如，成绩等级按优、良、中、及格和不及格，尿糖化验结果按-、±、+、++、+++分类，疗效按治愈、显效、好转、无效分类。对于有序类别变量，应先按等级顺序分组，清点各组的观察单位个数，编制有序变量（各等级）的频数表。

10.3 聚类分析

10.3.1 背景

聚类分析是指将物理或抽象对象的集合分组为由类似的对象组成的多个类的分析过程。聚类是一种把两个观测数据根据它们之间的距离计算相似度来分组的方法（没有指导样本）。

目前已经开发了大量的聚类分析算法，如 K-means、Hierachical、Ewkm 和 BiCluster，Rattle 聚类分析操作界面如图 10.3 所示。

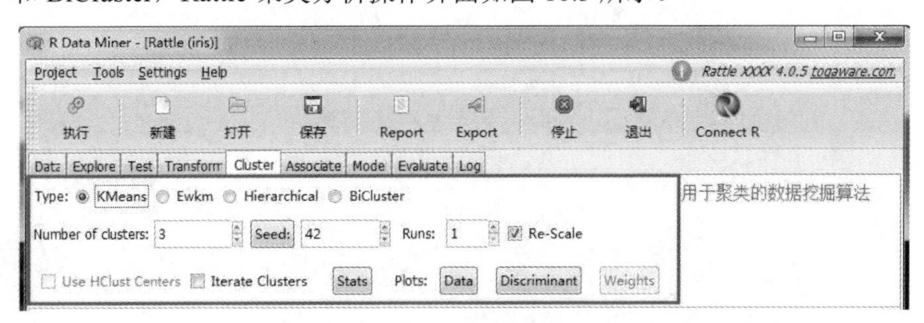

图 10.3　Rattle 聚类分析操作界面

10.3.2 K-means 聚类

（1）算法描述。

K-means 聚类算法属于非层次聚类法的一种，是最简单的聚类算法之一，运用十分广泛。K-means 聚类的计算方法如下。

Step1：随机选取 k 个中心点。

Step2：遍历所有数据，将每个数据划分到最近的中心点中。

Step3：计算每个聚类的平均值，并作为新的中心点。

Step4：重复 Step2～Step3，直到这 k 个中心点不再变化（收敛了），或执行了足够多的迭代。

K-means 聚类算法有两个特点：通常要求已知类别数，只能使用连续性变量。

（2）算法说明。

① k 值选取。在实际应用中，由于 K-means 聚类算法一般作为数据预处理，或者用于辅助分类贴标签，所以 k 一般不会设置很大。可以通过枚举，令 k 从 2 到一个固定值，如 10，在每个 k 值上重复运行数次 K-means（避免局部最优解），并计算当前 k 的平均轮廓系数，最后选取轮廓系数最大的值对应的 k 作为最终的集群数目。轮廓系数结合内聚度和分离度两种因素，用来在相同原始数据的基础上用来评价不同算法，或者算法不同运行方式对聚类结果所产生的影响。

② 度量标准。根据一定的分类准则，合理划分记录集合，从而确定每个记录所属的类别。不同的聚类算法中，用于描述相似性的函数也有所不同，有的采用欧氏距离或马氏距离，有的采用向量夹角的余弦，也有的采用其他的度量方法。

（3）操作实例。

如图 10.4 所示为 weather 数据集，k=4 时的聚类结果，24 个变量中数值变量有 16 个，由于没有选择聚类变量个数，默认对所有数值变量聚类。

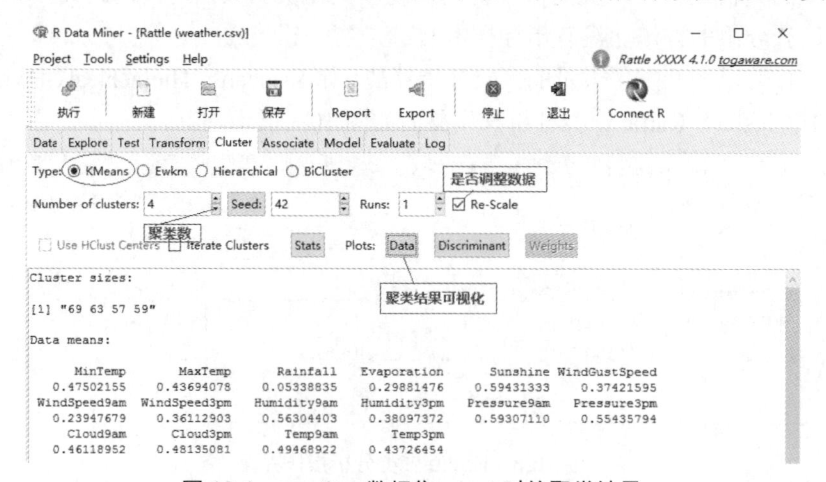

图 10.4 weather 数据集，k=4 时的聚类结果

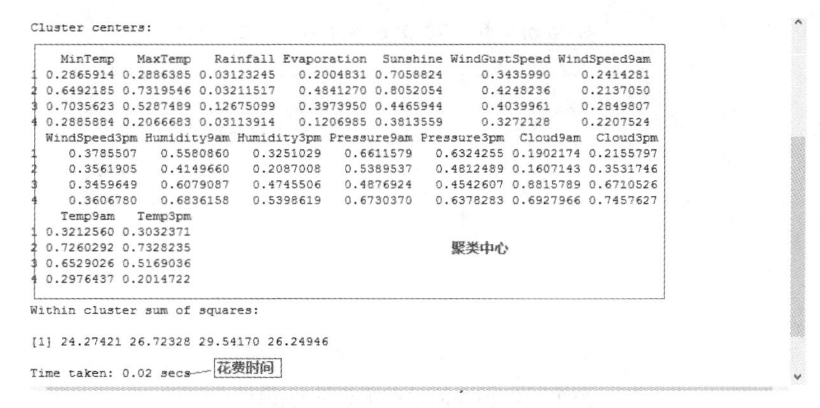

```
Cluster centers:

   MinTemp   MaxTemp   Rainfall Evaporation  Sunshine WindGustSpeed WindSpeed9am
1 0.2865914 0.2886385 0.03123245   0.2004831 0.7058824     0.3435990    0.2414281
2 0.6492185 0.7319546 0.03211517   0.4841270 0.8052054     0.4248236    0.2137050
3 0.7035623 0.5287489 0.12675099   0.3973950 0.4465944     0.4039961    0.2849807
4 0.2885884 0.2066683 0.03113914   0.1206985 0.3813559     0.3272128    0.2207524
  WindSpeed3pm Humidity9am Humidity3pm Pressure9am Pressure3pm  Cloud9am  Cloud3pm
1    0.3785507   0.5580860   0.3251029   0.6611579   0.6324255 0.1902174 0.2155797
2    0.3561905   0.4149660   0.2087008   0.5389537   0.4812489 0.1607143 0.3531746
3    0.3459649   0.6079087   0.4745506   0.4876924   0.4542607 0.8815789 0.6710526
4    0.3606780   0.6836158   0.5398619   0.6730370   0.6378283 0.6927966 0.7457627
   Temp9am   Temp3pm
1 0.3212560 0.3032371
2 0.7260292 0.7328235
3 0.6529026 0.5169036
4 0.2976437 0.2014722

Within cluster sum of squares:

[1] 24.27421 26.72328 29.54170 26.24946

Time taken: 0.02 secs
```


图 10.4 weather 数据集，k=4 时的聚类结果（续）

在图 10.4 所示界面中单击 Data 按钮使聚类结果可视化，如图 10.5 所示是对变量 MinTemp 和 Rainfall 的可视化展示。最多对 5 个变量可视化。

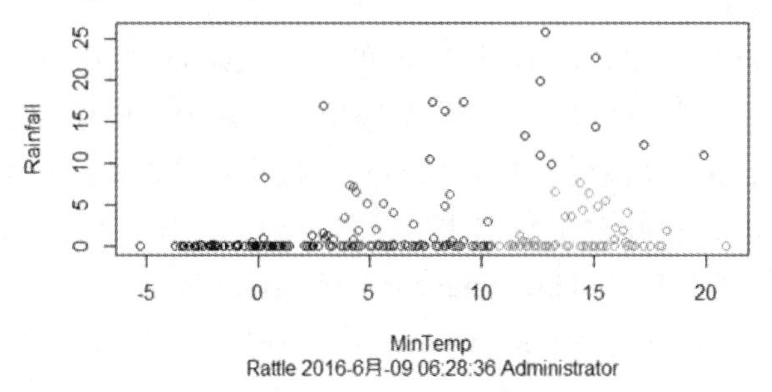

图 10.5 聚类可视化结果

（4）参数选择。

基本的参数是 Number of Clusters 聚类数目，默认为 10 类，允许输入大于 1 的正整数。

参数 Iterate Clusters 允许建立多个聚类模型，利用度量每个模型的结果指导建立多聚类模型。如图 10.6 所示为对变量 MinTemp 和 Rainfall 建立 3 个聚类模型，可视化报告如图 10.7 所示。

Project Tools Settings Help

执行 新建 打开 保存 Report Export 停止 退出

Data Explore Test Transform Cluster Associate Model Evaluate Log

Type: KMeans Ewkm Hierarchical BiCluster

Number of clusters: 3 Seed: 42 Runs: 1 Re-Scale

Use HClust Centers Iterate Clusters Stats Plots: Data Discriminant Weights

```
We have iterated over cluster sizes from 2 to 3 clusters.

The plot displays the 'sum(withinss)' for each clustering
and the change in this value from the previous clustering.

Time taken: 0.00 secs

Rattle timestamp: 2016-06-09 09:37:26 Administrator
======================================================================
```

图 10.6 对变量 MinTemp 和 Rainfall 建立 3 个聚类模型

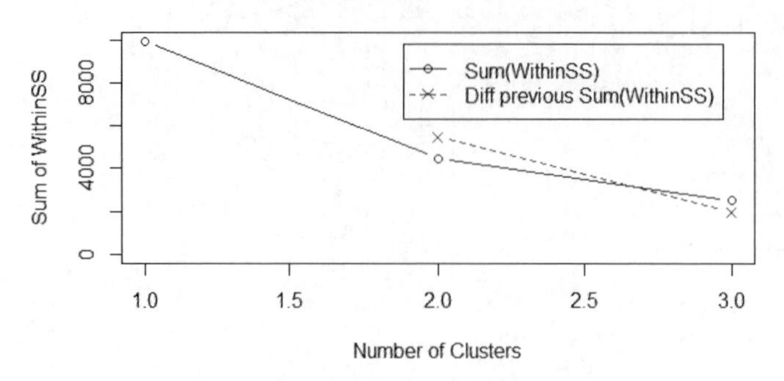

图 10.7 聚类质量度量改进的报告

图 10.7 中实线表示每个聚类模型的类内数据的平方和，虚线表示当前聚类模型的类内数据的平方和与前一个聚类模型的类内数据的平方和的差，或改进度量。

一旦完成建模，Stats、Data Plot 和 Discriminant 按钮可用。单击 Stats 按钮，将在结果展示区显示每个聚类簇所有参与模型质量评估的统计量，并比较不同 K-means 模型。单击 Data Plot 按钮输出数据分布可视化图形，单击 Discriminant 按钮输出判别式坐标图，该图突出原始数据簇与簇之间的关键差异，类似于 PCA（principal components analysis）。

单击 Discriminant 按钮，K-means 聚类判别式坐标图显示如图 10.8 所示。

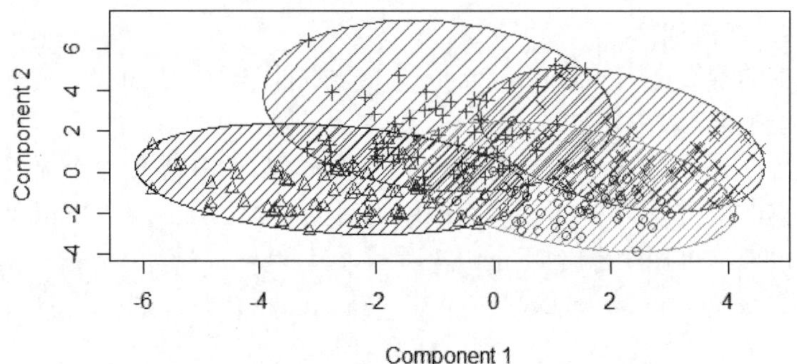

图 10.8 K-means 聚类判别式坐标图

10.3.3 层次聚类

层次聚类（Hierachical）模型有 3 个参数：模型度量（Distance）、层次聚类方法（Agglomerate）和进程数（Number of Processors），界面如图 10.9 所示。

如图 10.10 所示为对变量 MinTemp 和 Rainfall 的 Hierachical 聚类结果。

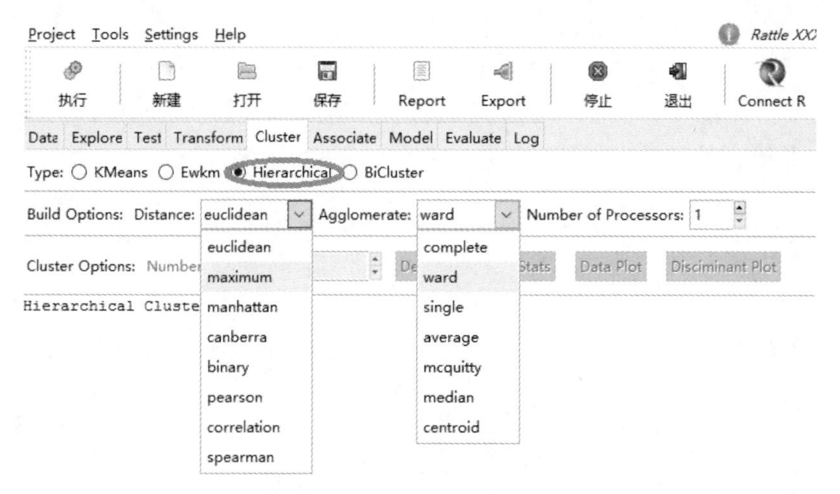

图 10.9　层次聚类模型参数示意

Project　Tools　Settings　Help　　Rattle XXXX 4.1.0 togaware.com

执行　新建　打开　保存　Report　Export　停止　退出　Connect R

Data　Explore　Test　Transform　Cluster　Associate　Model　Evaluate　Log

Type: ○ KMeans ○ Ewkm ◉ Hierarchical ○ BiCluster

Build Options: Distance: euclidean　Agglomerate: ward　Number of Processors: 1

Cluster Options: Number of clusters: 10　Dendrogram　Stats　Data Plot　Discriminant Plot　参数选择

```
Hierachical Cluster

Call:
hclusterpar(x = na.omit(crs$dataset[crs$sample, crs$numeric]),     method = "euclidean", link = "wa

Cluster method   : ward
Distance         : euclidean
Number of objects: 179

Time taken: 0.00 secs

Rattle timestamp: 2016-06-09 10:42:19 Administrator
======================================================================
```

图 10.10　对变量 MinTemp 和 Rainfall 的 Hierachical 聚类结果

指定聚类的类别数为 4，单击 Data Plot 按钮，显示结果如图 10.11 所示。

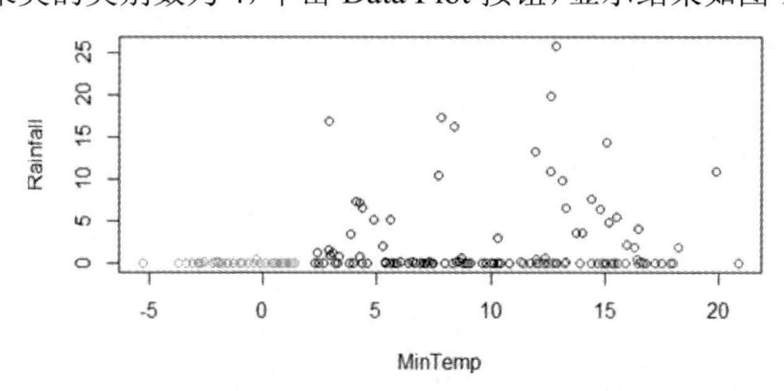

图 10.11　Hierachical 聚类变量 MinTemp 和 Rainfall 的分布（4 类）

对于凝结（agglomerative）的层次聚类，两个靠近的观测值形成第 1 个簇，接下来两个靠近的观测值，但不包含第 1 个簇，形成第 2 个簇，以此类推；形成 k 个簇，可以单击 Dendrogram 按钮得到如图 10.12 所示的结果。

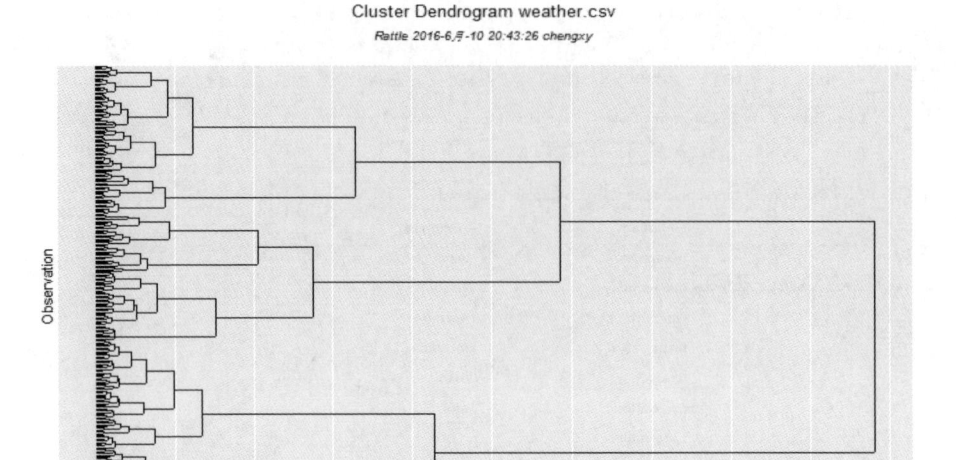

图 10.12　层次聚类结果

执行 Dendrogram 需要安装 ggdendro 包，
参数 Disciminant Plot 执行结果如图 10.13 所示。

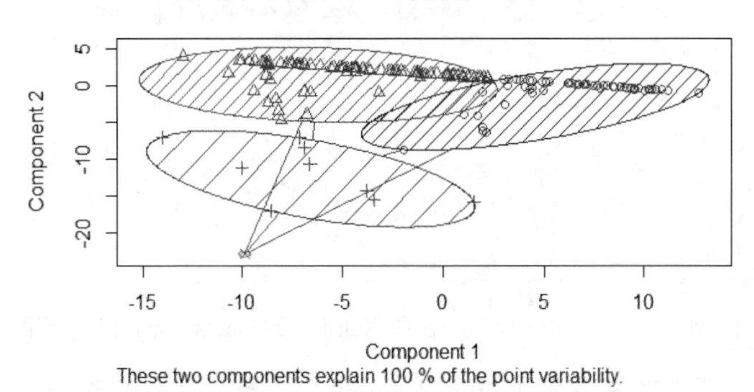

图 10.13　Hierachical 聚类判别式坐标图

10.4　关联规则挖掘

10.4.1　背景

多年以前出现了在线书店，通过收集销售图书的信息，利用相关分析能够根据顾客的兴趣确定图书分组。利用这些信息开发了一个推荐系统，当顾客购买图书时，向其推荐感兴趣的图书，顾客经常发现这样的推荐很有用。

相关分析确定观测数据的相关性或关系，对于数据集来说就是确定变量之间的相关性或关系。这些关系称为关联规则，相关分析方法在挖掘传统大型关系数据库时非常有效，如购物篮、在线顾客购买兴趣分析。相关分析也是数据挖掘的核心技术。

在线书店的例子使用了历史数据，例如，顾客在买 A 书和 B 书的同时也购买了 C 书，并且同时买了 A 书和 B 书的顾客占比为 0.5%，但同时购买 C 书的顾客占比为 70%，这是一个很有趣的信息。作为分店经理，当然想更多地了解顾客的购物习惯如图 10.14 所示。

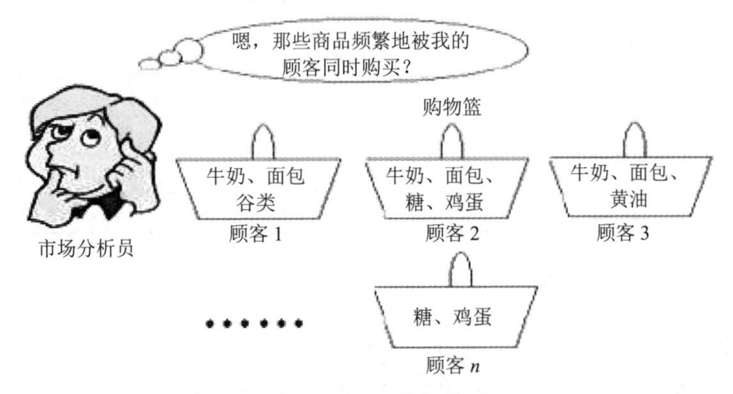

图 10.14　购物篮分析问题

想知道哪些商品顾客可能会在一次购物时同时购买？为回答该问题，可以对商店的顾客事物零售数量进行购物篮分析（Market Basket Analysis）。该过程通过发现顾客放入“购物篮”中的不同商品之间的相互关系，分析顾客的购物习惯。这种相互关系的发现可以帮助零售商了解哪些商品频繁地被顾客同时购买，从而帮助他们开发更好的营销策略。

10.4.2　基本术语

假设 $I=\{i_1,i_2,\cdots,i_m\}$ 是项的集合，给定一个交易数据库 $D=\{\mathrm{t}_1,t_2,\cdots,t_m\}$，其中每个事务（Transaction）$t$ 是 I 的非空子集，即 $t\subseteq I$，每个交易都与一个唯一的标识符 TID（Transaction ID）对应。关联规则是形如 $X\Rightarrow Y$ 的蕴含式，其中 $X,Y\subseteq I$ 且 $X\cap Y=\phi$，X 和 Y 分别称为关联规则的前件（antecedent 或 left-hand-side，LHS）和后件（consequent 或 right-hand-side，RHS）。关联规则 $X\Rightarrow Y$ 在 D 中的支持度（support）是 D 中事务包含 $X\cup Y$ 的百分比，即概率 $P(X\cup Y)$；置信度（confidence）是包含 X 的事务中同时包含 Y 的百分比，即条件概率 $P(Y\,|\,X)$。如果满足最小支持度阈值和最小置信度阈值，则称关联规则是有趣的。这些阈值由用户或者专家设定。下面用一个简单的例子说明。

表 10.1 是顾客购买记录的数据库 D，包含 6 个事务。项集 I={网球拍,网球,运动鞋,羽毛球}。考虑关联规则：网球拍$\Rightarrow$网球，事务 1，2，6 同时包含网球拍和网球；所以，支持度 $\mathrm{support}=\frac{3}{6}=0.5$。事务 1，2，3，4，6

包含网球拍；所以，置信度 $\text{confident} = \frac{3}{5} = 0.6$。若给定最小支持度 α=0.5，最小置信度 β=0.6，关联规则“网球拍⇒网球”是有趣的，认为购买网球拍和购买网球之间存在相关。

表 10.1　购物篮分析例子

TID	网　球　拍	网　　球	运　动　鞋	羽　毛　球
1	1	1	1	0
2	1	1	0	0
3	1	0	0	0
4	1	0	1	0
5	0	1	1	1
6	1	1	0	0

10.4.3　关联规则的分类

按照不同标准，关联规则可以进行如下分类。

（1）基于规则中处理的变量的类别，关联规则可以分为布尔型关联规则和数值型关联规则。

布尔型关联规则处理的值都是离散的、种类化的，它显示了这些变量之间的关系；而数值型关联规则可以和多维相关或多层关联规则结合起来，对数值型字段进行处理，将其进行动态的分割，或者直接对原始数据进行处理。当然，数值型关联规则中也可以包含种类变量。例如，性别="女"⇒职业="秘书"，是布尔型关联规则；性别="女"⇒avg(收入)=2300，涉及的收入是数值类型，所以是一个数值型关联规则。

（2）基于规则中数据的抽象层次，关联规则可以分为单层关联规则和多层关联规则。

在单层关联规则中，所有的变量都没有考虑到现实的数据是具有多个不同的层次的；而在多层关联规则中，对数据的多层性已经进行了充分的考虑。例如，IBM 台式机⇒Sony 打印机，是一个细节数据上的单层关联规则；台式机⇒Sony 打印机，是一个较高层次和细节层次之间的多层关联规则。

（3）基于规则中涉及的数据的维数，关联规则可以分为单维关联规则和多维关联规则。

在单维关联规则中，只涉及数据的一个维，如用户购买的物品；而在多维关联规则中，要处理的数据涉及多个维。换成另一句话，单维关联规则是处理单个属性中的一些关系；多维关联规则是处理各个属性之间的某些关系。例如，啤酒⇒尿布，这条规则只涉及用户购买的物品；性别="女"⇒职业="秘书"，这条规则就涉及两个字段的信息，是两个维上的一条关联规则。

10.4.4 Apriori 算法

Apriori 算法使用一种称作逐层搜索的迭代方法，k 项集用于探索（k+1）项集。首先，通过扫描数据库，累积每个项的计数，并收集满足最小支持度的项，找出频繁 1 项集的集合。该集合记作 L_1。然后，L_1 用于找频繁 2 项集的集合 L_2，L_2 用于找 L_3，如此下去，直到不能再找到频繁 k 项集。找每个 L_k 需要一次数据库全扫描。

假设有一个交易数据如表 10.2 所示，那么采用 Apriori 算法的关联规则挖掘，需要两步：首先根据支持度识别频繁项集，其次根据置信度识别强关联规则，图 10.15 展示了频繁项集产生过程。

表 10.2 AJIEectronices 某分店交易数据

TID	商品 ID 列表	TID	商品 ID 列表
T100	I1,I2,I5	T600	I2,I3
T200	I2,I4	T700	I1,I3
T300	I2,I3	T800	I1,I2,I3,I5
T400	I1,I2,I4	T900	I1,I2,I3
T500	I1,I3		

扫描D,对每个候选1-项集并计数

C1

1-项集	支持度计数
{I1}	6
{I2}	7
{I3}	6
{I4}	2
{I5}	2

过滤候选的支持度小于最小支持度的项集

L1

1-项集	支持度计数
{I1}	6
{I2}	7
{I3}	6
{I4}	2
{I5}	2

由L1产生候选2-项集C2并计数

C2

2-项集	支持度计数
{I1,I2}	4
{I1,I3}	4
{I1,I4}	1
{I1,I5}	2
{I2,I3}	4
{I2,I4}	2
{I2,I5}	2
{I3,I4}	0
{I3,I5}	1
{I4,I5}	0

过滤候选的支持度小于最小支持度的项集

L2

2-项集	支持度计数
{I1,I2}	4
{I1,I3}	4
{I1,I5}	2
{I2,I3}	4
{I2,I4}	2
{I2,I5}	2

由L2产生候选3-项集C3并计数

C3

2-项集	支持度计数
{I1,I2,I3}	2
{I1,I2,I4}	1
{I1,I2,I5}	2
{I1,I3,I5}	1
{I2,I3,I4}	0
{I2,I3,I5}	1

过滤候选的支持度小于最小支持度的项集

L3

2-项集	支持度计数
{I1,I2,I3}	2
{I1,I2,I5}	2

图 10.15 基于 Apriori 算法频繁项集产生过程

（1）连接步：为找出 L_k（频繁 k 项集），通过 L_{k-1} 与自身连接，产生候选 k 项集，该候选项集记作 C_k，其中 L_{k-1} 的元素是可连接的。

（2）剪枝步：C_k 是 L_k 的超集，即它的成员可以是也可以不是频繁的，但所有的频繁项集都包含在 C_k 中。扫描数据库，确定 C_k 中每一个候选的计数，从而确定 L_k（计数值不小于最小支持度计数的所有候选是频繁的，从而属于 L_k）。然而，C_k 可能很大，这样所涉及的计算量就很大。为压缩 C_k，使用 Apriori 性质：任何非频繁的（k-1）项集都不可能是频繁 k 项集的子集。因此，如果一个候选 k 项集的（k-1）项集不在 L_k 中，则该候选项也不可能是频繁的，从而可以在 C_k 中删除。

10.4.5 实验指导

Rattle 包安装目录提供了一个例子（dvdtrans.csv），这个例子包含 3 个顾客购买 DVD 电影商品的事务，数据结构如图 10.16 所示。

dvdtrans.csv

	A	B	C	D	E	F	G
1	ID	Item		17	5	Sixth Sense	
2	1	Sixth Sense		18	6	Gladiator	
3	1	LOTR1		19	6	Patriot	
4	1	Harry Potter1		20	6	Sixth Sense	
5	1	Green Mile		21	7	Harry Potter1	
6	1	LOTR2		22	7	Harry Potter2	
7	2	Gladiator		23	8	Gladiator	
8	2	Patriot		24	8	Patriot	
9	2	Braveheart		25	9	Gladiator	
10	3	LOTR1		26	9	Patriot	
11	3	LOTR2		27	9	Sixth Sense	
12	4	Gladiator		28	10	Sixth Sense	
13	4	Patriot		29	10	LOTR	
14	4	Sixth Sense		30	10	Gladiator	
15	5	Gladiator		31	10	Green Mile	
16	5	Patriot					

图 10.16 dvdtrans.csv

通过 Data 选项卡导入数据，如图 10.17 所示。

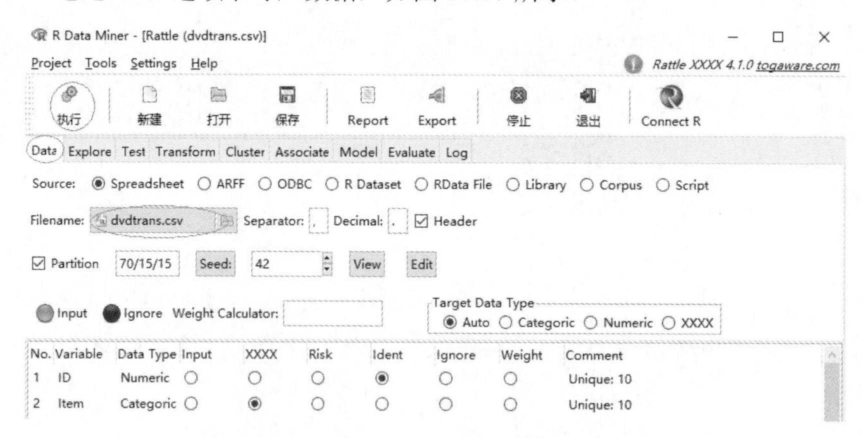

图 10.17 导入 dvdtrans.csv

变量 ID 自动选择 Ident 角色，但需要改变 Item 变量的角色为 Target。

在 Associate 选项卡中，确保选中 Baskets 复选框，单击 Execute 按钮建立由关联规则组成的模型，图 10.18 所示结果展示区显示相关分析结果，支持度=0.1，置信度=0.1 的情况下，共挖掘了 29 条规则。

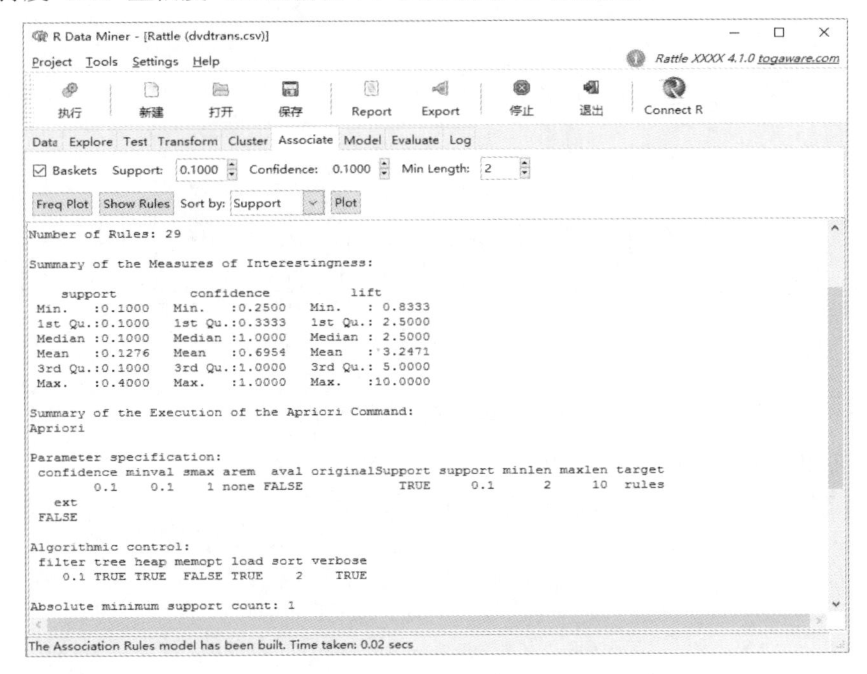

图 10.18　Baskets 执行结果

图 10.18 结果展示区接下来的代码块报告了 3 个度量的分布。单击 Show Rules 按钮，在结果展示区显示全部规则，如图 10.19 所示。

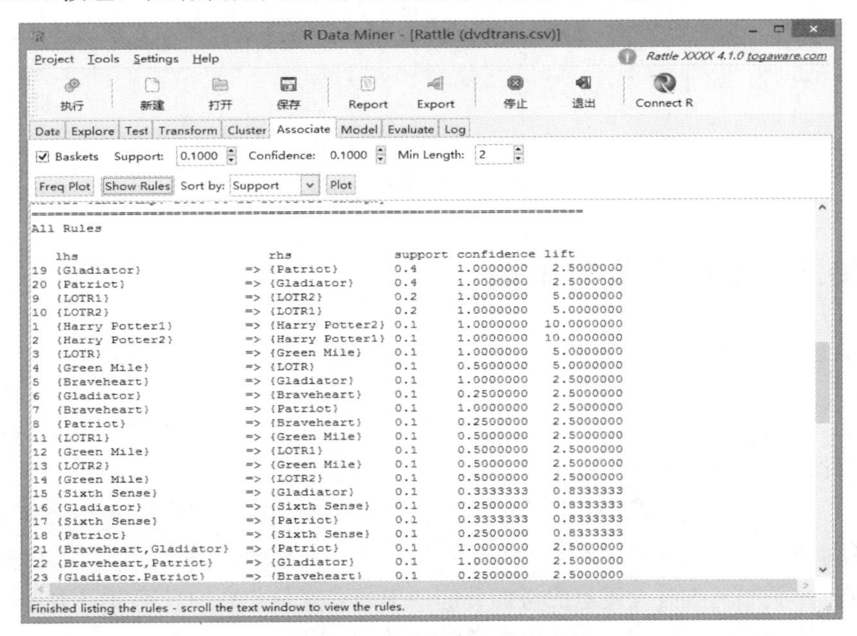

图 10.19　全部规则显示

这些规则的两边只是单频繁项集，支持度和置信度都为 0.1，可以发现第一、二条规则提升度非常大。

单击 Freq Plot 按钮显示频繁项直方图，如图 10.20 所示。

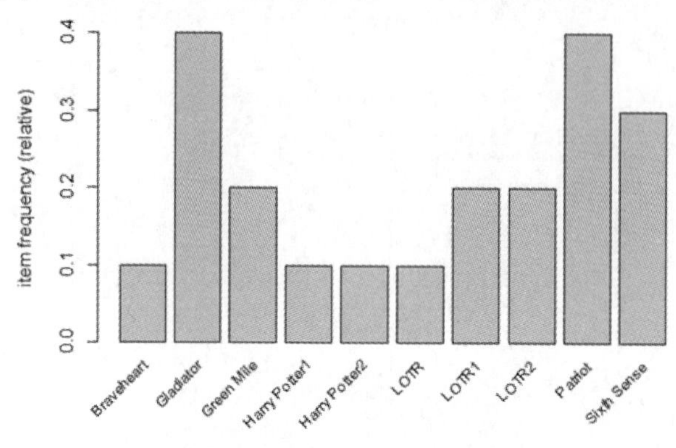

图 10.20　频繁项直方图

单击 Plot 按钮显示可视化规则图，如图 10.21 所示。

图 10.21　可视化规则图

10.5　传统决策树模型

10.5.1　背景

相比贝叶斯算法，决策树的优势在于构造过程中不需要任何参数设置，因此决策树更偏重于探测式的知识发现。

决策树的思想贯穿着生活的方方面面。例如，给寝室的哥们儿介绍对象时需要跟人家讲明女孩子的如下情况：家是哪里的，脾气如何，长相如何，个头如何。假设寝室的哥们儿的要求是：家是北京的，脾气温柔，长相一般，个头一般。那么这个决策树如图 10.22 所示。

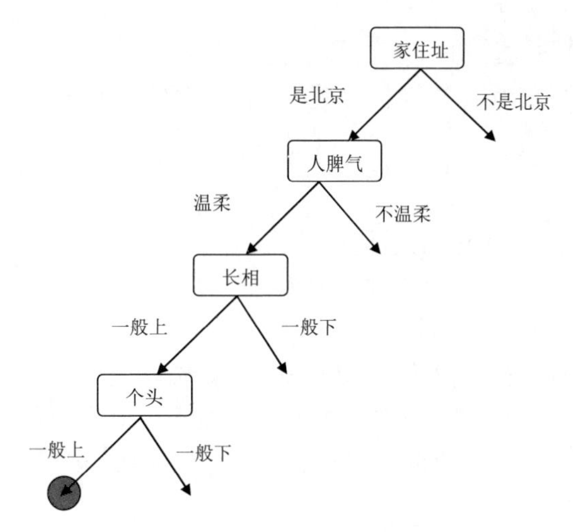

图 10.22　决策树的简单例子

在图 10.22 中，实例的每个特征在决策树中都会找到一个肯定或者否定的结论，至于每个节点的权重还需要以后在学习中获得，可以根据不同的权重将节点排序，或者每个节点带一个权重。

构造决策树的关键步骤是分裂属性，即在某个节点处按照某一特征属性值构造不同的分支，其目标是让各个分裂子集尽可能地“纯”，尽可能“纯”就是尽量让一个分裂子集中待分类项属于同一类别。分裂属性分为以下 3 种不同的情况。

（1）属性是离散值且不要求生成二叉决策树。此时用属性的每个划分作为一个分支。

（2）属性是离散值且要求生成二叉决策树。此时使用属性划分的一个子集进行测试，按照“属于此子集”和“不属于此子集”分成两个分支。

（3）属性是连续值。此时确定一个值作为分裂点 split_point，按照>split_point 和<=split_point 生成两个分支。

构造决策树的另一个关键步骤是进行属性选择度量，它决定了拓扑结构及分裂点 split_point 的选择。

10.5.2　ID3 算法

从信息论知识中知道，期望信息越小，信息增益越大。所以，ID3 算法的核心思想就是以信息增益度量属性选择，选择分裂后信息增益最大的属性进行分裂。下面先定义几个要用到的概念。

设 D 为用类别对训练元组进行的划分，则 D 的熵（entropy）表示为

$$\mathrm{info}(D) = -\sum_{i=1}^{m} p_i \log_2(p_i) \tag{10.1}$$

其中，p_i 表示第 i 个类别在整个训练元组中出现的概率，可以用属于此类别元素的数量除以训练元组元素总数量作为估计。熵的实际意义是 D

中元组的类标号所需要的平均信息量。

假设将训练元组 D 按属性 A 进行划分，则 A 对 D 划分的期望信息为

$$\text{info}_A(D)=\sum_{j=1}^{v}\frac{|D_j|}{|D|}\text{info}(D_j) \tag{10.2}$$

而信息增益即为两者的差值：

$$\text{gain}(A)=\text{info}(D)-\text{info}_A(D) \tag{10.3}$$

ID3 算法具体的计算过程如下。

Step1：将训练集 S 分为 1，2，…，N 个类别。

Step2：计算 S 的总信息熵 info(S)，该值等于最终类别的各自信息量和概率质量函数的乘积，即每个类别所占训练集的比例乘以该比例的对数值取负，然后加和。

Step3：确定用来进行分类的属性向量 V_1，V_2，…，V_n。

Step4：计算每个属性向量对应的该属性向量对训练集的信息熵 info(S)V_i，例如，对应的属性 V_i 将训练集分为了 M 类，那么该值等于在该属性划分下的某一类值出现的概率乘以对应的该值所在的集的信息熵。该值所在的集的信息熵再套公式，发现等于最终分类在 V_i 属性划分下的某一个类里的概率值乘以该概率值的对数值取负。

Step5：在众多属性对于训练集的信息熵之中取最小的，这样信息增益最大。信息增益越大代表着分类越有效。

Step6：完成了一次属性的分裂。

Step7：重复 Step2～Step6，直到所有属性信息增益计算完成。

10.5.3 C4.5 算法

C4.5 算法是最常用的决策树算法，因为它继承了 ID3 算法的所有优点并对 ID3 算法进行了改进和补充。C4.5 算法采用信息增益率作为选择分支属性的标准，克服了 ID3 算法中信息增益选择属性时偏向选择取值多的属性的不足，并能够完成对连续属性离散化处理，还能够对不完整数据进行处理。

（1）用信息增益率来选择属性。

信息增益率定义为

$$\text{SplitInfo}_A(D)=-\sum_{j=1}^{v}\frac{|D_j|}{|D|}\times\log_2\left(\frac{|D_j|}{|D|}\right) \tag{10.4}$$

$$\text{GainRatio}(A)=\text{Gain}(A)/\text{SplitInfo}(A) \tag{10.5}$$

其中，Gain(A)与 ID3 算法中的信息增益相同，而分裂信息 SplitInfo(A)代表了按照属性 A 分裂样本集 D 的广度和均匀性。

（2）可以处理连续数值型属性。

C4.5 算法既可以处理离散型描述属性，也可以处理连续型描述属性。

在选择某节点上的分支属性时，对于离散型描述属性，C4.5 算法的处理方法与 ID3 相同，按照该属性本身的取值个数进行计算；对于某个连续性描述属性 Ac，假设在某个节点上的数据集的样本数量为 total，C4.5 算法将做以下处理。

① 将该节点上的所有数据样本按照连续型描述的属性的具体数值，由小到大进行排序，得到属性值的取值序列为{A1c，A2c，…，Atotalc}。

② 在取值序列生成 total−1 个分割点。第 i（$0<i<\text{total}$）个分割点的取值设置为 $V_i=(Aic+A(i+1)c)/2$，它可以将该节点上的数据集划分为两个子集。

③ 从 total−1 个分割点中选择最佳分割点。对于每个分割点划分数据集的方式，C4.5 算法计算它的信息增益比，并且从中选择信息增益比最大的分割点来划分数据集。

10.5.4　实验指导

通过 Model 选项卡 Type=Tree 建立决策树模型，实验数据为 weather.csv，单击“执行”按钮得到如图 10.23 所示的决策树模型。

图 10.23　weather 数据集决策树模型

模型显示在结果展示区域内，图 10.23 提供的图例可以帮助读者理解决策树模型。决策树的第一个节点总是根节点。根节点表示所有的观测数据，其他节点表示简单把每一个观察分类，与训练集大多数观测数据相关，这个信息告诉人们大多数观测数据对根节点判为 No，256 个感测数据中有 41 个是错误的分类（实际为 Yes 类）。

Yprob 分量表示观测数据的类分布，从图 10.23 知变量 RainTomorrow 分为 No 类的概率为 0.83984375，16%分为 Yes 类，有 84%的正确分类应该是个很好的结论，但实际是没有用的，因为人们感兴趣的是明天是否下雨。

根节点分裂为两个子节点，这个分裂的依据是变量 Pressure3pm 是否大于 1011.9，所以，节点 2 的分裂表达式为 Pressure3pm>=1011.9。结果有 204 个观测值的 Pressure3pm 值大于 1011.9。

单击 Draw 按钮得到可视化的决策树，如图 10.24 所示。

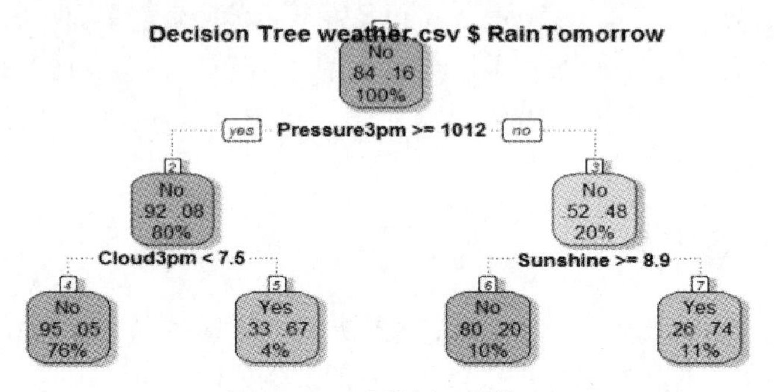

图 10.24 决策树可视化

Rattle 包提供了两个调节参数 traditional（默认）和 conditional，使用参数 conditional 需要加载 party 包，执行结果如图 10.25 所示。选择参数 conditional 有时是必需的，例如，当目标变量（见图 10.25 标签 Target）属于感兴趣类别的值太少，或想查看决策树更详细的可视化信息时，如图 10.26 所示；信息具体解读通过在控制台输入“?rpart”查看相关 R 文档。Rpart()函数有两个参数（见图 10.25 标签 Algorithm）。

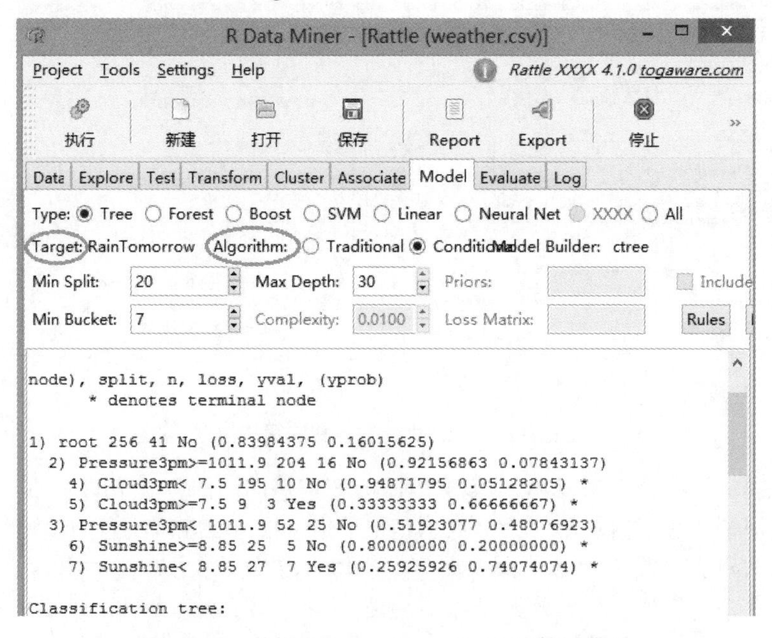

图 10.25 选择参数 conditional 下的决策树模型

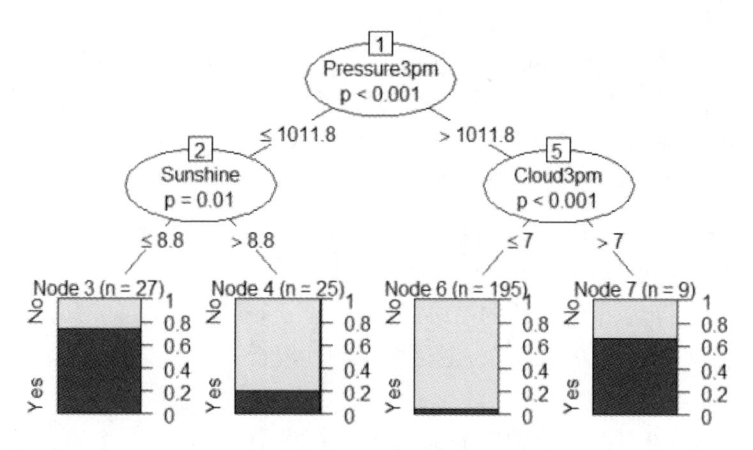

图 10.26　决策树更详细的可视化信息

10.6　随机森林决策树模型

10.6.1　背景

为了克服决策树容易过度拟合的缺点，随机森林算法（Random Forests，RF）在变量（列）和数据（行）的使用上进行随机化，生成很多分类树，再汇总分类树的结果。随机森林在运算量没有显著提高的前提下提高了预测精度，对多元共线性不敏感，可以很好地预测多达几千个解释变量的作用，是当前较好的算法之一。

（1）随机森林的定义。

随机森林是一个由决策树分类器集合$\{h(x,\theta_k),k=1,2,\ldots\}$构成的组合分类器模型，其中参数集$\{\theta_k\}$是独立同分布的随机向量，$x$是输入向量。当给定输入向量时，每个决策树有一票投票权来选择最优分类结果。每个决策树是由分类回归树（CART）算法构建的未剪枝的决策树。

（2）随机森林的基本思想。

随机森林是通过自助法（Bootstrap）重复采样技术，从原始训练样本集N中有放回地重复随机抽取k个样本以生成新的训练集样本集合，然后根据自助样本生成k决策树组成的随机森林。其实质是对决策树算法的一种改进，将多个决策树合并在一起，每棵树的建立依赖一个独立抽取的样本，森林中的每棵树具有相同的分布，分类误差取决于每棵树的分类能力和分类树之间的相关性。

10.6.2　随机森林算法

（1）随机森林的生成过程。

根据随机森林的原理，随机森林的生成主要包括以下 3 个步骤。

首先，通过 Bootstrap 方法在原始样本集 S 中抽取 k 个训练样本集，一般情况下，每个训练集的样本分布与 S 一致。

其次，对 k 个训练集进行学习，以此生成 k 个决策树模型。在决策树生成过程中，假设共有 M 个输入变量，从 M 个变量中随机抽取 F 个变量，各个内部节点均是利用这 F 个特征变量上最优的分裂方式来分裂的，且 F 值在随机森林模型的形成过程中为恒定常数。

最后，将 k 个决策树的结果进行组合，形成最终结果。对分类问题，组合方法是简单多数投票法；对回归问题，组合方法是简单平均法。

（2）重要参数。

① 随机森林中单棵树的分类强度和任意两棵树间的相关度。在随机森林中，每棵决策树的分类强度越大，即每棵树的枝叶越茂盛，则整体随机森林的分类性能越好；树与树之间的相关度越大，即树与树之间的枝叶相互穿插越多，则随机森林的分类性能越差。减少树之间的相关度可以有效地降低随机森林的总体误差率，同时增加每棵决策树的强度。因为随机森林是由 Bootstrap 方法来形成训练集的，并且随机抓取特征来分裂，并且不对单棵树进行剪枝，使得随机森林模型能够具有较高的噪声容忍度和较大的分类强度，同时也降低了任意两棵树之间的相关度。

② OOB（Out of Bag）估计。应用 Bootstrap 方法时，在原始样本集 S 中进行 k 次有放回的简单随机抽样，形成训练样本集。在使用 Bootstrap 对 S 进行抽样时，每个样本未被抽取的概率 p 为$(1-1/n)^n$。当 n 足够大时，p=0.368，表明原始样本集 S 中接近 37%的样本不会出现在训练样本集中，这些为被抽中的样本称为 OOB。利用这部分样本进行模型性能的估计称为 OOB 估计，这种估计方法类似于交叉验证的方法。在随机分类模型中，随机森林是分类模型的出错率；在随机回归模型中，随机森林是回归模型的残差。

③ 对模型中变量重要性的估计。随机森林计算变量重要性有两种方法：一种是基于 OOB 误差的方法，称为 MDA（Mean Decrease Accuracy）；另一种是基于 Gini 不纯度的方法，称为 MDG（Mean Decrease Gini）。两种方法都是下降得越多，变量越重要。

（3）MDA 具体描述。

Step 1：训练随机森林模型，利用额外样本数据测试模型中每棵树的 OOB 误差。

Step 2：随机打乱训练集以外样本数据中变量 v 的值，重新测试每棵树的 OOB 误差。

Step 3：两次测试的 OOB 误差的差值的平均值，即为单棵树对变量 v 重要性的度量值，计算公式为

$$\text{MDA}(v)=\frac{1}{n\text{tree}}\sum_{t}(\text{errOOB}_t-\text{errOOB}'_t) \tag{10.6}$$

MDG 具体描述如下。

基于 Gini 的变量重要性是用变量 v 导致的 Gini 不纯度的降低来衡量的。在分类节点 t 处，Gini 系数不纯度的计算公式为

$$\text{G}(t)=1-\sum_{k=1}^{Q}p^2(k\mid t) \tag{10.7}$$

其中，Q 代表目标变量的类别总数，$p(k/t)$ 代表在节点 t 中目标变量为第 k 类的条件概率。根据公式计算每棵树的 Gini 不纯度下降值，再将所有树的结果进行平均。

（4）随机森林模型的优缺点。

优点：

- 相对于其他算法，随机森林具有极高的预测精度，且不易过度拟合。
- 能处理海量数据，对高维数据，无须进行变量删减或筛选。
- 模型内部产生的 OOB 估计具有无偏性。
- 对噪声不敏感，具有较好的容噪能力。

缺点：

- 对少量数据集和低维数据集的分类不一定可以得到很好的效果。因为在不断重复的随机选择过程中，可供选择的样本很少，会产生大量的重复选择，可能让最有效的选择不能表现出优势。
- 执行速度虽然比 Boosting 等快，但是比单个的决策树慢很多。

10.6.3　实验指导

Rattle 包随机森林建模过程提供两种算法：Tranditonal 和 Conditional。Tranditonal 是基本算法。

如图 10.27 所示为利用 Rattle 包中的 Algorithm 标签中的 Tranditonal 选项构建的随机森林模型。在图中可以看到，本次建立的随机森林模型中决策树的个数为 500，而每棵决策树的节点分支处所选择的变量个数为 4。

（1）基本算法。

在图 10.27 参数选择区右侧有 4 个按钮，其中 Importance 按钮主要用于绘制模型各变量在两种不同标准下重要值图像，如图 10.28 所示；Errors 按钮主要用于绘制模型中各个类别以及根据训练集以外数据计算的误判率，如图 10.29 所示；Rules 按钮主要用于显示根据森林数得到的规则集合，如图 10.30 所示；OOB ROC 按钮主要用于绘制根据随机森林模型的额外数据计算而得到的 ROC 曲线。

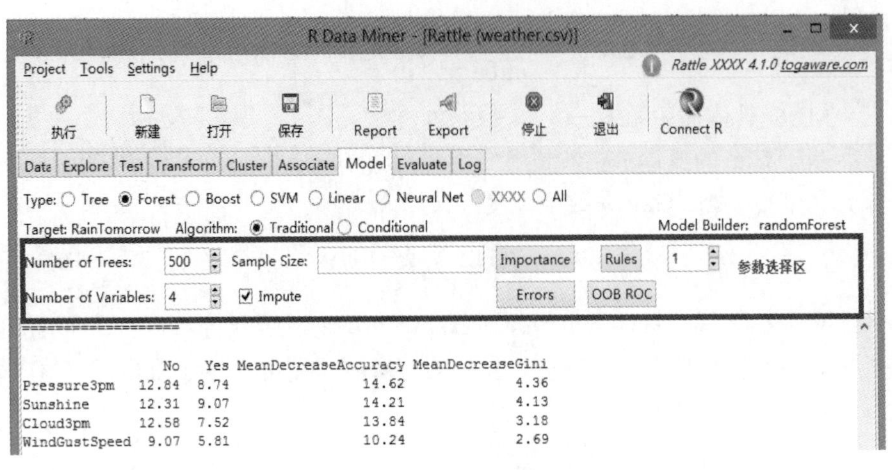

图 10.27　Forest 模型界面

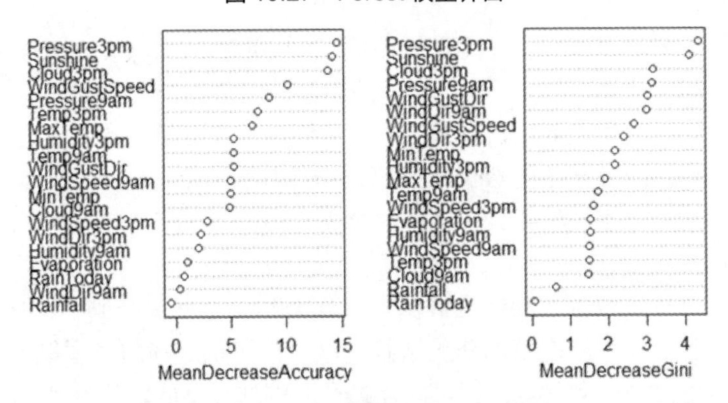

图 10.28　两种不同标准下重要值图像

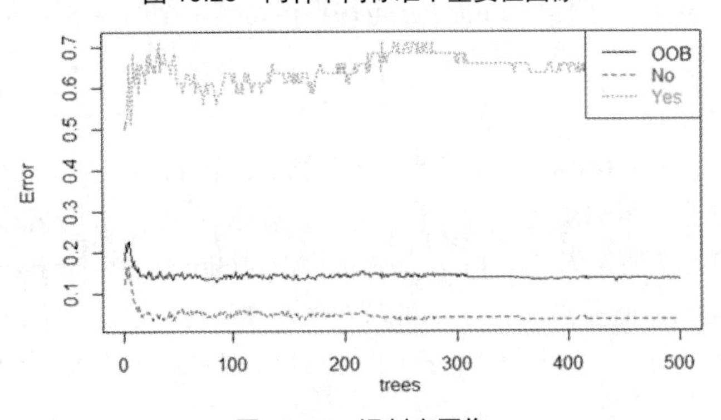

图 10.29　误判率图像

规则多少？规则形式如何？规则由哪个节点产生？规则由哪棵树产生？这些问题由图 10.30 中 Rules 按钮右边的数字决定。

（2）有约束的算法。

在有约束的随机森林算法（Algorithm 标签中的 Conditional 选项）中，如图 10.31 所示，Errors 和 OOB ROC 两个按钮无效。如图 10.32 所示给出了变量重要性。

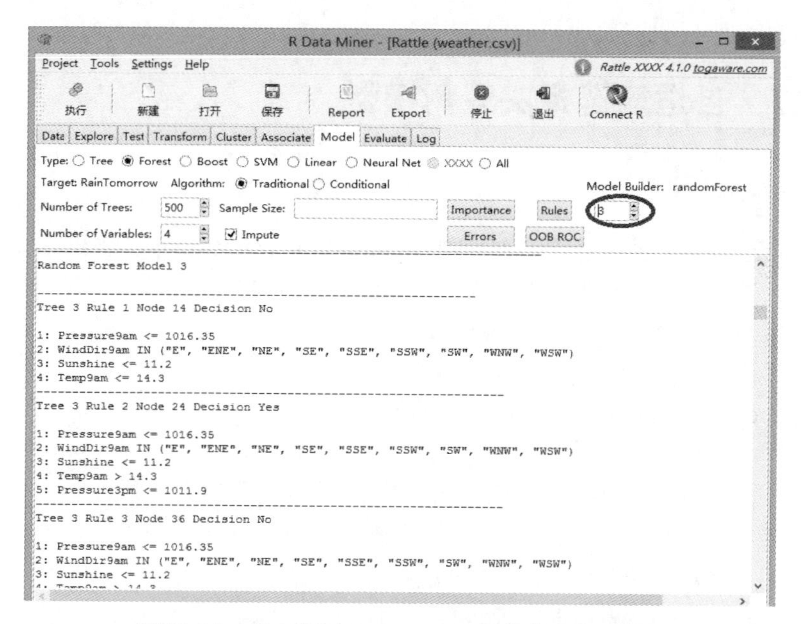

图 10.30　第 3 棵树 14、24、36 号节点产生的规则

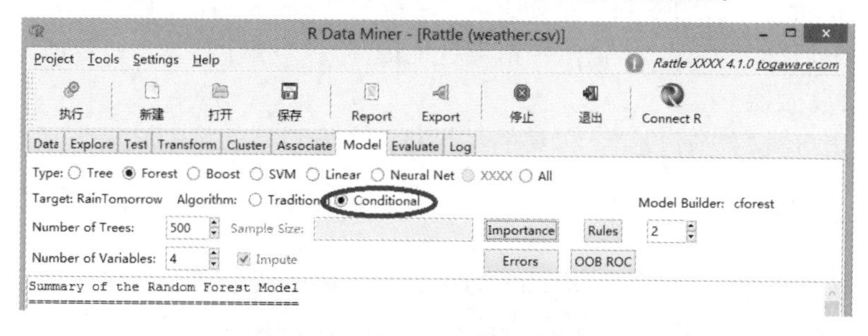

图 10.31　有约束的随机森林算法

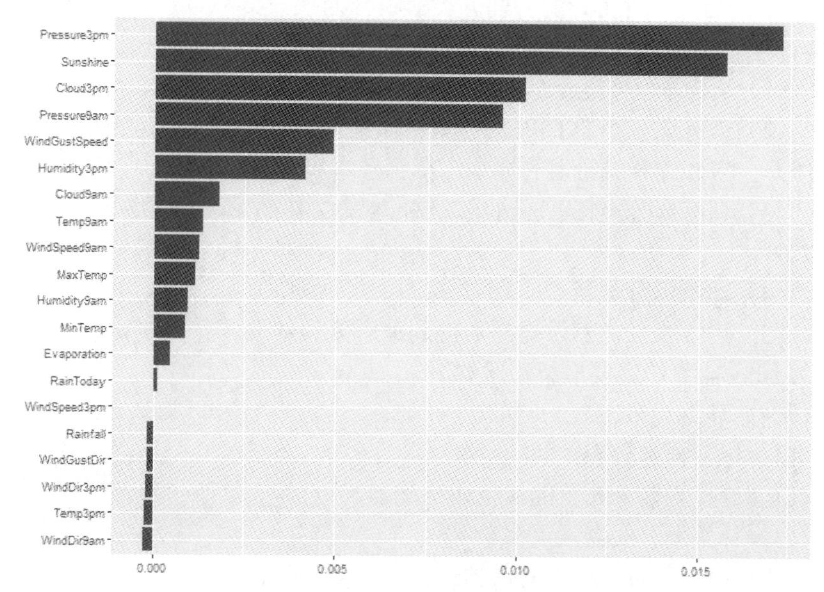

图 10.32　重要值权重图像

10.7 自适应选择决策树模型

10.7.1 背景

自适应选择模型包含多种，如 bagging 算法、Boosting 算法和 adaboost 算法，它们是一种把若干个分类器整合为一个分类器的方法。首先简要介绍一下 bootstrapping 方法和 bagging 方法。

（1）bootstrapping 方法的主要过程。

bootstrapping 方法的主要步骤如下。

① 重复地从一个样本集合 D 中采样 n 个样本。

② 针对每次采样的子样本集进行统计学习，获得假设 Hi。

③ 将若干个假设进行组合，形成最终的假设 Hfinal。

④ 将最终的假设用于具体的分类任务。

（2）bagging 方法的主要过程。

bagging 方法的主要思路如下。

① 训练分类器。从整体样本集合中抽样 $n^* < N$ 个样本，针对抽样的集合训练分类器 Ci。

② 分类器进行投票，最终的结果是分类器投票的优胜结果。

10.7.2 Boosting 算法

bootstrapping 方法和 bagging 方法都只是将分类器进行简单的组合，实际上并没有发挥出分类器组合的威力。直到 1989 年，Yoav Freund 与 Robert Schapire 提出了一种可行的将弱分类器组合为强分类器的方法 Boosting，其主要过程如下。

（1）从样本整体集合 D 中不放回地随机抽样 $n_1<n$ 个样本，得到集合 D_1。

（2）训练弱分类器 C_1。从样本整体集合 D 中抽取 $n_2<n$ 个样本，其中合并近一半被 C_1 分类错误的样本，得到样本集合 D_2。

（3）训练弱分类器 C_2。抽取 D 样本集合中 C_1 和 C_2 分类不一致样本，组成 D_3。

（4）训练弱分类器 C_3。

（5）用 3 个分类器做投票，得到最后分类结果。

adaboost 算法主要框架描述如下。

① 循环迭代多次。

- 更新样本分布。
- 寻找当前分布下的最优弱分类器。
- 计算弱分类器误差率。

② 聚合多次训练的弱分类器。

10.7.3　adaboost 算法

设输入的 n 个训练样本为$\{(x_1,y_1),(x_2,y_2),\cdots,(x_n,y_n)\}$，其中 x_i 是输入的训练样本，$y_i\in\{0,1\}$分别表示正样本和负样本，其中正样本数为 k，负样本数为 m。$n=k+m$，其具体步骤如下：

（1）初始化每个样本的权重 w_i，$i\in D(i)$。

（2）对每个 $t=1,\cdots,T$（T 为弱分类器的个数）做如下操作。

① 把权重归一化为一个概率分布：

$$w_{t,i}=\frac{w_{t,i}}{\sum_{j=1}^{n}w_{t,j}} \tag{10.8}$$

② 每个特征 f，训练一个弱分类器 h_j 计算对应所有特征的弱分类器的加权错误率：

$$\varepsilon_j=\sum_{i=1}^{n}w_t(x_i)\left|h_j(x_i)\neq y_i\right| \tag{10.9}$$

③ 取最佳的弱分类器 h_t（拥有最小错误率）：ε_t。

④ 按照这个最佳弱分类器，调整权重：

$$w_{t+1,i}=w_{t,i}\beta_t^{1-\varepsilon_i} \tag{10.10}$$

其中，$\varepsilon_i=0$ 表示被正确地分类，$\varepsilon_i=1$ 表示被错误地分类。

$$\beta_t=\frac{\varepsilon_t}{1-\varepsilon_t} \tag{10.11}$$

（3）最后的强分类器为

$$h(x)=\begin{cases}1 & \sum_{t=1}^{T}\alpha_t h_t(x)\geqslant\frac{1}{2}\sum_{t=1}^{T}\alpha_t\\ 0 & \text{otherwise}\end{cases},\quad \alpha_t=\log\frac{1}{\beta_t} \tag{10.12}$$

10.7.4　实验指导

（1）建模。

传统的决策树模型是用 rpart 包创建的，使用提升错误分类观测数据权重的 Boosting 方法（也称自适应选择方法）创建决策树，需要加载 ada 包，如图 10.33 所示。如图 10.34 所示，结果展示区内显示了对 weather 数据集建立的自适应选择决策树模型。

该模型是根据 weather 数据集其余变量预测 RainTomorrow，ada()函数的 control 参数直接通过 rpart()调用，含义同 rpart()，参数 iter 表示树的数量。接下来的信息报告了建模使用的一些参数。

（2）性能评估。

没有被抽取到的观测组成的集合称为 Out-of-bag 样本，一般用 L\L(k)来表示，其中 L 表示训练样本集，L(k)表示随机抽取的 L 中 k 个样本集。Out-of-bag 误差反映的是估计泛化误差，本模型的误差为 0.066，应该是一个不错的结果。接下来显示的是 Kappa 统计量，Kappa 是评价一致性的测量值，Kappa>0，此时说明有意义。Kappa 越大，说明一致性越好。

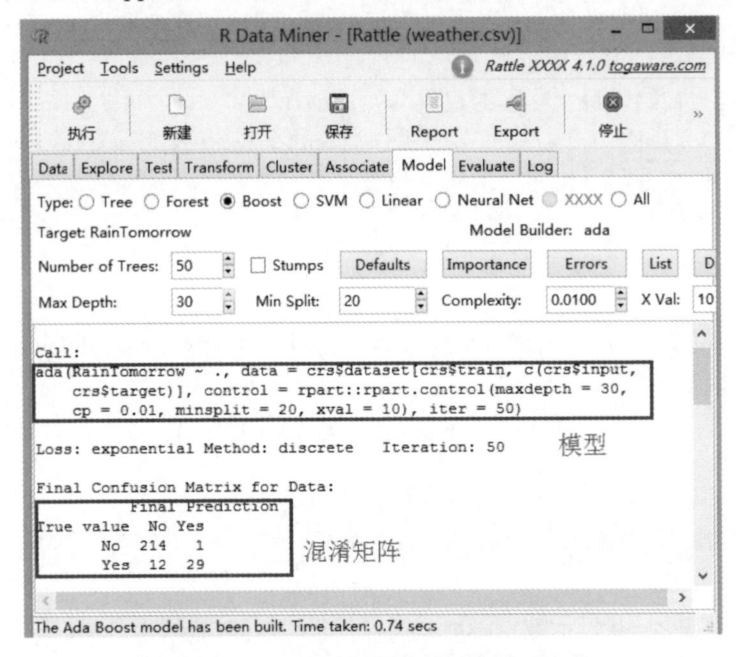

图 10.33 自适应选择决策树模型（1）

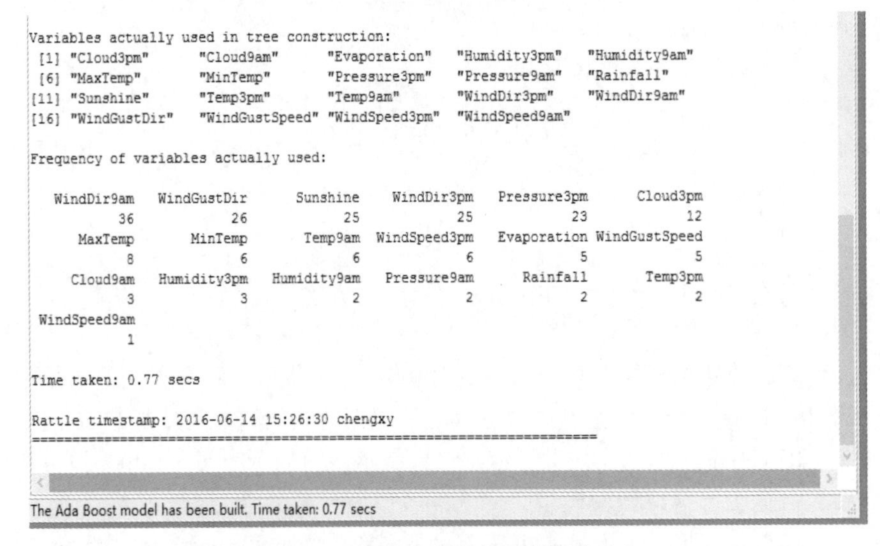

图 10.34 自适应选择决策树模型（2）

混淆矩阵显示训练数据性能（见图 10.33），实际有 215 个观测数据标注 RainTomorrow=No，但有 1 个识别为 RainTomorrow=Yes（混淆矩阵第一行）。有 41 个观测数据标注 RainTomorrow=Yes，但有 12 个识别为 RainTomorrow= No（混淆矩阵第二行）。

（3）训练误差曲线。

一旦建好了 Boosting 模型，单击 Errors 按钮显示训练误差曲线，如图 10.35 所示。

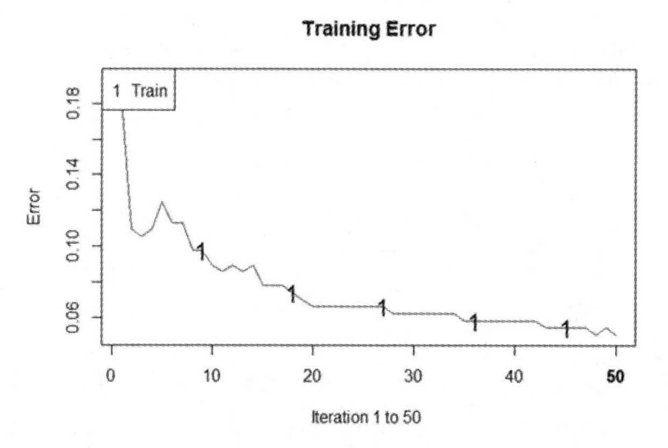

图 10.35　训练误差曲线

图 10.36 显示当决策树增加时，训练误差在减少。误差曲线的重要特性是早期的错误率下降很快，然后变得平缓。根据误差曲线判断决策树数量，一般在 40 个左右。

（4）变量的重要性。

通过单击 Impottance 按钮得到变量的排序，变量之间的距离分数与实际的分数相关，如图 10.36 所示。

对每棵树都要计算变量重要性的度量值，图 10.36 计算的是变量重要性的平均度量值。

在前 5 个重要的变量中，注意到有两个类别变量（WindDir9am、WindDir3pm）。因为变量的分数的计算存在对分量变量的偏见，所以对图 10.36 的变量重要性度量要打一个折扣。

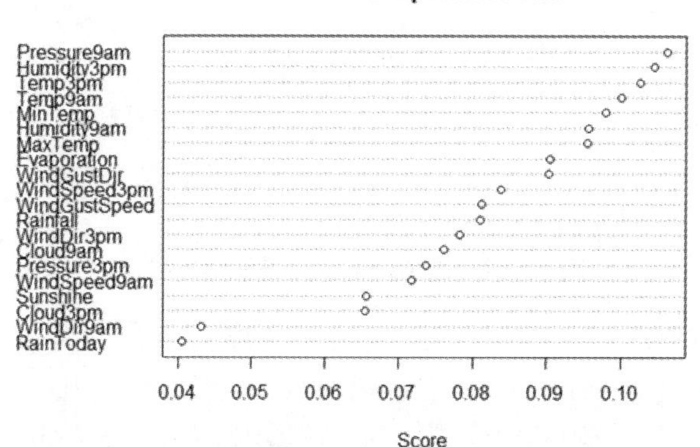

图 10.36　变量的重要性

单击 List 按钮是以列表的形式显示模型，如图 10.37 所示。

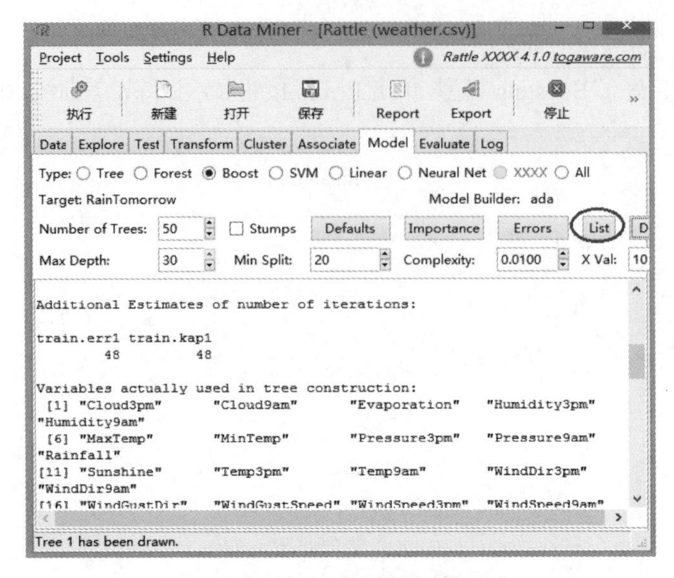

图 10.37　Boosting 模型列表形式

单击 Draw 按钮，显示模型的可视化结果，如图 10.38 所示。

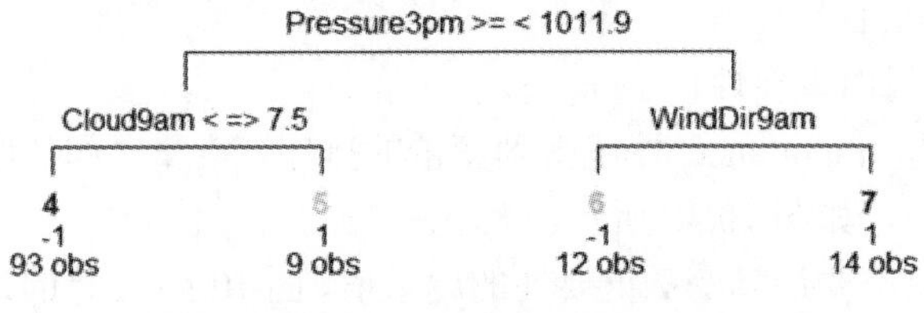

图 10.38　Boosting 模型可视化

（5）增加新的树。

单击 Continue 按钮，弹出如图 10.39 所示的对话框，允许通过标签 Number of Trees 进一步增加树到已有模型中，以改进已有模型。

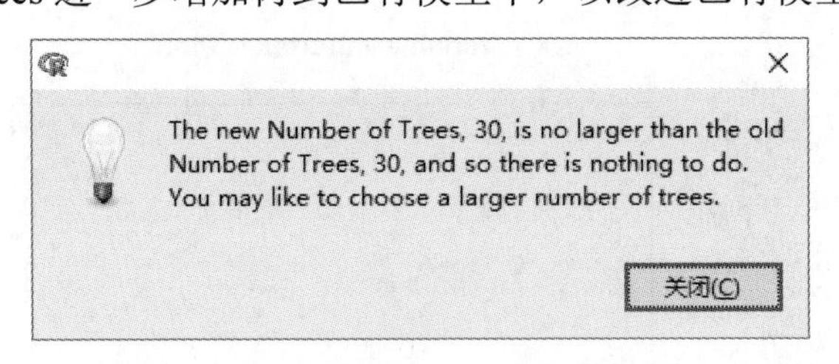

图 10.39　增加树到已有模型信息提示

（6）小结。

有许多实现 Boosting 的 R 包，包括 ada、caTools、gbm 和 mboost。

Boosting 算法使用其他模型作为构造器，如传统决策树构造器或神经网络，不需要特别好的模型构造器，可以建立多个弱分类模型。Boosting 基本理念是对每个变量相关一个权重，如果观测数据被错分，其权重将增加，否则权重减少，这样便可观测数据的权重上下波动。如果数据不充分或模型过于复杂，Boosting 可能失败，其对噪声比较敏感。

10.8 SVM

10.8.1 背景

支持向量机（Support Vector Machine，SVM）是 Cortes 和 Vapnik 于 1995 年首先提出的，它在解决小样本、非线性及高维模式识别中表现出许多特有的优势，并能够推广应用到函数拟合等其他机器学习问题中。

传统的统计模式识别方法在进行机器学习时，强调经验风险最小化，而单纯的经验风险最小化会产生“过学习问题”，其推广能力较差。根据统计学习理论，机器学习的实际风险由经验风险值和置信范围值两部分组成。而基于经验风险最小化准则的学习方法只强调了训练样本的经验风险最小误差，没有最小化置信范围值，因此其推广能力较差。

10.8.2 SVM 算法

SVM 算法是从线性可分情况下的最优分类面发展而来的，基本思想可用如图 10.40 所示进行说明。对于一维空间中的点、二维空间中的直线、三维空间中的平面，以及高维空间中的超平面，图中实心点和空心点代表两类样本，H 为它们之间的分类超平面，H_1、H_2 分别为过各类距离分类面最近的样本的分类面，且平行于分类面的超平面，它们之间的距离叫作分类间隔（margin）。

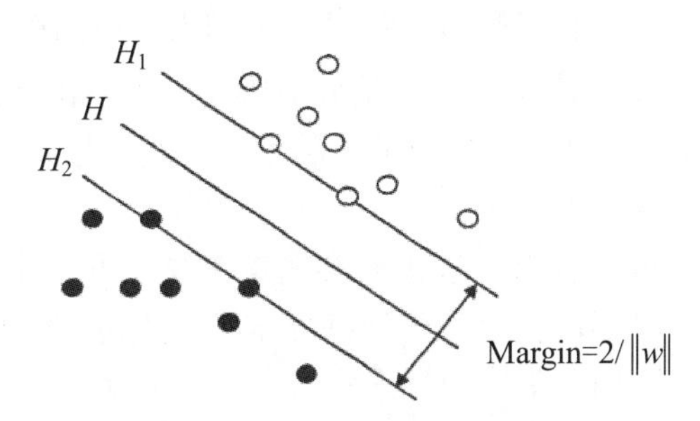

图 10.40　最优分类面示意图

最优分类面要求分类面不但能将两类正确分开，而且使分类间隔最大。将两类正确分开是为了保证训练错误率为 0，也就是经验风险最小。

设线性可分样本集为$(x_i,y_i),i=1,\cdots,n,x\in R^d,y\in\{-1,1\}$是类别符号。$d$ 维空间中，线性判别函数的一般形式为 $g(x)=wx+b$，分类线方程为 $w\cdot x+b=0$。将判别函数进行归一化，使两类所有样本都满足$|g(x)|=1$，也就是使离分类面最近的样本的$|g(x)|=1$，此时分类间隔等于 $2/|w|$，因此使间隔最大等价于

使$|w|$最小。要求分类线对所有样本正确分类，就是要求它满足：

$$y_i[(w\cdot x)+b]-1\geqslant 0, i=1,2,\cdots,n \tag{10.13}$$

满足上述条件（式 10.13），并且使$\|w\|^2$最小的分类面叫作最优分类面，过两类样本中离分类面最近的点且平行于最优分类面的超平面 H_1、H_2 上的训练样本点就称作支持向量（support vector），因为它们"支持"了最优分类面。

利用 Lagrange 优化方法可以把上述最优分类面问题转化为如下这种较简单的对偶问题，即约束条件：

$$\sum_{i=1}^{n} y_i\alpha_i = 0 \tag{10.14a}$$

$$\alpha_i \geqslant 0, i=1,2,\cdots,n \tag{10.14b}$$

下面对α_i求解下列函数的最大值：

$$Q(\alpha)=\sum_{i=1}^{n}\alpha_i-\frac{1}{2}\sum_{i,j=1}^{n}\alpha_i\alpha_j y_i y_j (x_i x_j) \tag{10.15}$$

若α^*为最优解，则

$$w^*=\sum_{i=1}^{n}\alpha^* y\alpha_i \tag{10.16}$$

即最优分类面的权系数向量是训练样本向量的线性组合。

这是一个不等式约束下的二次函数极值问题，存在唯一解。解中将只有一部分（通常是很少一部分）α_i不为零，这些不为零解对应的样本就是支持向量。求解上述问题后得到的最优分类函数为

$$f(x)=\mathrm{sgn}\{(w^*\cdot x)+b^*\}=\mathrm{sgn}\left\{\sum_{i=1}^{n}\alpha_i^* y_i(x_i\cdot x)+b^*\right\} \tag{10.17}$$

根据前面的分析，非支持向量对应的α_i均为 0，因此式（10.17）中的求和实际上只对支持向量进行。b^*是分类阈值，可以由任意一个支持向量通过式（10.4）求得（只有支持向量才满足其中的等号条件），或通过两类中任意一对支持向量取中值求得。

从前面的分析可以看出，最优分类面是在线性可分的前提下讨论的，在线性不可分的情况下，就是某些训练样本不能满足式（10.13）的条件，因此可以在条件中增加一个松弛项参数$\varepsilon_i\geqslant 0$，变成：

$$y_i[(w\cdot x_i)+b]-1+\varepsilon_i\geqslant 0, i=1,2,\cdots,n \tag{10.18}$$

对于足够小的ε>0，只要使

$$F_\sigma(\varepsilon)=\sum_{i=1}^{n}\varepsilon_i^\sigma \tag{10.19}$$

最小就可以使错分样本数最小。对应线性可分情况下的使分类间隔最大，在线性不可分情况下可引入约束：

$$\|\mathrm{w}\|^2\leqslant c_k \tag{10.20}$$

在约束条件式（10.20）和式（10.19）下对式（10.18）求极小，就得到了线性不可分情况下的最优分类面，称作广义最优分类面。为方便计算，取 $\varepsilon=1$。

为使计算进一步简化，广义最优分类面问题可以进一步演化成在条件式（10.18）的约束条件下求下列函数的极小值：

$$\phi(w,\varepsilon)=\frac{1}{2}(w,w)+C\left(\sum_{i=1}^{n}\varepsilon_i\right) \tag{10.21}$$

其中，C 为某个指定的常数，它实际上起控制对错分样本惩罚程度的作用，实现在错分样本的比例与算法复杂度之间的折中。

求解这一优化问题的方法与求解最优分类面时的方法相同，都是转化为一个二次函数极值问题，其结果与可分情况下得到的式（10.14a）～式（10.17）几乎完全相同，但是条件式（10.14b）变为

$$0\leqslant\alpha_i\leqslant C, i=1,\cdots,n \tag{10.22}$$

10.8.3　实验指导

建模的操作方法如下：

使用 SVM 建模需要加载包 Kernlab，这个包提供了大量的核函数。使用不同的核建立 SVM 模型相当容易，只需要小的调整，模型性能就会相当精确，如图 10.41 所示为使用构造器 ksvm 对 weather 数据集建模结果。模型参数 C 表示惩罚值或代价，默认为 1。

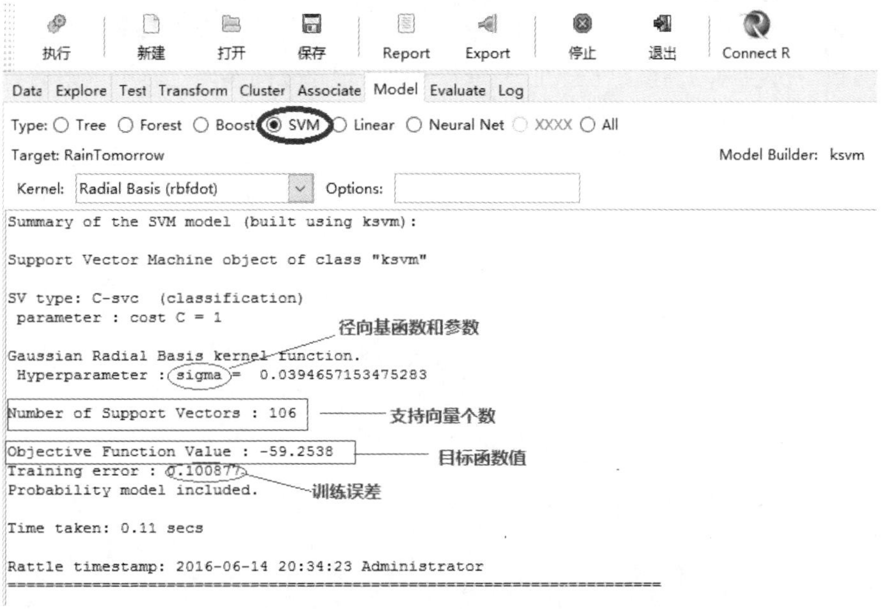
执行
新建
打开
保存
Report
Export
停止
退出
Connect R
Data Explore Test Transform Cluster Associate Model Evaluate Log
Type: Tree Forest Boost SVM Linear Neural Net XXXX All
Target: RainTomorrow
Model Builder: ksvm
Kernel: Radial Basis (rbfdot)
Options:
Summary of the SVM model (built using ksvm):
Support Vector Machine object of class "ksvm"
SV type: C-svc (classification)
parameter : cost C = 1
径向基函数和参数
Gaussian Radial Basis kernel function.
Hyperparameter : sigma = 0.0394657153475283
Number of Support Vectors : 106
支持向量个数
Objective Function Value : -59.2538
目标函数值
Training error : 0.100877
Probability model included.
训练误差
Time taken: 0.11 secs
Rattle timestamp: 2016-06-14 20:34:23 Administrator

图 10.41　使用构造器 ksvm 对 weather 数据集建模结果

C-svc 表示使用 standard regularised support vector classification 算法，其中 C 为调节参数。另一个参数 sigma（径向基函数核）的评估是自动进行的。

如果在 R 环境使用 Kernlab 提供的 ksvm()函数进行 SVM 建模，代码如下：

```
> library(kernlab)
> weatherSVM <- new.env(parent=weatherDS)
> evalq({
    model <- ksvm(form,
    data=data[train, vars],
    kernel="rbfdot",
    prob.model=TRUE)
}, weatherSVM)
```

10.9 线性回归模型

10.9.1 背景

回归分析（Regression Analysis）是研究变量之间作用关系的一种统计分析方法，其基本组成是一个（或一组）自变量与一个（或一组）因变量。回归分析研究的目的是通过收集到的样本数据用一定的统计方法探讨自变量对因变量的影响关系，即原因对结果的影响程度。回归分析是指对具有高度相关关系的现象，根据其相关的形态，建立一个适当的数学模型（函数式），来近似地反映变量之间关系的统计分析方法。利用这种方法建立的数学模型称为回归方程，它实际上是相关现象之间不确定、不规则的数量关系的一般化。回归模型分类如图 10.42 所示。

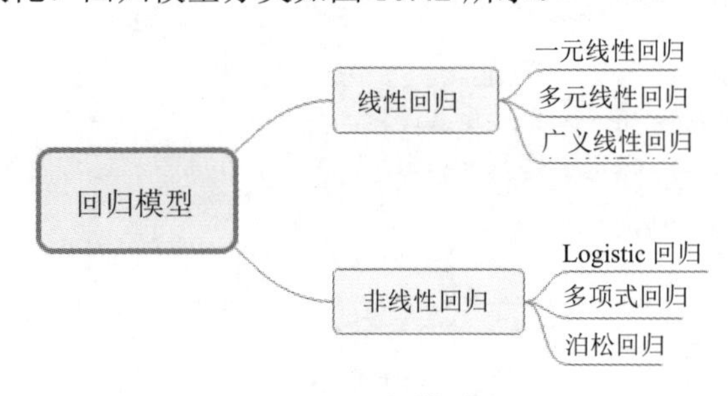

图 10.42 回归模型分类

10.9.2 一元线性回归方法

（1）确定回归模型。

本书研究的是一元线性回归，因此其回归模型可表示为 $y=\beta_0+\beta_1x+\varepsilon$。其中，$y$ 是因变量；x 是自变量；ε是随机误差项；β_0 和β_1 称为模型参数（回归系数）。

（2）求出回归系数。

回归系数的求解，最常用的方法是最小二乘估计法。其基本原理是，根据实验观测得到的自变量 x 和因变量 y 之间的一组对应关系，找出一个给定类型的函数 $y=f(x)$，使得它所取的值 $f(x_1), f(x_2), \cdots, f(x_n)$ 与观测值 $y_1, y_2, \cdots, y_n$ 在某种尺度下最接近，即在各点处的偏差的平方和达到最小

$$\min\left(\sum_{i=1}^{n}(y_i-\hat{y}_i)^2\right)=\min\left(\sum_{i=1}^{n}\left(y_i-\hat{\beta}_0-\hat{\beta}_1 x_i\right)^2\right) \tag{10.23}$$

这种方法求出的 $\hat{\beta}_0$ 和 $\hat{\beta}_1$ 将使得拟合直线 $y=\hat{\beta}_0+\hat{\beta}_1 x$ 中的 y 和 x 之间的关系与实际数据的误差比其他任何直线都小。根据最小二乘法的要求，可以推导得到参数 β_0 和 β_1 的最小二乘估计法的计算公式：

$$\begin{cases}\hat{\beta}_1=\dfrac{n\sum\limits_{i=1}^{n}x_i y_i-\left(\sum\limits_{i=1}^{n}x_i\right)\left(\sum\limits_{i=1}^{n}y_i\right)}{n\sum\limits_{i=1}^{n}x_i^2-\left(\sum\limits_{i=1}^{n}x_i\right)^2}\\ \hat{\beta}_0=\bar{y}-\hat{\beta}_1\bar{x}\end{cases} \tag{10.24}$$

其中，$\bar{x}=\dfrac{1}{n}\sum\limits_{i=1}^{n}x_i$，$\bar{y}=\dfrac{1}{n}\sum\limits_{i=1}^{n}y_i$。

注意：回归系数求解使用最小二乘估计法有前提条件，即随机误差项 ε 及自变量 x 必须满足高斯（Gauss）假定（也称古典假定）！

（3）相关性检验。

对于若干组具体数据 (x_i, y_i) 可算出回归系数 $\hat{\beta}_0$ 和 $\hat{\beta}_1$，从而得到回归方程。至于 y 与 x 之间是否真有如回归模型所描述的关系，或者说用所得的回归模型去拟合实际数据是否有足够好的近似，并没有得到检验。因此，必须对回归模型描述实际数据的近似程度，也即对所得的回归模型的可信程度进行检验，称为相关性检验。

相关系数是衡量一组测量数据 x_i, y_i 线性相关程度的参量，其定义为

$$r=\frac{\overline{xy}-\overline{x}\,\overline{y}}{\sqrt{\left(\overline{x^2}-\overline{x}^2\right)\left(\overline{y^2}-\overline{y}^2\right)}}$$

或者

$$r=\frac{n\sum x_i y_i-\sum x_i\sum y_i}{\sqrt{\left[n\sum\limits_{i=1}^{n}x_i^2-\sum\limits_{i=1}^{n}x_i^2\right]\left[n\sum\limits_{i=1}^{n}y_i^2-\sum\limits_{i=1}^{n}y_i^2\right]}} \tag{10.25}$$

r 值在 $0<|r|\leqslant 1$ 中。$|r|$ 越接近于 1，x, y 之间线性越好；r 为正，直线斜率为正，称为正相关；r 为负，直线斜率为负，称为负相关。$|r|$ 接近于 0，

则测量数据点分散或 x_i, y_i 之间为非线性。测量数据不论好坏都能求出 $\hat{\beta}_0$ 和 $\hat{\beta}_1$，所以必须有一种判断测量数据好坏的方法，用来判断什么样的测量数据不宜拟合，判断的方法是 $|r| > r_0$ 时，测量数据是非线性的。r_0 称为相关系数的阈值，与测量次数 n 有关，如表 10.3 所示。

表 10.3　相关系数的阈值 r_0

n	r_0	n	r_0	n	r_0
3	1.000	9	0.798	15	0.641
4	0.990	10	0.765	16	0.623
5	0.959	11	0.735	17	0.606
6	0.917	12	0.708	18	0.590
7	0.874	13	0.684	19	0.575
8	0.834	14	0.661	20	0.561

在进行一元线性回归之前应先求出 r 值，再与 r_0 比较，若 $|r| > r_0$，则 x 和 y 具有线性关系，可求回归直线；否则反之。

10.9.3　实验指导

线性回归模型提供了两种策略：Logistic 和 Probit。如图 10.43 所示为 Logistic 线性回归模型。如图 10.44 所示为模型可视化结果。

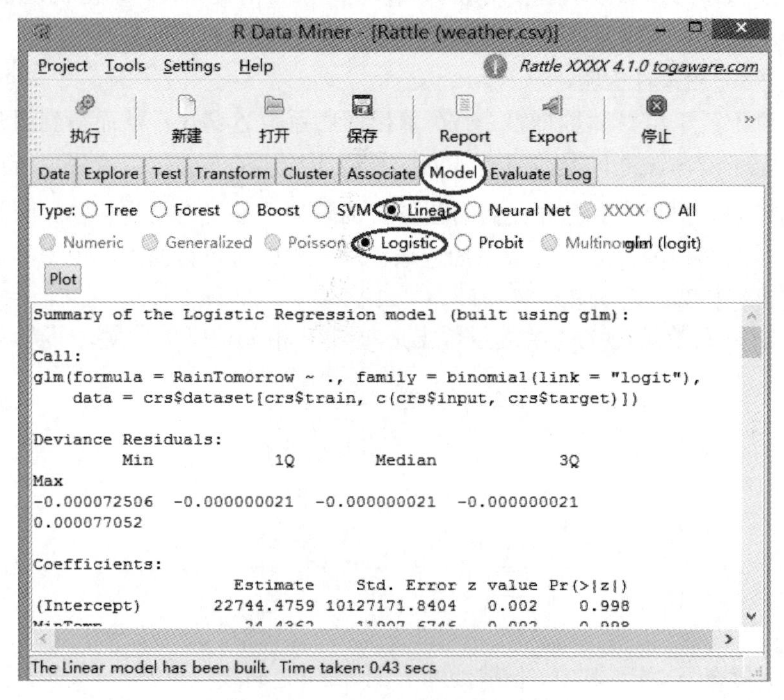

图 10.43　Logistic 线性回归模型

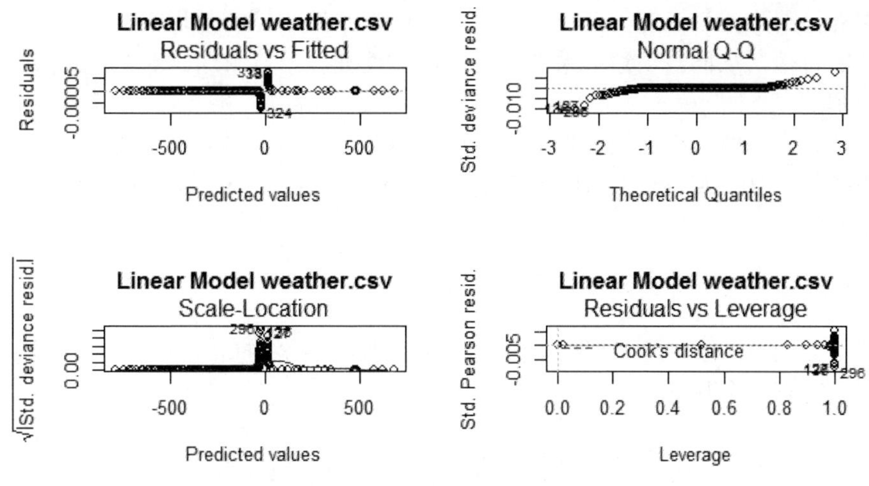

图 10.44　线型回归模型可视化结果

10.10　神经网络模型

10.10.1　背景

神经网络（Neural Networks，NN）是由大量的、简单的处理单元（称为神经元）互相连接而形成的复杂网络系统，它反映了人脑功能的许多基本特征，是一个高度复杂的非线性动力学习系统。神经网络具有大规模并行、分布式存储和处理、自组织、自适应和自学能力，特别适合处理需要同时考虑许多因素和条件的、不精确和模糊的信息处理问题。神经网络的发展与神经科学、数理科学、认知科学、计算机科学、人工智能、信息科学、控制论、机器人、微电子学、心理学、光计算和分子生物学等有关，是一门新兴的边缘交叉学科。

神经网络的基础是神经元。神经元是以生物神经系统的神经细胞为基础的生物模型。在对生物神经系统进行研究，以探讨人工智能的机制时，把神经元数学化，从而产生了神经元数学模型。

虽然每个神经元的结构和功能都不复杂，但是神经网络的动态行为却是十分复杂的。因此，用神经网络可以模拟实际物理世界的各种现象。

简单地讲，神经网络模型是一个数学模型，由网络拓扑、节点特点和学习规则来表示。神经网络对人们的巨大吸引力主要表现在以下几点。

（1）并行分布处理。

（2）高度鲁棒性和容错能力。

（3）分布存储及学习能力。

（4）能充分逼近复杂的非线性关系。

在控制领域的研究课题中，不确定性系统的控制问题长期以来都是控制理论研究的中心主题之一，但是这个问题一直没有得到有效的解决。利用神经网络的学习能力，使它在对不确定性系统的控制过程中自动学习系统的特性，从而自动适应系统随时间的特性变异，以求达到对系统的最优控制。

人工神经网络的模型现在有数十种之多，应用较多的典型的神经网络模型包括BP神经网络、Hopfield网络、ART网络、Kohonen网络和深度网络DBN。

10.10.2 人工神经网络模型

如图10.45所示，表示出了作为人工神经网络的基本单元的神经元模型，它有3个基本要素。

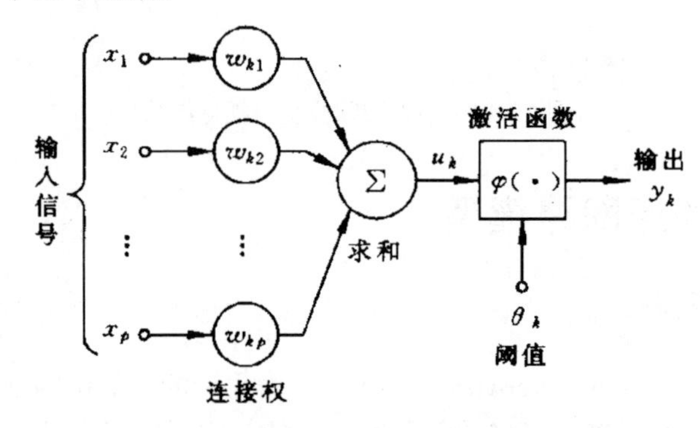

图10.45 人工神经元模型

（1）一组连接（对应于生物神经元的突触），连接强度由各连接上的权值表示，权值为正数表示激活，为负数表示抑制。

（2）一个求和单元，用于求取各输入信号的加权和（线性组合）。

（3）一个非线性激活函数，起非线性映射作用并将神经元输出幅度限制在一定范围（一般限制在(0,1)或(−1,1)之间）内。

此外还有一个阈值θ_k（或偏置$b_k = -\theta_k$）。

以上作用可分别以数学式表达出来：

$$u_k = \sum_{j=1}^{p} w_{kj} x_j \,,\quad v_k = u_k - \theta_k \,,\quad y_k = \varphi(v_k) \qquad (10.26)$$

其中，$x_1, x_2, \cdots, x_p$为输入信号，$w_{k1}, w_{k2}, \cdots, w_{kp}$为神经元$k$的权值，$u_k$为线性组合结果，$\theta_k$为阈值，$\varphi(\cdot)$为激活函数，$y_k$为神经元$k$的输出。

常用激活函数$\varphi(\cdot)$，如图10.46所示。

从连接方式看NN主要有两种。

（1）前馈型网络。各神经元接收前一层的输入，并输出给下一层，没有反馈。其节点分为两类，即输入单元和计算单元，每一计算单元可有任意个输入，但只有一个输出（它可耦合到任意多个其他节点作为其输出）。通常前馈网络可分为不同的层，第i层的输入只与第i−1层输出相连，输入和输出节点与外界相连，而其他中间层则称为隐层。

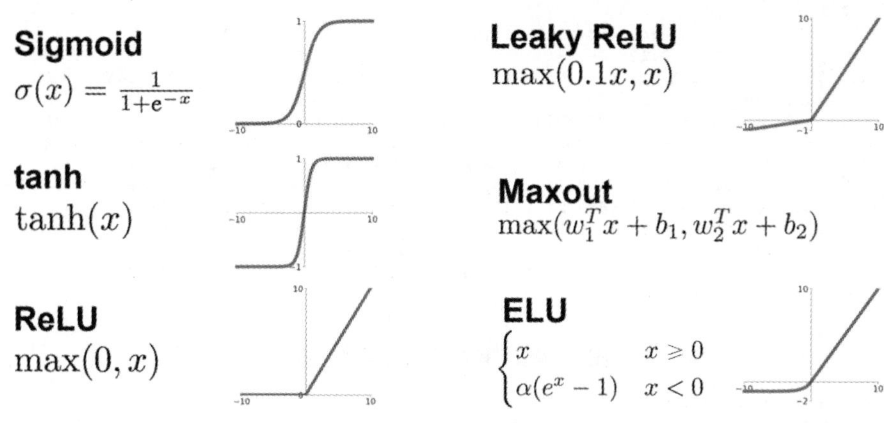

图 10.46　常用激活函数

（2）反馈型网络。所有节点都是计算单元，同时也可接收输入，并向外界输出。

NN 的工作过程主要分为两个阶段：第一个阶段是学习期，此时各计算单元状态不变，各连线上的权值可通过学习来修改；第二阶段是工作期，此时各连接权固定，计算单元状态变化，以达到某种稳定状态。

前馈网络主要是函数映射，可用于模式识别和函数逼近。反馈网络是根据损失函数的极小值点求解网络参数最优化问题。

10.10.3　实验指导

如图 10.47 所示为两个隐含层的神经网络模型。

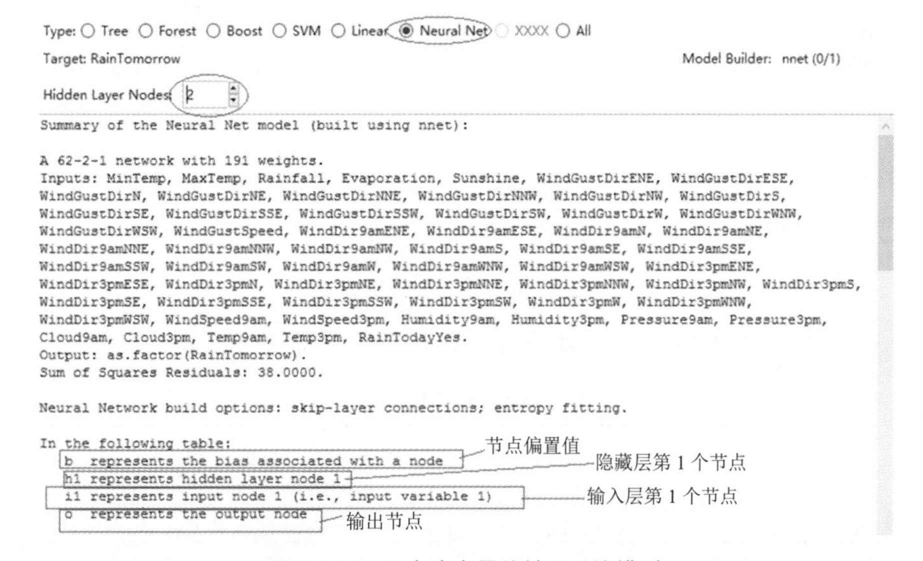

图 10.47　两个隐含层的神经网络模型

如图 10.48～图 10.50 所示分别为第 1 个隐藏层的权重、第 2 个隐藏层的权重和输出层的权重。

```
Weights for node h1:
  b->h1  i1->h1  i2->h1  i3->h1  i4->h1  i5->h1  i6->h1  i7->h1  i8->h1  i9->h1 
  -0.66    0.23    0.29   -0.31   -0.68   -0.36    0.27    0.23   -0.31   -0.18 
i10->h1 i11->h1 i12->h1 i13->h1 i14->h1 i15->h1 i16->h1 i17->h1 i18->h1 i19->h1 
   0.31   -0.02    0.29   -0.50    0.39    0.25   -0.16   -0.55   -0.52    0.25 
i20->h1 i21->h1 i22->h1 i23->h1 i24->h1 i25->h1 i26->h1 i27->h1 i28->h1 i29->h1 
  -0.65   -0.15   -0.03   -0.20    0.30   -0.16   -0.04    0.49    0.56    0.44 
i30->h1 i31->h1 i32->h1 i33->h1 i34->h1 i35->h1 i36->h1 i37->h1 i38->h1 i39->h1 
   0.41    0.51    0.38    0.22    0.47   -0.41    0.15   -0.22    0.46   -0.08 
i40->h1 i41->h1 i42->h1 i43->h1 i44->h1 i45->h1 i46->h1 i47->h1 i48->h1 i49->h1 
  -0.41    0.33   -0.54    0.56    0.59    0.64    0.13   -0.68   -0.51    0.55 
i50->h1 i51->h1 i52->h1 i53->h1 i54->h1 i55->h1 i56->h1 i57->h1 i58->h1 i59->h1 
   0.05    0.15    0.31   -0.15    0.24    0.02    0.33   -0.44   -0.47   -0.68 
i60->h1 i61->h1 i62->h1 
   0.07    0.30    0.35 
```

图 10.48　第 1 个隐藏层的权重

```
Weights for node h2:
  b->h2  i1->h2  i2->h2  i3->h2  i4->h2  i5->h2  i6->h2  i7->h2  i8->h2  i9->h2 
  -0.01    0.09    0.65   -0.36   -0.41   -0.56    0.50   -0.53   -0.19   -0.24 
i10->h2 i11->h2 i12->h2 i13->h2 i14->h2 i15->h2 i16->h2 i17->h2 i18->h2 i19->h2 
  -0.62    0.23   -0.47   -0.14   -0.28    0.33    0.44   -0.07   -0.08    0.51 
i20->h2 i21->h2 i22->h2 i23->h2 i24->h2 i25->h2 i26->h2 i27->h2 i28->h2 i29->h2 
  -0.17   -0.26    0.07   -0.01   -0.52    0.14   -0.18   -0.62    0.70   -0.04 
i30->h2 i31->h2 i32->h2 i33->h2 i34->h2 i35->h2 i36->h2 i37->h2 i38->h2 i39->h2 
  -0.37   -0.06   -0.07   -0.12    0.41    0.37    0.03   -0.19   -0.46    0.05 
i40->h2 i41->h2 i42->h2 i43->h2 i44->h2 i45->h2 i46->h2 i47->h2 i48->h2 i49->h2 
   0.29   -0.18   -0.51   -0.16    0.55    0.51   -0.57   -0.56   -0.02    0.09 
i50->h2 i51->h2 i52->h2 i53->h2 i54->h2 i55->h2 i56->h2 i57->h2 i58->h2 i59->h2 
   0.21    0.62    0.06    0.66    0.07   -0.39    0.08    0.50   -0.64    0.12 
i60->h2 i61->h2 i62->h2 
   0.45   -0.21   -0.54 
```

图 10.49　第 2 个隐藏层的权重

```
Weights for node o:
  b->o  h1->o  h2->o  i1->o  i2->o  i3->o  i4->o  i5->o  i6->o  i7->o  i8->o  i9->o 
 -0.44   0.08  -0.61   0.57   0.30   0.64   0.16  -0.42   0.51  -0.59  -0.23   0.31 
i10->o i11->o i12->o i13->o i14->o i15->o i16->o i17->o i18->o i19->o i20->o i21->o 
 -0.19   0.69  -0.37   0.26  -0.18  -0.16   0.53  -0.42  -0.65  -0.30  -0.49  -0.69 
i22->o i23->o i24->o i25->o i26->o i27->o i28->o i29->o i30->o i31->o i32->o i33->o 
  0.68   0.26   0.17  -0.22   0.23  -0.25   0.06  -0.52  -0.13   0.58   0.14   0.28 
i34->o i35->o i36->o i37->o i38->o i39->o i40->o i41->o i42->o i43->o i44->o i45->o 
  0.23   0.53   0.25   0.34  -0.02  -0.17   0.33   0.57   0.46   0.47   0.68  -0.44 
i46->o i47->o i48->o i49->o i50->o i51->o i52->o i53->o i54->o i55->o i56->o i57->o 
 -0.61   0.16  -0.65   0.20   0.55  -0.44   0.05   0.43  -0.24   0.63  -0.07  -0.59 
i58->o i59->o i60->o i61->o i62->o 
  0.50   0.35   0.31  -0.15   0.14 

Time taken: 0.05 secs

Rattle timestamp: 2016-06-14 21:15:05 Administrator
======================================================================
```

图 10.50　输出层的权重

如表 10.4 所示，列出了本章涉及的 R 包和函数。

表 10.4　建模使用的 R 包和函数

名　称	包 或 函 数	功　能
ada()	function	AdaBoost 建模
ada	package	AdaBoost 建模 R 包
agnes()	function	凝结（agglomerative）聚类
apriori()	function	关联规则挖掘模型构造器
arules	package	支持关联规则挖掘 R 包

续表

名　称	包 或 函 数	功　能
caTools	package	LogitBoost()建模 R 包
cforest()	function	条件随机森林建模
cluster	package	聚类分析各种工具
ctree()	function	条件推理树建模
draw.tree()	command	增强的图形决策树
diana()	function	分裂（divisive）聚类
ewkm()	function	加权熵 K-means
gbm	package	boosted 回归模型 R 包
grid()	command	给图添加网格
hclust()	function	层次聚类
inspect()	function	显示模型
kernlab	package	基于核的机器学习算法
ksvm()	function	SVM 模型构造器
kmeans()	function	K-means
LogitBoost()	function	boosting 算法近似函数
mean	function	计算均值
maptree	package	决策树画图函数 draw.tree()
Party	package	条件推理树 R 包
path.rpart()	function	识别决策树路径
plotcp()	command	复杂参数画图
predict()	function	把测试数据应用于模型
printcp()	command	显示复杂参数表
RWeka	package	Weka 接口
na.roughfix()	function	缺失值填充
randomForest()	function	随机森林模型
randomForest	package	随机森林 R 包
set.seed()	function	数字序列初始化种子
sigest()	function	核的 Sigma 估计
text()	command	添加标签到决策树图上
which()	function	索引向量的元素
WOW()	function	Weka 选择指导

习题

一、单选题

1．______中的公式表达了“过原点的线性回归模型”。

A．lm.sol<-lm(y~1+x)　　B．lm.sol<-lm(y~x)

C．lm.sol<-lm(y~x-1)　　D．lm.sol<-lm(y~.)

2．在线性回归模型的汇总结果中，图中的“***”表示______。

A．回归系数显著性检验通过

B．回归方程显著性检验通过

C．回归系数显著性检验不通过

D．回归方程显著性检验不通过

3．在多元线性回归中，一般可以使用“逐步回归”的方法进行变量选择，在R语言中实现的函数是______。

A．regression()　　B．step()

C．summary()　　D．lm()

4．分类算法与聚类算法的主要区别是______。

A．前者有学习集，后者没有

B．后者有测试集，前者没有

B．后者有学习集，前者没有

D．前者有测试集，后者没有

5．K-means 算法是______。

A．聚类算法　　B．回归算法

C．分类算法　　D．主成分分析算法

6．以下选项中的______不属于 K-means 算法的局限性。

A．不能处理非球形的簇

B．容易受到所选择的初始值影响

C．离群值可能造成较大干扰

D．不能处理不同尺寸，不同密度的簇

7．命令 iris.rp = rpart(Species~., data=iris, method="class")的作用是对鸢尾花数据集建立______。

A．线性判别模型　　B．神经网络判别模型

C．apriori 购物篮分析模型　　D．决策树判别模型

8．购物篮数据如表10.5所示，{I1,I2}的支持度是______。

A．9　　B．4　　C．2　　D．6

表 10.5　问题 8 用表

TID	项 ID 的列表	TID	项 ID 的列表
T100	I1，I2，I5	T600	I2，I3
T200	I2，I4	T700	I1，I3
T300	I2，I3	T800	I1，I2，I3，I5
T400	I1，I2，I4	T900	I1，I2，I3
T500	I1，I3		

9．按照不同标准，相关规则可以进行不同的分类，基于规则中数据的

抽象层次可以分为______。

A．布尔型和数值型　　B．单层相关和多层相关

C．单维的和多维　　D．整型和浮点型

10．Apriori 算法用于挖掘______频繁项集的算法。

A．布尔相关规则　　B．多维相关规则

C．单精度相关规则　　D．多层相关规则

11．下面______算法不是自适应选择模型中包含一批模型？

A．bagging　B．Boosting　C．adaboost　D．hessian

12．使用 SVM 建模需要加载______包。

A．Kernlab　B．Mrenlab　C．Library　D．Svmlib

13．下面______不属于神经网络对人们的具有的巨大吸引力。

A．并行分布处理

B．高度鲁棒性和容错能力

C．充分逼近复杂的线性关系

D．分布存储及学习能力

14．增强的图形决策树的命令为______。

A．path.rpart()　　B．draw.tree()

C．na.roughfix()　　D．ctree()

15．人工神经网络的模型现在有数十种之多，应用较多的典型的神经网络模型不包括______。

A．BP 神经网络　　B．Hopfield 网络

C．AMT 网络　　D．Kohonen 网络

16．______不属于无监督学习任务。

A．聚类　B．降维　C．关联分析　D．分类

17．______不属于有监督学习任务。

A．回归分析　　B．SVM

C．关联分析　　D．决策树

18．决策树包含一个______节点。

A．根　B．内部　C．叶　D．外部

19．决策树构造时，特征选择的准则不包括______。

A．信息增益　　B．熵

C．信息增益比　　D．基尼指数

20．熵可以表示样本集合的不确定性，熵越大，样本的不确定性就越大。______是熵的表达式。

A．$H(X)=P\log_2 P$　　B．$H(X)=-\sum_{i=1}^{n}P_i\log_2 P_i$

C．$H(X)=\sum_{i=1}^{n}P_i\log_2 P_i$　　D．$H(X)=-P\log_2 P$

二、填空题

1．预测数据为连续型数值，一般称为______。

2．预测数据为类别型数据，并且类别已知，一般称为______。

3．决策树包含一个根节点、若干内部节点和______节点。

4．决策树叶节点表示______的结果。

5．决策树从根节点到某一叶子节点的路径称为______。

6．______可以表示样本集合的不确定性。

7．K-means 聚类有两个前提：一是已知______，二是只适用连续性变量。

8．最优分类面要求分类面不但能将两类正确分开，而且使分类间隔______。

9．过两类样本中离分类面最近的点且平行于最优分类面的超平面 H_1、H_2 上的训练样本点称作______。

三、简答题

1．C4.5 算法在 ID3 算法之上主要做出了哪些方面的改进？

2．简述随机森林模型的优缺点。

3．建立人工神经网络模型需要注意哪些问题？

第 11 章 模型评估

建模固然重要，但最重要的还是建模之后的模型评估，例如检验模型是否通过，这对于模型的应用非常重要。模型检验不通过，即不正确的模型对预测没有任何意义。简言之，模型评估的目标是评估模型的预测能力。通常需要对多个模型进行评估，从众多的模型中最终确定一个最优的模型。

11.1 Rattle 模型评估选项卡

如图 11.1 所示为基于 Rattle 模型评估（Evaluate）选项卡界面。

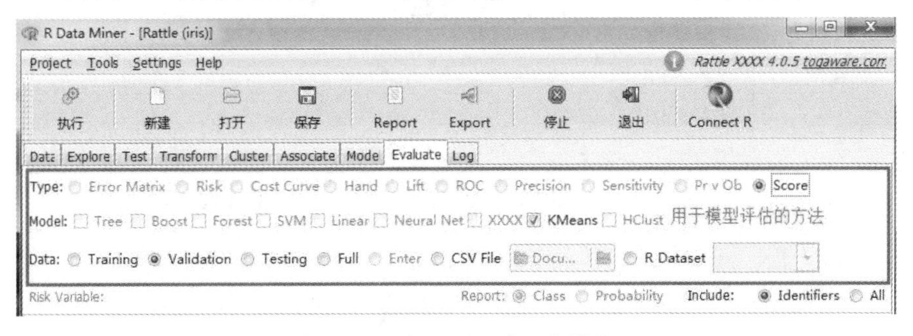

图 11.1 Evaluate 选项卡界面

（1）Type 标签：选择评估的指标，包括混淆矩阵（Error Matrix）、风险图（Risk）、损失曲线（Cost Curve）、ROC 曲线、准确度（Precision）、敏感度（Sensitivity）与得分（Score）等。

（2）Model 标签：选择已经完成训练的模型，一次可以评估多个模型。

（3）Data 标签：为了更好地评估模型，需要选择用于评估的数据集，包括训练集、测试集、验证集和全集。

（4）Risk Variable 标签：图 11.1 最后一行左边有一个 Risk Variable 标签，用来衡量每个观察数据对目标变量有多大风险。

（5）Report 标签：图 11.1 最后一行的右侧有一个 Report 标签，只有在选择了 Score 类型时才生效。

11.2 混淆矩阵

11.2.1 二分类混淆矩阵

在过去几年里，开发了很多评估模型性能的度量标准。ROCR 包中的 performance()函数收集了超过 30 个模型性能度量的摘要列表。想浏览这个列表，在 R 控制台执行以下脚本即可。

```
> library(ROCR)
> help(performance)
```

对于二分类，通常称一类为正例（阳性），另一类为反例（阴性）。

将评估模型应用于观测数据集与已知的实际结果（类别变量），模型将被用来预测每个观察数据的类别，然后比较预测结果与实际结果。

评价模型性能有很多指标，首先定义混淆矩阵，如表 11.1 所示。

表 11.1　二分类混淆矩阵

<table>
<tr><th rowspan="2">实　际</th><th colspan="3">预　测</th></tr>
<tr><th>正　例</th><th>反　例</th><th>合　计</th></tr>
<tr><td>正例</td><td>真阳（TP）</td><td>假阴（FN）</td><td>实际正例数（TP+FN）</td></tr>
<tr><td>反例</td><td>假阳（FP）</td><td>真阴（TN）</td><td>实际反例数（FP+TN）</td></tr>
<tr><td>合计</td><td>预测正例数（TP+FP）</td><td>预测反例数（FN+TN）</td><td>总样本数（TP+FP+FN+TN）</td></tr>
</table>

- TP（真阳性）表示阳性样本经过正确分类之后被判为阳性。
- TN（真阴性）表示阴性样本经过正确分类之后被判为阴性。
- FP（假阳性）表示阴性样本经过错误分类之后被判为阳性。
- FN（假阴性）表示阳性样本经过错误分类之后被判为阴性。

混淆矩阵是将每个观测数据实际的分类与预测类别进行比较。混淆矩阵的每一列代表了预测类别，每一列的总数表示预测为该类别的数据的数目；每一行代表了观测数据的真实归属类别，每一行的数据总数表示该类别的观测数据实例的数目。每一列中的数值表示真实数据被预测为该类的数目。

这些指标通常对区分分类错误类型有用。例如，在 weather 数据集中。

假阳性将预测明天会下雨，但事实上并非如此。结果是，我可能会带伞，但没有用到。

假阴性预测结果是明天没有雨，但实际下了，如果依据模型的预测，你不需要带雨伞，不幸的是遇到大雨，你被淋湿了。在这个例子中，假阴性比假阳性更重要。

是用假阴性还是用假阳性评估模型更能说明问题依赖于具体场景。在医疗应用中，假阳性（错误地把非癌症诊断为癌症）造成的损失比假阴性（把癌症诊断为非癌症）要小。不同的模型构造器用不同的方式处理假阳性和假阴性。例如，决策树模型给出一个权重与结果矩阵，以避免偏向某一类型的错误。

11.2.2　模型评价指标

基于混淆矩阵可以定义如下评价指标。

（1）准确度（accuracy）：表示模型对真阳性和真阴性样本分类的正确性。

$$\text{accuracy} = \frac{\text{TP} + \text{TN}}{\text{TP} + \text{TN} + \text{FP} + \text{FN}} \tag{11.1}$$

（2）灵敏度（sencitivity）：表示在分类为阳性的数据中算法对真阳性样本分类的准确度，灵敏度越大表示分类算法对真阳性样本分类越准确，即被正确预测的部分所占比例。

$$\text{sencitivity} = \frac{\text{TP}}{\text{TP} + \text{FN}} \tag{11.2}$$

（3）特异性（specificity）：表示在分类为阴性的数据中算法对阴性样本分类的准确度，特异性越大表示分类算法对真阴性样本分类越准确。

$$\text{specificity} = \frac{\text{TN}}{\text{TN} + \text{FP}} \tag{11.3}$$

（4）错误率（error）：是度量模型性能的最简单的指标。它是按照预测不正确的观测数据与实际的类的比例来计算的。

$$\text{error} = \frac{\text{FN} + \text{FP}}{\text{TP} + \text{TN} + \text{FP} + \text{FN}} \tag{11.4}$$

（5）误判率（mis-judgement）：是真阴性的数量与模型预测阴性的数量之比。

$$\text{mis - judgement} = \frac{\text{FN}}{\text{TN} + \text{FN}} \tag{11.5}$$

（6）召回率（recall）：也称查全率，用来衡量模型可以识别的实际正例数。

11.2.3 多分类混淆矩阵

混淆矩阵可以推广到多分类情况。如表 11.2 所示为一个三分类混淆矩阵，样本数据总数为 150，每类 50 个样本。

表 11.2 三分类混淆矩阵

实　际	预　测		
	类 1	类 2	类 3
类 1	43	5	2
类 2	2	45	3
类 3	0	1	49

从表 11.2 可以看出，第 3 行第 2 列中的 43 表示有 43 个实际归属第 1 类的实例被预测为第 1 类，同理，第 4 行第 2 列的 2 表示有两个实际归属为第 2 类的实例被错误预测为第 1 类。每一行之和为 50，表示 50 个样本，第 3 行说明类 1 的 50 个样本有 43 个分类正确，5 个错分为类 2，两个错分为类 3。

11.3 风险图

11.3.1 风险图的作用

在决策中，个性、才智、胆识和经验等主观因素使不同的决策者对相同的益损问题（获取收益或避免损失）做出不同的反应；即使是同一决策者，由于时间和条件等客观因素不同，对相同的益损问题也会有不同的反应。决策者这种对于益损问题的独特感受和取舍，称为“效用”。效用曲线就是用来反映决策后果的益损值对决策者的效用（即益损值与效用值）之间的关系曲线。通常以益损值为横坐标，以效用值为纵坐标，把决策者对风险态度的变化在此坐标系中描点而拟合成一条曲线，称为风险图。风险图也称累计增益图（cumulative gain chart），提供另外一种度量二分类模型的视角。

11.3.2 实验指导

对 Audit 数据集建立一个随机森林模型，如图 11.2 所示。Audit 数据集包括已经审计的纳税人和审计的结果：No 或 Yes。正例结果表明要求纳税人修改纳税申报表，因为数据不准确。反例结果表明纳税申报表不需要调整。对于每次调整，还要记录其金额（如风险变量）。为了阅读这个风险图，选择一个特殊的点，并考虑审计纳税人的特定场景。正常情况下每年要审计 100000 名纳税人。其中，只有 24000 人需要调整他们的纳税申报表。

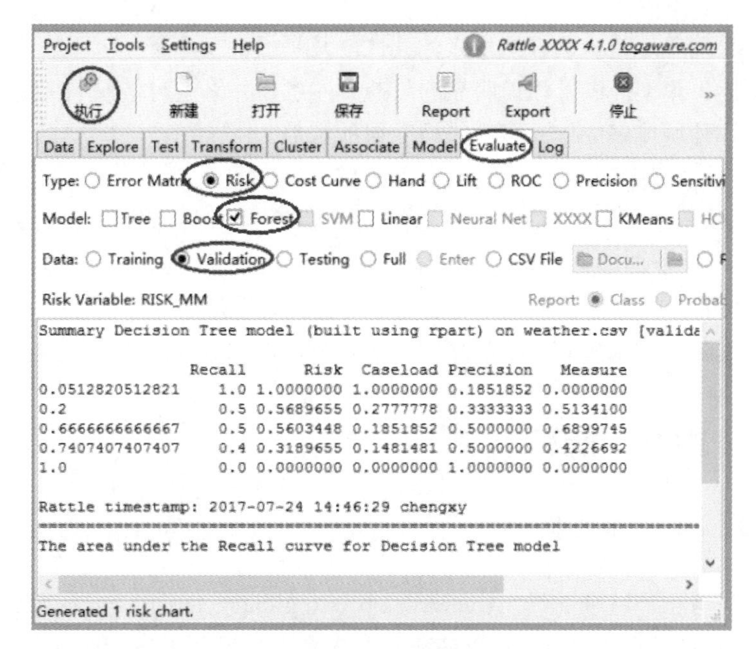

图 11.2　风险图解释

假设资金允许审计 5000 名纳税人，如果随机选取 50%，则希望感兴趣的执行利率也为 50%。随机选择就是风险图的对角线，随机加载 50%的案例（50000），其性能也就是 50%（发现只有一半的案例是我们感兴趣的），这是风险图基线。

如图 11.3 所示，显示 Audit 数据集风险图。

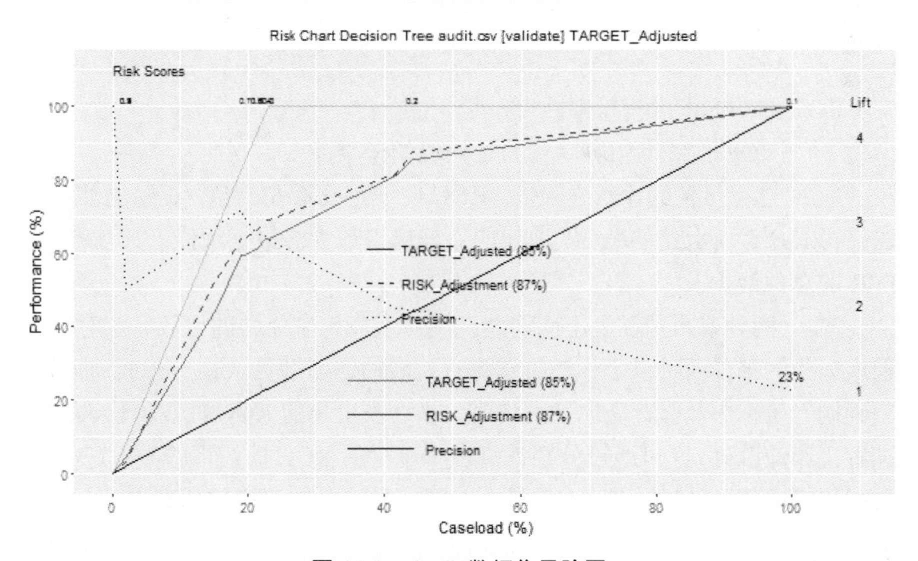

图 11.3　Audit 数据集风险图

图 11.3 中虚线表示使用优先审计策略得到的模型性能。对 50%的案例其性能接近 90%，即希望识别出 90%的需要调整纳税表的纳税人。浅实线

表明如果简单地随机选择纳税人，其性能几乎提高了两倍。

因此，模型提供了相当明显的效益。注意，并不是对错误率特别关注，而是关注使用排序或优先级后模型获得的利益。

图 11.3 中深实线与虚线很接近，其表明模型风险的大小，它是基于图 11.2 所示的风险变量，记录了对纳税申请表任何调整需要的花费。

Risk 性能曲线并不能适用任何模型，根据经验，Risk 性能曲线接近 Target 性能曲线或位于 Target 性能曲线之上。如果是后者，在过程的早期，模型是偶尔能识别到高风险的案例，这是有用的结果。

11.4 ROC 曲线

11.4.1 ROC 曲线概述

受试者工作特征曲线 （receiver operating characteristic curve，ROC 曲线），是以敏感度 TPR=TP/(TP+FN)为纵坐标，特异度 FPR=TN/(FP+TN)为横坐标绘制的曲线。传统的诊断试验评价方法有一个共同的特点，必须将试验结果分为两类，再进行统计分析。ROC 曲线的评价方法与传统的评价方法不同，无须此限制，而是根据思维，允许有中间状态，可以把试验结果划分为多个有序分类，如正常、大致正常、可疑、大致异常和异常 5 个等级再进行统计分析。因此，ROC 曲线评价方法适用的范围更为广泛。

11.4.2 ROC 曲线的作用

ROC 曲线的作用有以下几点：

（1）ROC 曲线能很容易判断边界值的分类能力。

（2）选择最佳的诊断界限值。ROC 曲线越靠近左上角，试验的准确性越高。最靠近左上角的 ROC 曲线的点是错误最少的最好阈值，其 TPR 和 FPR 的总数最少。

（3）两种或两种以上不同诊断试验对疾病识别能力的比较。在对同一种疾病的两种或两种以上诊断方法进行比较时，可将各试验的 ROC 曲线绘制到同一坐标中，以直观地鉴别优劣，靠近左上角的 ROC 曲线所代表的受试者工作最准确。亦可通过分别计算各个试验的 ROC 曲线下的面积（AUC）进行比较，哪一种试验的 AUC 最大，哪一种试验的诊断价值最佳。

11.4.3 实验指导

画 ROC 曲线需要加载 ROCR 包。具体结果如图 11.4～图 11.6 所示。

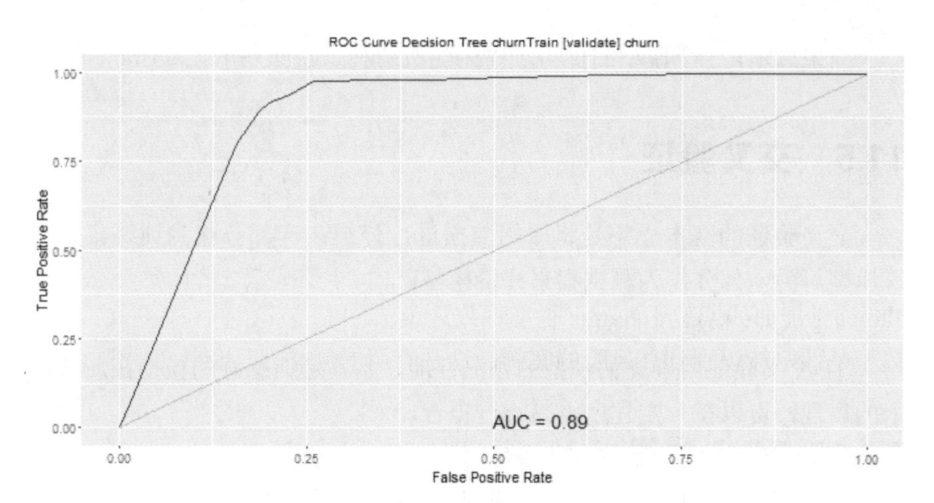

图 11.4　Audit 数据集决策树模型 ROC 曲线

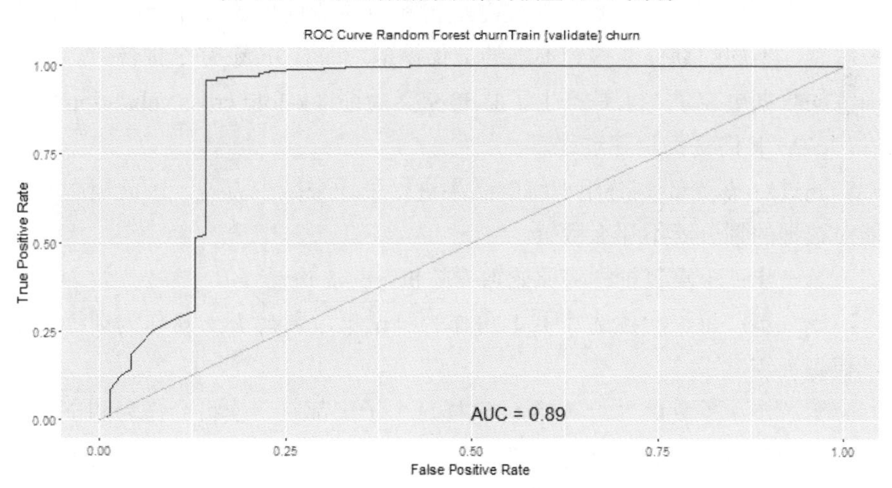

图 11.5　Audit 数据集随机森林模型 ROC 曲线

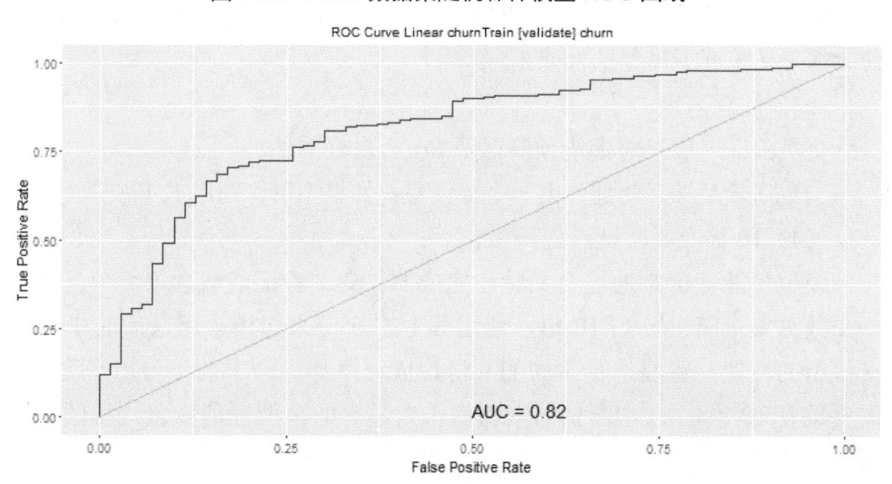

图 11.6　Audit 数据集 Logistic 回归模型 ROC 曲线

结果显示，3个模型的优劣顺序为随机森林、决策树和Logistic回归。

11.5 交叉验证

交叉验证的基本思想是将原始数据进行分组：一部分作为训练集来训练模型，另一部分作为测试集来评价模型。

（1）交叉验证法的特点。

① 交叉验证用于评估模型的预测性能，尤其是训练好的模型在新数据上的表现，可以在一定程度上减小过拟合。

② 可以从有限的数据中获取尽可能多的有效信息。

③ 传统的留出法，只做一次分割，它对训练集、验证集和测试集的样本数比例，还有分割后数据的分布是否和原始数据集的分布相同等因素比较敏感，不同的划分会得到不同的最优模型，而且分成3个集合后，用于训练的数据更少了。于是产生了k倍交叉验证（k-fold cross validation）。

（2）k倍交叉验证过程。

通过对 k 个不同分组训练的结果进行平均来减少方差，因此模型的性能对数据的划分就不那么敏感。

第一步：不重复抽样将原始数据随机分为 k 份。

第二步：每一次挑选其中1份作为测试集，剩余 k–1份作为训练集用于模型训练。

第三步：重复第二步 k 次，这样每个子集都有一次机会作为测试集，其余机会作为训练集。在每个训练集上训练后得到一个模型，用这个模型在相应的测试集上测试，计算并保存模型的评估指标。

第四步：计算 k 组测试结果的平均值作为模型精度的估计，并作为当前 k 倍交叉验证下模型的性能指标。

（3）注意事项。

交叉验证一般只对期望预测误差Err有良好的估计。

当数据量足够，就划分出一个验证集；如果不够，则用K折交叉验证。

（4）10倍交叉验证过程。

模型性能评价是通过交叉验证完成的。交叉验证的概念很简单。给定一个数据集，随机分割10份，使用其中的9份来建模，用最后的1份度量模型的性能，重复选择不同的9份构成训练集，余下的1份用作测试，需要重复10次，10次测试的平均值作为最后的模型性能度量，如图11.7所示。

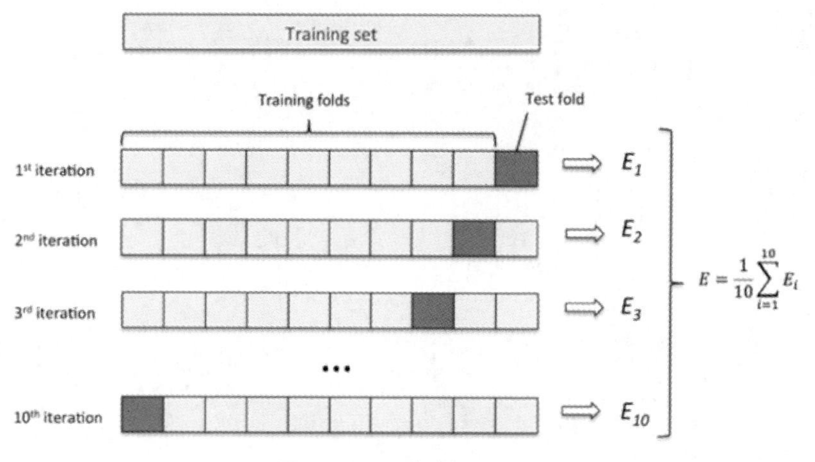

图 11.7　10 倍交叉验证

习题

一、单选题

1．FP 表达的含义是______。

A．表示阳性样本经过正确分类之后被判为阳性

B．表示阴性样本经过正确分类之后被判为阴性

C．表示阴性样本经过错误分类之后被判为阳性

D．表示阳性样本经过错误分类之后被判为阴性

2．ROC 曲线又称______。

A．敏感曲线　　B．成本曲线

C．Lift 曲线　　D．特异性曲线

二、填空题

1．模型评估常用的方法有______等。

2．p-value 常用的标签有______、______、______、______等。

3．模型评估的度量参数有度量、准确率、识别率、错误率、误分类率、敏感度、真正例率、______、特效型、真负例率，精度（precision）、F 分数、Fb，其中 b 是非负实数。

4．混淆矩阵评价有 6 个指标，分别为______。

三、简答题

1．分别用公式表达准确度、灵敏度、特异性、错误率和误判率，并解释其含义。

2．简述 ROC 曲线的作用。

3．风险图即累计增益图的作用是什么？

4．通过如图 11.8 所示的关于 weather 数据集风险图，可以读出什么信息？

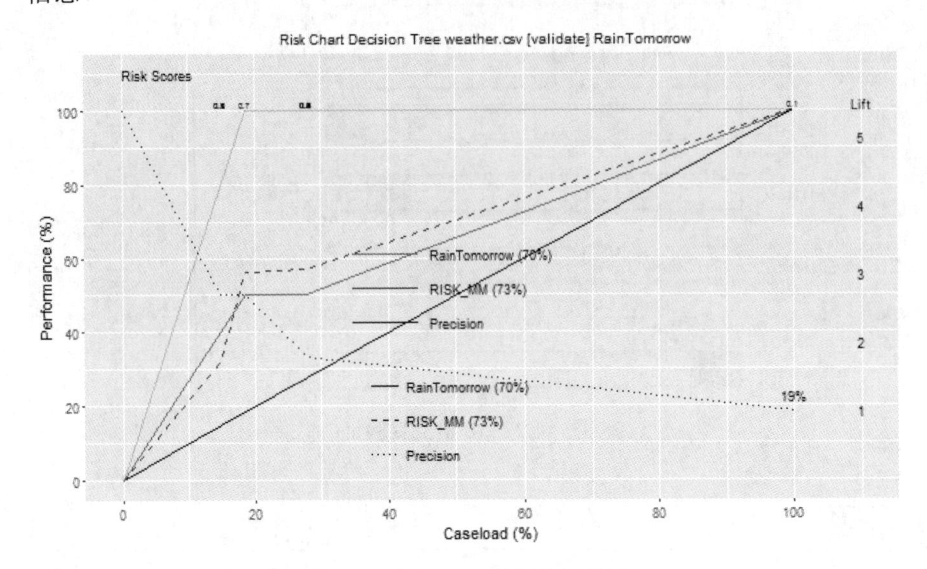

图 11.8　weather 数据集风险图

影响大学平均录取分数线因素分析

12.1 背景与目标

如何选择一所适合自己的大学，是每个考生一生中最重要的事，也是每个考生最头疼的问题。往年录取分数线、所在城市、学校类型、是否是985等都是考生选择高校的参考因素。

分析的目标：建立回归模型，试图找出影响高校录取平均分数线的因素，预测没有录取平均分数的院校的录取平均分数线，为考生选择高校提供资料支持。

12.2 数据说明

本书收集了1169条官方的高校信息，变量说明如表12.1所示，部分数据如图12.1所示。

表 12.1 变量说明

变量类型		变量名	取值范围	备注
自变量		2015年录取平均分数线	397～694	连续变量
因变量	字符串	大学名称	北京大学等	类别变量
	字符串	所在地	南昌、镇江、西安等	
	字符串	隶属	江西省教育厅等	

续表

变量类型		变量名	取值范围	备注
因变量	整数	院士	0～70	单位：位
	整数	硕士点	0～345	单位：个
	字符串	类型	综合、语言、政法、师范、工科等	类别变量
	整数	重点学科	0～81	单位：个
	整数	博士点	0～283	单位：个
	字符串	地址		
	因子	是否 985	是，否	
	因子	平均线		2015 年录取平均分数线
	因子	是否 211	是，否	
	因子	搜自主招生	是，否	

	A	B	C	D	E	F	G	H	I	J	K	L	M
1	大学名称	所在地	隶属	院士	硕士点	类型	重点学科	博士点	地址	平均线	是否985	是否211	是否自主招生
2	南昌工程学	南昌	江西省教育	0	0	工科	4	0	江西省南	397	否	否	否
3	江苏科技大	镇江	江苏省教育	0	60	工科	1	8	江苏省镇	410	否	否	否
4	山西传媒学	太原	山西省教育	0	0	综合	0	0	山西太原	412	否	否	否
5	江西科技学	无	江西省教育	0	0	综合	0	0	江西省南	420	否	否	否
6	西安航空学	无	陕西省教育	0	0	工科	0	0	陕西省西	447	否	否	否
7	西安科技大	西安	陕西省教育	0	0	工科	0	0	陕西省西	460.5	否	否	否
8	中国医科大	沈阳	辽宁省教育	12	61	医药	34	52	辽宁省沈	582	否	否	是
9	南京邮电大	南京	江苏省教育	1	44	工科	4	17	江苏省南	545	否	否	是
10	电子科技大	成都	四川省教育	0	0	工科	0	0	四川省成	466	否	否	否
11	同济大学浙	嘉兴	浙江省教育	0	0	综合	0	0	浙江省嘉	467	否	否	否
12	三峡大学科	宜昌	湖北省教育	0	0	工科	0	0	湖北省宜	467	否	否	否
13	哈尔滨华德	无	黑龙江省教	0	0	工科	0	0	哈尔滨市	467	否	否	否
14	成都东软学	无	四川省教育	0	0	工科	0	0	四川省成	467	否	否	否
15	长春科技学	长春	吉林省教育	0	0	农业	0	0	吉林省长	468	否	否	否
16	东华理工大	南昌	江西省教育	0	0	工科	0	0	江西省抚	468	否	否	否
17	昆明理工大	昆明	云南省教育	0	0	工科	0	0	云南省昆	468	否	否	否
18	安徽财经大	蚌埠	安徽省教育	0	0	财经	0	0	安徽省蚌	469	否	否	否
19	石家庄铁道	石家庄	河北省教育	0	0	工科	0	0	石家庄市	469	否	否	否
20	长沙理工大	长沙	湖南省教育	0	0	工科	0	0	湖南省长	469	否	否	否
21	厦门大学嘉	厦门	福建省教育	0	0	综合	0	0	福建省招	470	否	否	否
22	青岛农业大	莱阳	山东省教育	0	0	综合	0	0	山东省莱	470	否	否	否
23	济南大学泉	济南	山东省教育	0	0	综合	0	0	山东省济	470	否	否	否
24	南京邮电大	南京	江苏省教育	0	0	综合	0	0	南京市新	470	否	否	否

图 12.1　部分数据示意

（1）数据集构造。

没有录取平均分数的院校有 736 所，作为测试集 test，余下的 433 个样本作为训练集 train。

（2）平均线概况。

```
#平均线转换为数值型
>train$平均线<-as.numeric(as.character(train$平均线))
```

12.3 描述性分析

（1）查看不同录取平均线高校分布。

```
> summary(train$平均线)
Min.    1st Qu.   Median    Mean    3rd Qu.    Max.
```

```
397.0    501.0    516.0        533.6    573.0        694.0
```

可知，最低平均线 397.0 分，最高平均线 694.0 分，平均平均线 533.6 分。

```
#各录取平均线院校数量
>t1<-as.data.frame(table(train$平均线))
>plot(t1)
```

输出的统计图如图 12.2 所示。

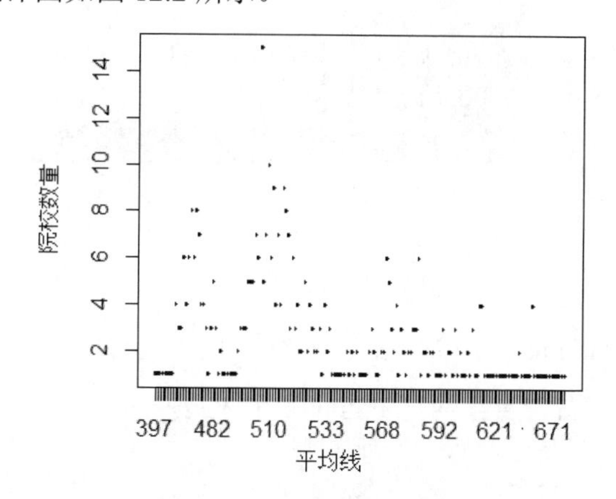

图 12.2　院校录取平均线

从图 12.2 可以看出 480～510 分录取的院校最多。

（2）院校分布。

① 院校类型分布。院校类型与院校数量如图 12.3 所示。

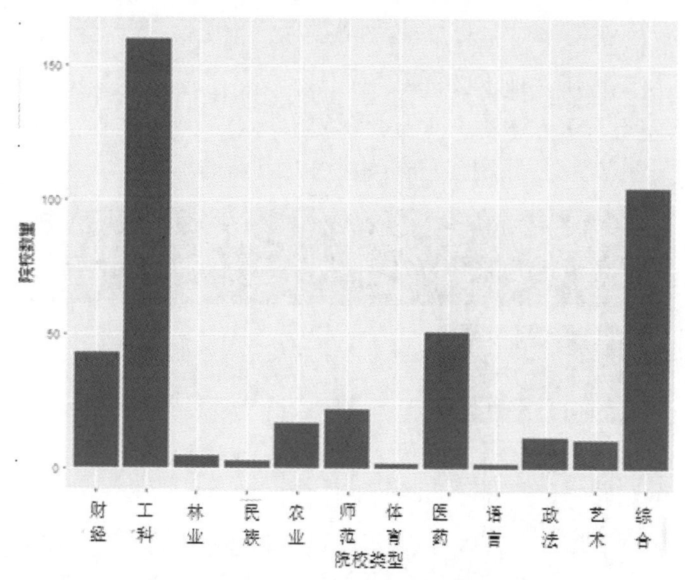

图 12.3　院校类型与院校数量

② 985 院校分布如图 12.4 所示。

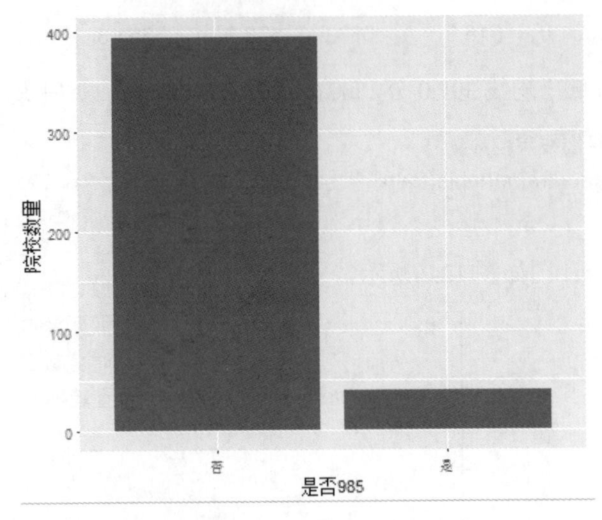

图 12.4　985 院校占比

也可通过 summary()函数，了解院校分布：

```
> summary(train[c("是否 985","是否 211","所在地")])
是否 985        是否 211        所在地
 否:394         否:331         北京市 : 47
 是: 39         是:102         南京   : 23
                               无     : 22
                               西安   : 18
                               天津市 : 15
                               上海市 : 13
                               (Other) : 295
```

有 22 所院校所在地不详。

（3）院士、重点学科、博士点分布。

院士、重点学科、博士点分布如图 12.5 所示。

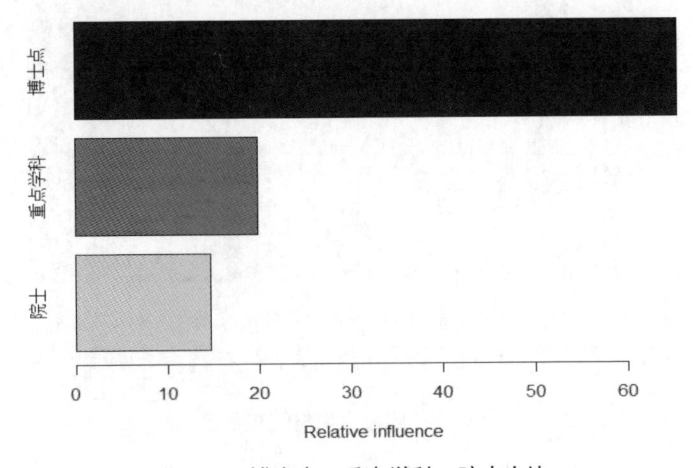

图 12.5　博士点、重点学科、院士占比

12.4　数据建模

利用广义线性回归函数 lm 进行预测，核心代码如下：

```
>##将学校按照 985,211 进行分类，再预测
>x985<-df1[which(df1$是否 985=='是'),]                    #获取 985 信息
>cc<-x985[which(x985$ 是否 211=="是"),]                  #获取 211 信息
>c1<-cc[which(cc$平均线=='无'),]                          #获取无平均线记录
>c<-cc                                                    #临时存储 211 信息
>c$平均线<-as.numeric(as.character(c$平均线))             #类型转换
>summary(c$平均线)                                        #211 信息信息描述
>c2<-cc[which(cc$平均线!='无'),]                          #211 有录取平均线的学校
>c3<-cc[which(cc$平均线=='无'),]                          #211 无录取平均线的学校
>c2<-c2[,-c(1,3,9,11,12)]                                 #投影表 11.2 第 1,3,9,11,12 列
>c2$所在地<-as.numeric(c2$所在地)                         #类型转换
>c2$类型<-as.numeric(c2$类型)                             #类型转换
>c2$是否自主招生<-as.numeric(c2$是否自主招生)             #类型转换
>c2$平均线<-as.numeric(as.character(c2$平均线))           #类型转换
>fit<-lm(平均线~ 所在地+院士+硕士点+类型+重点学科+博士点,data=c2) #建立
线性回归模型
>summary.lm(fit)                                          #查看模型参数
>#删除不重要的因素，再次拟合
>fit<-lm(平均线~ 硕士点+类型+博士点,data=c2)
>par(mfrow=c(2,2))
>plot(fit)
>summary.lm(fit)
>#211 无录取平均线的学校进行录取线预测
>c3<-c3[,c(2,4,5,6,7,8,13)]                               #整理数据
>c3$所在地<-as.numeric(c3$所在地)                         #类型转换
>c3$类型<-as.numeric(c3$类型)                             #类型转换
>c3$是否自主招生<-as.numeric(c3$是否自主招生)
>t<-predict(fit,c3)                                       #预测
>summary(t)                                               #查看预测结果
>#对既不是 985 又不是 211 的进行预测
>xx<-df1[which(df1$是否 211=='否'&df1$是否 985=='否'),]
>b<-xx
>b1<-b[which(b$平均线!='无'),]
>b2<-b[which(b$平均线=='无'),]
>b1<-b1[,-c(1,9,11,12)]
>b1$所在地<-as.numeric(b1$所在地)                         #类型转换
>b1$隶属<-as.numeric(b1$隶属)                             #类型转换
>b1$类型<-as.numeric(b1$类型)                             #类型转换
```

```
>b1$是否自主招生<-as.numeric(b1$是否自主招生)  #类型转换
>b1$平均线<-as.numeric(as.character(b1$平均线))  #类型转换
>fit<-lm(平均线~ 所在地+隶属+院士+硕士点+类型+重点学科+博士点+是否自主
招生,data=b1)                                  #建立线性回归模型
>summary.lm(fit)                               #查看模型参数
>par(mfrow=c(2,2))
>plot(fit)
>b2<-b2[,c(2,3,4,5,6,7,8,13)]                  #准备数据
>b2$所在地<-as.numeric(b2$所在地)              #类型转换
>b2$隶属<-as.numeric(b2$隶属)                  #类型转换
>b2$类型<-as.numeric(b2$类型)                  #类型转换
>b2$是否自主招生<-as.numeric(b2$是否自主招生)  #类型转换
>t<-predict(fit,b2)                            #预测
>summary(t)                                    #查看预测结果
```

结果表明，博士点的数量越多，平均线越高。测试结果如下：

```
大学名称 院士 博士点 重点学科 平均线       pred
1          南昌工程学院    0     0     4     397 505.4176
2          江苏科技大学    0     8     1     410 526.1169
3          山西传媒学院    0     0     0     412 496.9730
4          江西科技学院    0     0     0     420 496.9730
5          西安航空学院    0     0     0     447 496.9730
6 西安科技大学高新学院    0     0     0     460.5 496.9730
```

预测的结果（部分）如下。

```
> head(testdata)
大学名称 院士 博士点 重点学科 平均线      pred
38       青岛大学     3     35     2     无     561.9074
40  江西师范大学    10     29     8     无     603.6797
41  河南农业大学    14     29     3     无     593.8290
42       汕头大学     1     26     1     无     515.5570
43  上海师范大学     5     24     2     无     560.4146
46       广州大学     2     20     5     无     558.2493
```

选取5个变量：博士点、重点学科、是否自主招生、所在地、类型。测试结果如下。

```
大学名称 是否自主招生 博士点 重点学科 所在地 类型 平均线      pred
南昌工程学院              1     0     4     146    2     397 492.9652
江苏科技大学              1     8     1     282    2     410 504.4005
山西传媒学院              1     0     0     194   12     412 478.049
江西科技学院              1     0     0     217   12     420 499.386
西安航空学院              1     0     0     217    2     447 485.8576
西安科技大学高新学院      1     0     0     225    2     460.5 484.857
```

预测结果（部分）如图 12.6 所示。

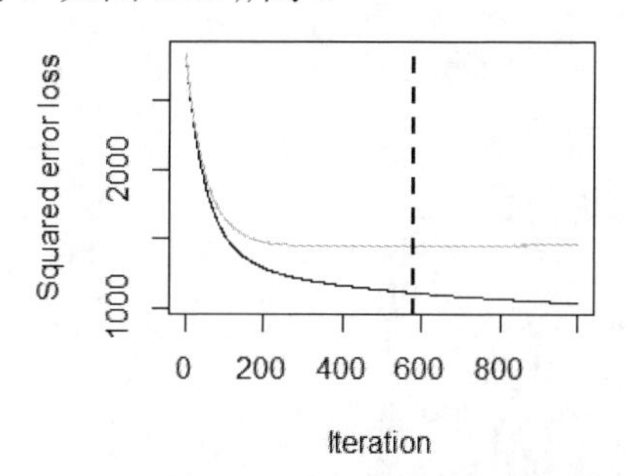

图 12.6　录取平均线预测误差

	大学名称	是否自主招生	博士点	重点学科	所在地	类型	平均线	pred
38	青岛大学	1	35	2	166	12	无	548.4170
40	江西师范大学	1	29	8	146	6	无	543.0225
41	河南农业大学	1	29	3	283	5	无	559.4254
42	汕头大学	1	26	1	175	12	无	525.7786
43	上海师范大学	1	24	2	178	6	无	542.6536
46	广州大学	1	20	5	59	12	无	569.9920

由图 12.6 可知最佳迭代次数为 597。

12.5　总结

预测的自变量和因变量需要是数值型，但给定的数据大多数变量都是非数值型，所以在使用预测模型时进行了大量类型转换工作。设想用分类模型解决本例，应当会更自然。

从结果中可以看出，明显 5 个变量的测试结果比 3 个变量的测试结果要好，本实验没有考虑特征优化。

收视率分析

13.1 背景介绍

收视率，是指在某个时段收看某个电视节目的目标观众人数占总目标人群的比重，以百分比表示。现在一般由第三方数据调研公司，通过电话、问卷调查、机顶盒或其他方式抽样调查统计收视率。节目平均收视率是指观众平均每分钟收看该节目的百分比。收视总人口是指该节目播出时间内曾经观看的人数（不重复计算），所以有时会出现收视率较低、收视人口较高的状况，但排名仍以收视率为准。通常都是 1.8%、0.9%，意思就是全国 100 个人中就有 1.8 个人、0.9 个人在看。

收视率作为“注意力经济”时代的重要量化指标，它是深入分析电视收视市场的科学基础，是节目制作、编排及调整的重要参考，是节目评估的主要指标，是制订与评估媒介计划、提高广告投放效益的有力工具。

虽然收视率本身只是一个简单的数字，但是在看似简单的数字背后却是一系列科学的基础研究、抽样和建立固定样组、测量、统计和数据处理的复杂过程。

13.2 数据说明

一般来说，国内综艺节目平均收视率破 1%意味着这档节目非常火爆。本案例选取了四大卫视（东方卫视、浙江卫视、江苏卫视、湖南卫视）的综艺节目相关数据，数据具体情况如表 13.1 所示。

表 13.1 综艺节目数据变量说明

变 量 名	详 细 说 明	取 值 范 围
收视率是否破一	定性变量，2 个水平	1——收视率破一，0——收视率没有破一
收视率	定量变量	0.23%～3.763%
播出平台	定性变量，4 个水平	浙江卫视，湖南卫视，东方卫视，江苏卫视
开播时间	定性变量，5 个水平	一季度，二季度，三季度，四季度，周播
开播具体时间	定性变量，8 个水平	周一，周二，周三，周四，周五，周六，周日，其他
播出模式	定性变量，2 个水平	季播，非季播
所占市场份额	定量变量	1.002%～16.007%
百度搜索指数	定量变量	23～890401
播出时段	定性变量，6 个水平	晚五点，晚八点，晚九点，晚十点，晚十一点，晚十二点
类型	定性变量，9 个水平	访谈类，户外竞技类，花絮类，婚姻速配类，明星对抗类，脱口秀类，问答类，选秀/真人秀类
原创版权来源	定性变量，3 个水平	中国、韩国、其他
每集长度	单位：分钟	10～110

13.3 描述性分析

（1）收视率说明。

执行如下代码，得到如图 13.1 所示的统计图。

```
>ssl <- read.csv("data.csv",header=T)
>summary(ssl)
>#设置变量水平顺序
>ssl$播出平台=factor(ssl$播出平台,levels=c("东方卫视","浙江卫视","江苏卫视",
"湖南卫视"))
>ssl$开播时间=factor(ssl$开播时间,levels=c("一季度","二季度","三季度","四季
度","周播"))
>ssl$播出时段=factor(ssl$播出时段,levels=c("晚五点","晚八点","晚九点","晚十
点","晚十一点","晚十二点"))
>ssl$类型=factor(ssl$类型,levels = c("选秀/真人秀类","户外竞技类","花絮类","明
星对抗类","访谈类","脱口秀类","问答类","婚姻速配类","其他"))
>ssl$原创版权来源=factor(ssl$原创版权来源,levels = c("中国","韩国","其他"))
>hist(ssl$收视率,main="",xlab="收视率",ylab="频数",col="lightblue")
```

从图 13.1 中可以看出，大多数综艺节目的收视率集中在 0.5%～1.5%。收视率最低为 0.23%，是东方卫视的《子午线》。由于这档节目过于惨淡，以致东方卫视已经将其下架。收视率最高的是浙江卫视的《中国好声音》，

收视率达到了 4.87%之高。

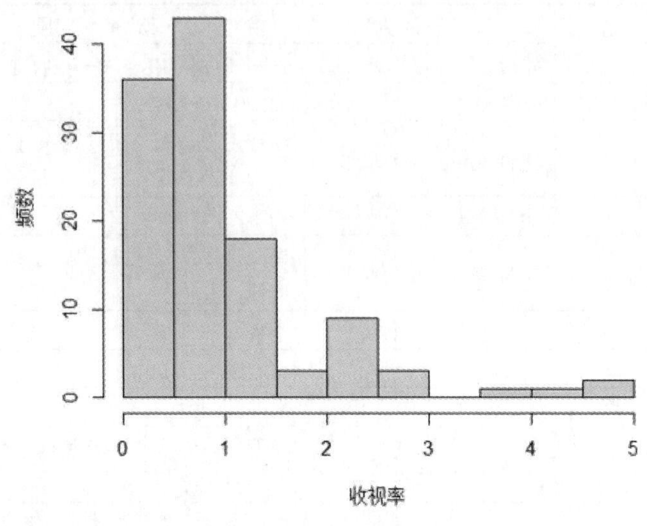

图 13.1　收视率直方图

（2）播放平台对破一的影响。

破一指收视率大于 1%。执行如下代码，得到如图 13.2 所示的结果。

```
>temp<-table(ssl$是否破一,ssl$播出平台)
>barplot(temp,xlab="播出平台",ylab = "频数",col = c("lightblue","wheat"))
>legend(3.5,35,c("未破一","破一"),fill=c("lightblue","wheat"))
```

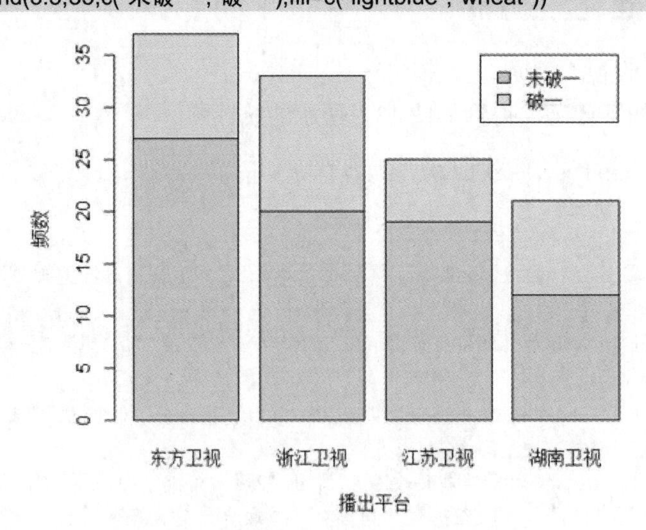

图 13.2　播放平台与收视率是否破一

下面再来介绍不同播放平台对节目是否破一的影响。从堆积柱状图中可以很清楚地看到不同卫视的破一节目数量呈现很大的差别，其中浙江卫视破一节目最多，其次是湖南卫视，而江苏卫视最少。但是不同卫视的综艺节目数量是不同的，所以来看看各自破一的比例。湖南卫视破一率为

42.86%，排到了第一位，其次是浙江卫视 39.39%，而江苏卫视 24.00%排到了最后一位。

（3）播出模式对破一的影响。

执行如下代码，得到如图 13.3 所示的统计图。

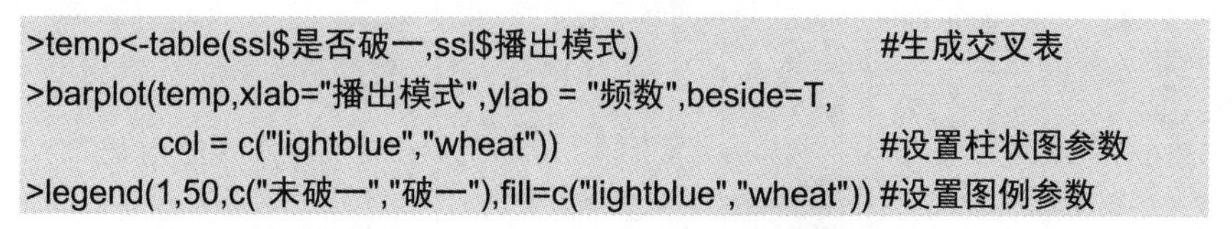

```
>temp<-table(ssl$是否破一,ssl$播出模式)                    #生成交叉表
>barplot(temp,xlab="播出模式",ylab = "频数",beside=T,
        col = c("lightblue","wheat"))                     #设置柱状图参数
>legend(1,50,c("未破一","破一"),fill=c("lightblue","wheat")) #设置图例参数
```

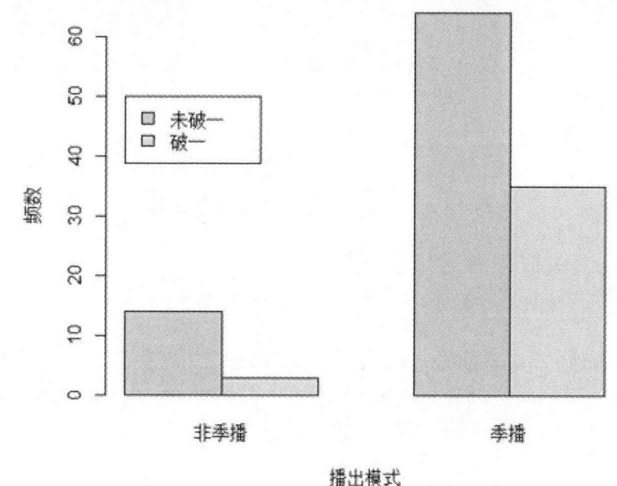

图 13.3　播出模式与收视率是否破一

从图 13.3 中可以看出，不仅季播的综艺节目数远远高于非季播节目数量，季播的综艺节目破一率更是明显高于非季播。季播节目一般由于节目播出反馈很好，形成其忠实的观看人群，所以播放时更可能会破一，这也是各大卫视主打季播综艺节目的原因之一。

（4）开播时间对破一的影响。

执行如下代码，得到如图 13.4 所示的统计图。

```
>temp<-table(ssl$是否破一,ssl$开播时间)
>barplot(temp,xlab="开播时间",ylab = "频数",col = c("lightblue","wheat"))
>legend(4,35,c("未破一","破一"),fill=c("lightblue","wheat"))
```

从图 13.4 中可以看出，不同开播时间的破一率存在明显的差异，其中第三季度的破一率最高。这不仅与第三季播放很多的热门综艺（如《中国好声音》《奔跑吧兄弟》等）有关，也与第三季度正值暑期有一定的关联。综艺节目本身就是更受年轻群体（学生占据很大比重）的追捧，暑期他们有了更多的时间观看，所以提高了相应的收视率。

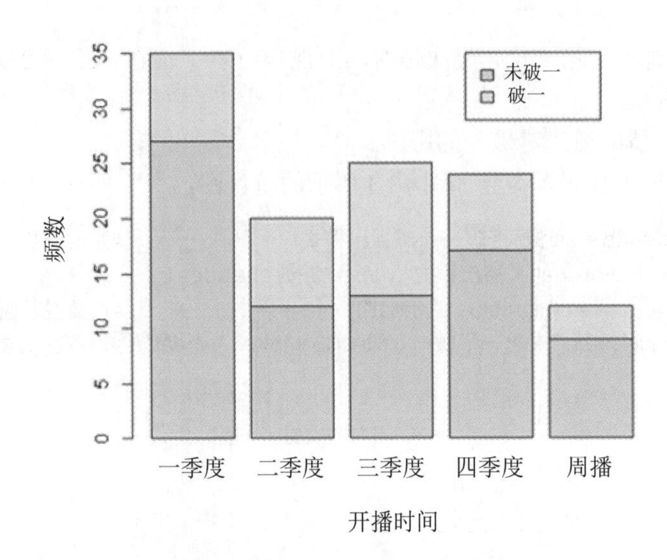

图 13.4　开播时间与收视率是否破一

（5）原创版权来源对破一的影响。

执行如下代码，得到如图 13.5 所示的统计图。

```
>temp<-table(ssl$是否破一,ssl$原创版权来源)
>barplot(temp,xlab="原创版权来源",ylab = "频数",col = c("lightblue","wheat"))
>legend(2.5,60,c("未破一","破一"),fill=c("lightblue","wheat"))
```

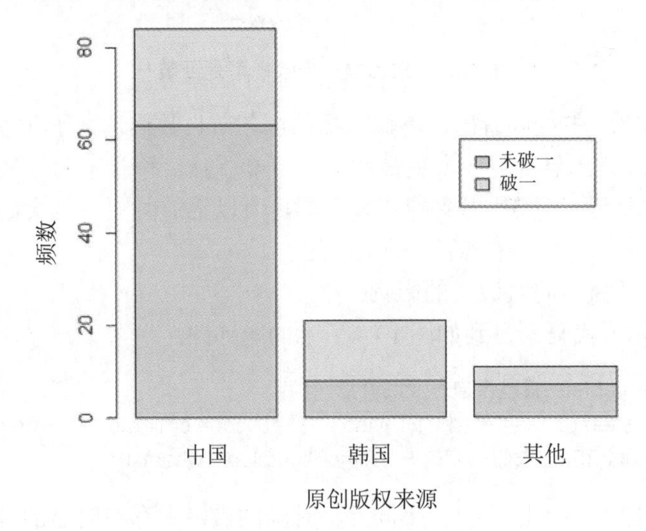

图 13.5　原创版权来源与收视率是否破一

可以很明显地看出，原创版权来自韩国的综艺收视率破一率最高，而中国本土的综艺节目虽然数量很大，但是破一率确实排在了最后一名。探其缘由发现，购买其他国家综艺版权在国内展开同类节目的前提是，此节目在国外已经发展得很成熟，在国内有很好的市场前景，所以使得节目破一的可能性很大，例如，很火热的《爸爸去哪儿》和《奔跑吧兄弟》就是来源于韩国的《爸爸！我们去哪儿？》和《Running Man》。

（6）播出时间对破一的影响。

执行如下代码，得到如图 13.6 所示的统计图。

```
>temp<-table(ssl$是否破一,ssl$播出时段)
>barplot(temp,xlab="播出时段",ylab = "频数",col = c("lightblue","wheat"))
>legend(5.5,40,c("未破一","破一"),fill=c("lightblue","wheat"))
```

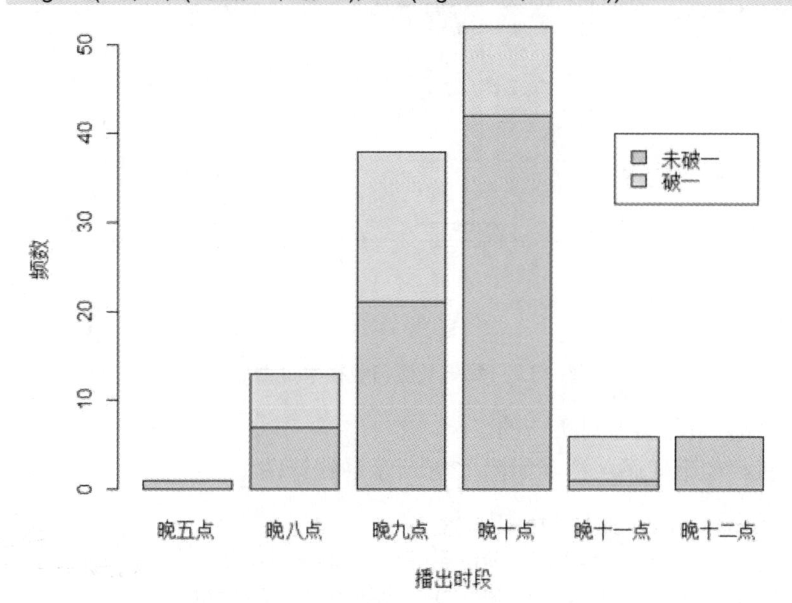

图 13.6　播出时段与收视率是否破一

从图 13.6 中可以明显地看出晚上十一点的破一率最高，6 档节目 5 个破一！其次是晚上八九点的黄金时间，这个时间段正好是放松、休息、娱乐的时间。而下午五点只有一档综艺节目（《娱乐星天地》），并没有破一。想想也是，这个时间点喜欢看综艺的小伙伴们还没有下班和放学呢！晚上十二点的 6 档节目也是无一夺得破一宝冠，毕竟熬夜看综艺的观众还是比较少的。

（7）每集长度对破一的影响。

每集长度对破一的影响如图 13.7 所示。

从箱线图可以看出，综艺季每集时间长度越长，其收视破一率越高。一般时间集中在 90 分钟的居多，但是有 7 个播放时间为 20 分钟以下的极端值；查询原始数据，发现分别为《跑男来了》(1)、《跑男来了》(2)、《跑男来了》(3)、《我爱挑战》《笑傲江湖 2 前传》《极限挑战前传》《女神新装前传》，这些都是收视率很高的综艺节目《奔跑吧兄弟》《无限挑战》《女神新装》播放前或播放后的衍生节目，一般观众在对节目意犹未尽的同时也倾向于把衍生节目观看了，所以它们的收视率也被带动了起来。

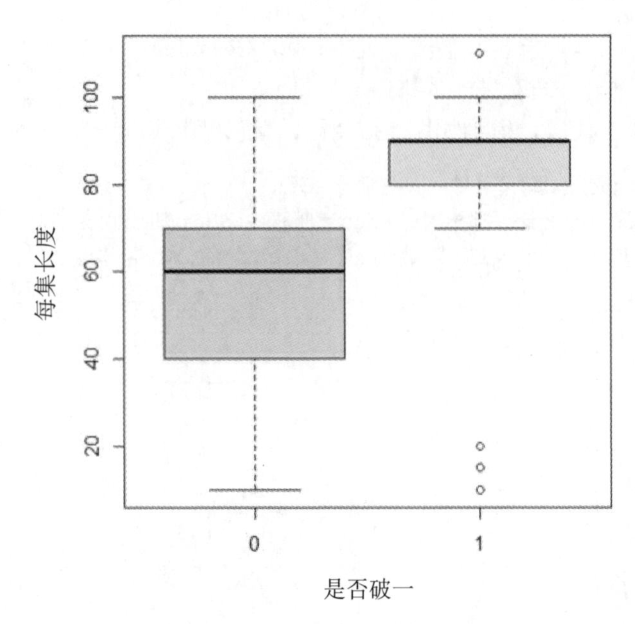

图 13.7 每集长度与收视率是否破一

（8）节目类型对破一的影响。

执行如下代码，得到如图 13.8 所示的统计图。

```
>temp<-table(ssl$是否破一,ssl$类型)
>barplot(temp,xlab="类型",ylab = "频数", col = c("lightblue","wheat"))
>legend(8.5,25,c("未破一","破一"),fill=c("lightblue","wheat"))
```

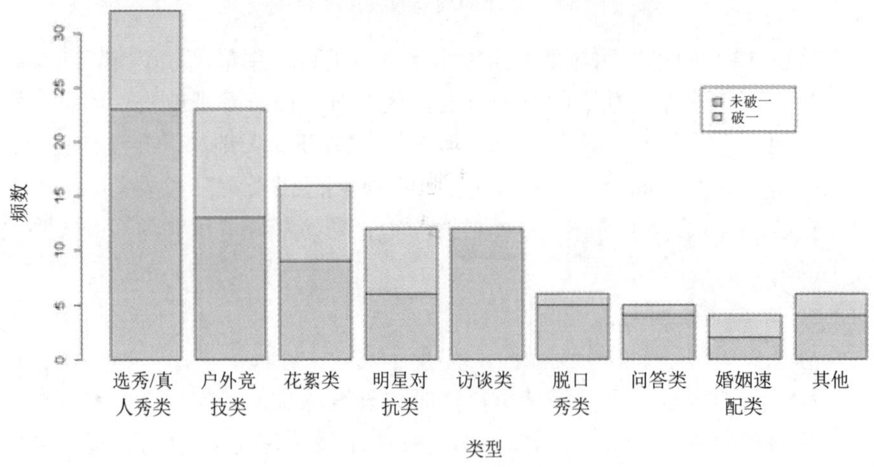

图 13.8 节目类型与收视率是否破一

通过看不同节目类型是否破一的堆积柱状图，可以发现，户外竞技类、明星对抗类、婚姻速配类综艺破一率较高（如《爸爸去哪儿》《非诚勿扰》），其次是选秀/真人秀类节目（如《中国梦想秀》），而访谈类节目（如《不能说的秘密》）破一率最低，看来观众们对访谈类的节目兴趣还是较小的。

13.4　数据建模

在实际建模过程中，不会将所有的数据全部用来进行训练模型，因为相比较模型数据集在训练中的表现，人们更关注模型在测试集上的表现，也就是模型对没有遇到的数据预测更精准。

因此，通常将数据集的 70%用来训练模型，剩余的 30%用来检验模型预测的结果。

```
>setwd("XXX")
>data <- read.csv("data.csv",header=T)
>summary(data)
>set.seed(123)
>index<- sample(1:dim(data)[1])
>train<-data[index[1:floor(dim(data)[1] * 0.7)],]
>test<-data[index[((ceiling(dim(data)[1]*0.7))+1): dim(data)[1]], ]
```

这里，以“收视率”作为响应变量，其余所有变量作为解释变量，进行建模。需要导入 caret 包。caret 包是 R 语言通用机器学习包之一，能够在统一框架下使用各种不同的模型，从预处理、建模到后期的预测、评估都有非常友好的函数封装。

```
>library(pacman)
>p_load(DALEX,caret,tidyverse)
```

pacman 包可以方便地对 R 包进行管理。函数 p_load(package1,package2, package3,...)可以一次写多个包，如果 package1 等包已经安装则加载，如果没有安装则会自动安装它。

DALEX 包是给黑箱提供模型解释性的利器。

R 语言程序包数量居多，但是这个 tidyverse 封装了 26 个数据分析最常用的程序包。

（1）随机森林建模。

① 参数设置：随机森林设置树的数量为 100。

```
>regr_rf <- train(收视率~., data = train, method="rf", ntree = 100)
```

② 模型解释。

```
>exp_rf <- DALEX::explain(regr_rf, label="rf", data = test, y = test$收视率)
```

③ 性能分析。

```
>mp_regr_rf <- model_performance(exp_rf)
>mp_regr_gbm <- model_performance(exp_gbm)
>mp_regr_nn <- model_performance(exp_nn)
```

④ 变量重要性分析。

```
>vi_rf<-variable_importance(exp_rf,loss_function=loss_root_mean_square)
```

⑤ “是否破一”对收视率的影响。

```
>pdp_regr_rf <- variable_response(exp_rf, variable = "是否破一", type = "pdp")
```

（2）GBM 建模。

① GBM 使用默认设置。

```
>regr_gbm <- train(收视率~. , data = train, method="gbm")
>exp_gbm <- DALEX::explain(regr_gbm, label = "gbm", data = test, y = test$收视率)
```

② 新能分析。

```
>mp_regr_gbm <- model_performance(exp_gbm)
```

③ 变量重要性分析。

```
vi_gbm<-variable_importance(exp_gbm,loss_function=loss_root_mean_square)
```

④ “是否破一”对收视率的影响。

```
>pdp_regr_gbm <- variable_response(exp_gbm, variable = "是否破一", type = "pdp")
```

（3）神经网络建模。

① 参数设置：神经网络在预处理时要进行中心化和标准化，最大迭代次数设置为 500 次，使用线性输出单元，并设置网格对超参数进行优化的选项（这里用了两个隐藏层，权重衰减参数设为 0，只设置了一个值，没有用网格去优化）。

② 建模代码如下：

```
>regr_nn <- train(收视率~., data = train,
            method = "nnet",
            linout = TRUE,
            preProcess = c('center', 'scale'),
            maxit = 500,
            tuneGrid = expand.grid(size = 2, decay = 0),
            trControl = trainControl(method = "none", seeds = 1))
>exp_nn <- DALEX::explain(regr_nn, label = "nn", data = test, y = test$收视率)
```

建模可能时间比较长，但是解释性验证是非常快的，直接是黑箱的映射关系。

③ 新能分析。

```
>mp_regr_nn <- model_performance(exp_nn)
```

④ 变量重要性分析。

```
vi_nn<-variable_importance(exp_nn,loss_function=loss_root_mean_square)
```

⑤ “是否破一”对收视率的影响。

```
>pdp_regr_nn <- variable_response(exp_nn, variable = "是否破一", type =
"pdp")
```

（4）可视化分析。

① 累计残差分布如图 13.9 所示。

```
>plot(mp_regr_rf, mp_regr_nn, mp_regr_gbm)
```

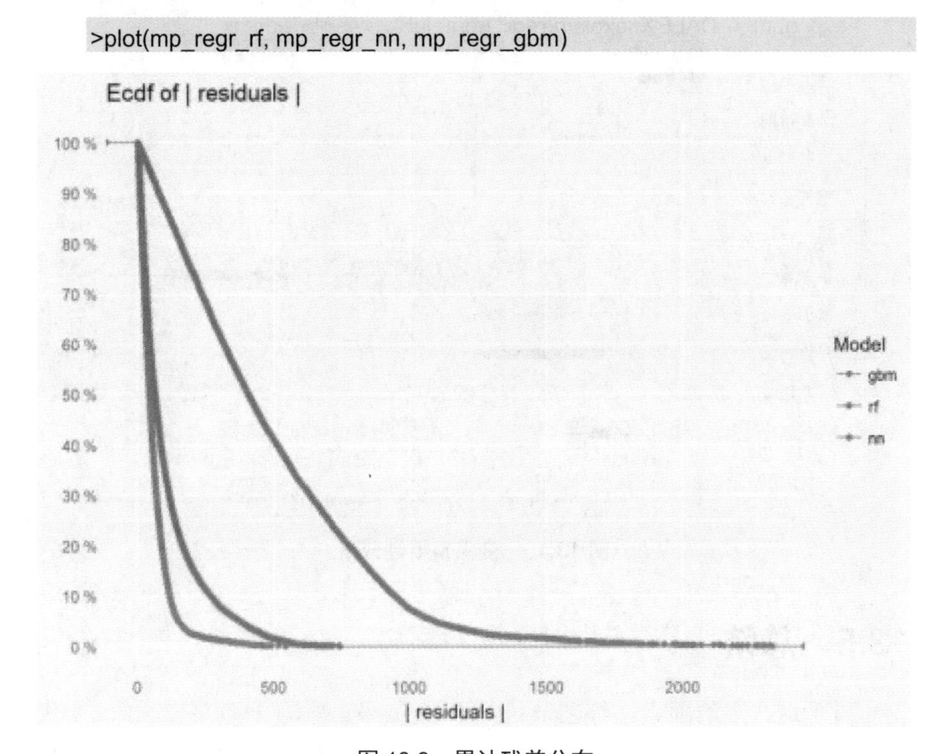

图 13.9　累计残差分布

从图 13.9 可以看出，少数的样本（离群点）贡献了大量的残差（与真实值的偏差）。如果线在上面，那么大量的样本残差都很大，图 13.9 表明 GBM 模型大部分样本的残差都比较小，而神经网络很多样本的残差都比基于树模型的高。

② 变量重要性可视化。需要看每个模型中，不同变量对于模型预测的相对重要性，可以用如下方法。其分析如图 13.10 所示。

```
plot(vi_rf, vi_gbm, vi_nn)
```

从图 13.10 可以看出，影响收视率的变量是“是否破一”。

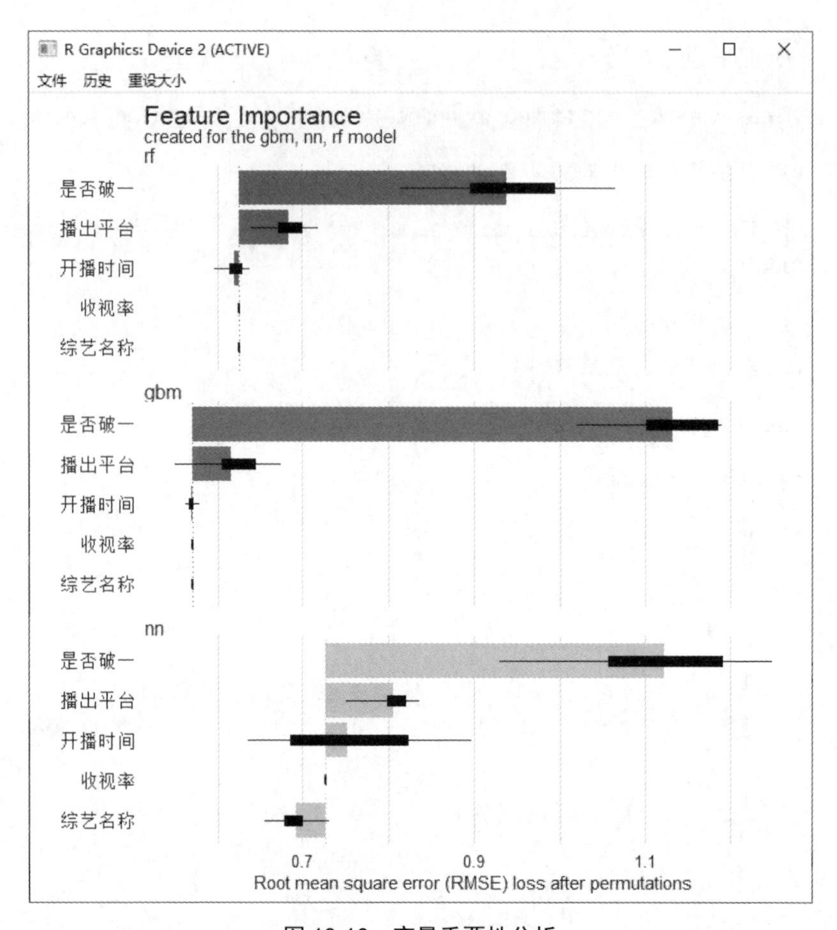

图 13.10 变量重要性分析

13.5 总结

看了这么多的因素，综艺节目是否能破一在观众眼里已经有了一个大概的轮廓——第三季度晚上八点、九点、十一点季播的户外竞技类、明星对抗类、婚姻速配类综艺节目破一的可能性更大。

本章只是分析了2015年四大卫视的综艺节目情况，存在很多不足。

本案例分析的指标比较简单，利用描述性分析方法就可完成。如果指标过于复杂，就需要增加数据建模部分。

参 考 文 献

[1] 韩宝国，张良均．R 语言商务数据分析实战[M]．北京：人民邮电出版社，2018．

[2] 张良均，云伟标，王路．R 语言数据分析与挖掘实战[M]．北京：机械工业出版社，2016．

[3] Torgo L．数据挖掘与 R 语言[M]．李洪成，陈道轮，吴立明，译．北京：机械工业出版社，2012．

[4] 游皓麟．R 语言预测实战[M]．北京：电子工业出版社，2016．

[5] WINSTON CBANG．R 数据可视化手册[M]．肖楠，邓一硕，魏太云，译．北京：人民邮电出版社，2015．

[6] 黄文，王正林．数据挖掘：R 语言实战[M]．北京：电子工业出版社，2014．

[7] MONTGOMERY D C，PECK E A，VINING G G．线性回归分析导论[M]．王辰勇，译．5 版．北京：机械工业出版社，2015．

[8] 里斯．数理统计与数据分析[M]．田金方，译．北京：机械工业出版社，2011．

[9] 薛毅，陈立萍．统计建模与 R 软件[M]．北京：清华大学出版社，2007．

[10] ZHAO Y C．R 语言与数据挖掘最佳实践和经典案例[M]．陈健，黄琰，译．北京：机械工业出版社，2015．

[11] 程显毅，曲平，李牧．数据分析师养成宝典[M]．北京：机械工业出版社，2018．

[12] KABACOFF R L．R 语言实战[M]．高涛，肖楠，陈钢，译．北京：人民邮电出版社，2013．

[13] MAILOFF N. R 语言编程艺术[M]. 陈堰平，邱怡轩，潘岚锋，译. 北京：机械工业出版社，2013．

[14] STEELE J，LLIINSKY N．数据可视化之美[M]．祝洪凯，李妹芳，译．北京：机械工业出版社，2011．

[15] 程显毅，施佺．深度学习与 R 语言[M]．北京：机械工业出版社，2017．

[16] R 语言官网：https://www.r-project.org

[17] GitHub 主页：https://gitnub.com

[18] 统计之都：http://cos.name/

[19] 狗熊会精品案例．https://455817.kuaizhan.com/

[20] R 语言中文论坛．http://rbbs.biosino.org/Rbbs/forums/list.page

[21] R 语言基本教程．http://www.yiibai.com/r/r_web_data.html

[22] 张冬慧．基于 Rattle 的可视化数据挖掘技术[M]．北京：清华大学出版社，2017．

R 语言与 Python 语言相互调用

1．Python 执行 R 语言脚本

（1）R 语言在系统中配置环境变量，保障脚本运行。写一个 R 语言的程序脚本，放到系统中的任意路径位置，确定 cmd 的环境变量下 R 语言的执行命令可以成功启动，代码如下：

```
C:\Windows\system32>R

R version 3.6.1 (2019-07-05) -- "Action of the Toes"
Copyright (C) 2019 The R Foundation for Statistical Computing
Platform: x86_64-w64-mingw32/x64 (64-bit)

R

'license()''licence()'

R.
'contributors()'
'citation()'RR

'demo()''help()'
'help.start()'HTML
'q()'R.

>
```

（2）Python 利用系统命令调用 R 语言的程序脚本。在 Windows 的终端确定 cmd 下可以成功执行 Rscript 命令，代码如下：

```
C:\Windows\system32>Rscript C:\\Users\\Administrator\\Desktop\\code.R
[1] 3
```

cmd 下成功执行命令后，利用 Python 的 os 系统命令，调用 R 语言程序脚本，代码如下：

```
import os
str=('Rscript C:\Users\Administrator\Desktop\code.R')
p=os.system(str)
```

```
D:\Python\Python_venu\venv\Scripts\python.exe "D:\Python\Pycharm\PyCharm Community Edition 2019.

import sys; print('Python %s on %s' % (sys.version, sys.platform))
sys.path.extend(['D:\\Python\\Python_venu', 'D:/Python/Python_venu'])

PyDev console: starting.

Python 3.5.2 (v3.5.2:4def2a2901a5, Jun 25 2016, 22:18:55) [MSC v.1900 64 bit (AMD64)] on win32
>>> import os
>>> str=('Rscript C:\\Users\\Administrator\\Desktop\\code.R')
>>> p=os.system(str)
[1] 3
```

在通过 Python 获取系统命令，系统命令执行 R 语言程序脚本后；Python 通过 os 终端对 R 语言的脚本进行调用，获取 R 语言得到的结果；通过系统实现 Python 和 R 语言的交互。

2．R 调用 Python

（1）Python 脚本。

```
def add(x, y):
    return x + y
```

保存为 first_Test.py。

（2）在 R 中载入 Python 脚本。

```
library(reticulate)
source_python("D:/python/R_python/first_Test.py")
```

（3）执行结果。

```
x=5.2
y=10.6
result1 <- add(x, y)
cat(x,'+',y,'=',result1,sep = '')#R 语言的输出：cat() print() paste()输入：scan()
readline()
运行结果：
5.2+10.6=15.8
```

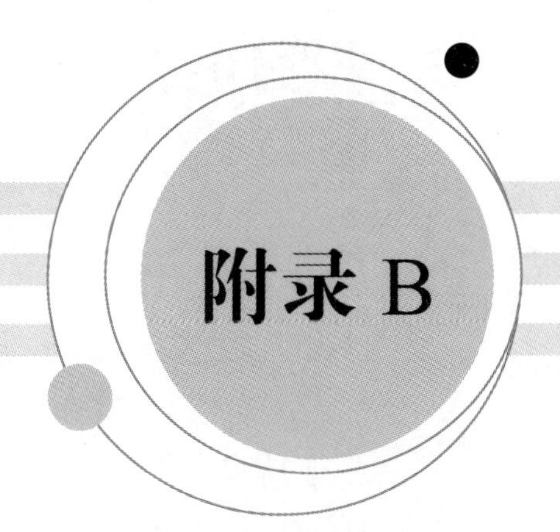

附录 B

大数据和人工智能实验环境

1. 大数据实验环境

对于大数据实验而言，一方面，大数据实验环境安装、配置难度大，高校难以为每个学生提供实验集群，实验环境容易被破坏；另一方面，实用型大数据人才培养面临实验内容不成体系、课程教材缺失、考试系统不客观、缺少实训项目以及专业师资不足等问题，实验开展束手束脚。

对此，云创大数据实验平台提供了基于 Docker 容器技术开发的多人在线实验环境。如图 B.1 所示，平台预装主流大数据学习软件框架包括 Hadoop、Spark、Storm、HBase 等，可快速部署训练环境，支持多人同时在线实验，并配套实验手册、实验代码、实验数据，同步解决大数据实验配置难度大、实验入门难、缺乏实验数据等难题，可用于大数据教学与实践应用。如图 B.2 所示为云创大数据实验平台。

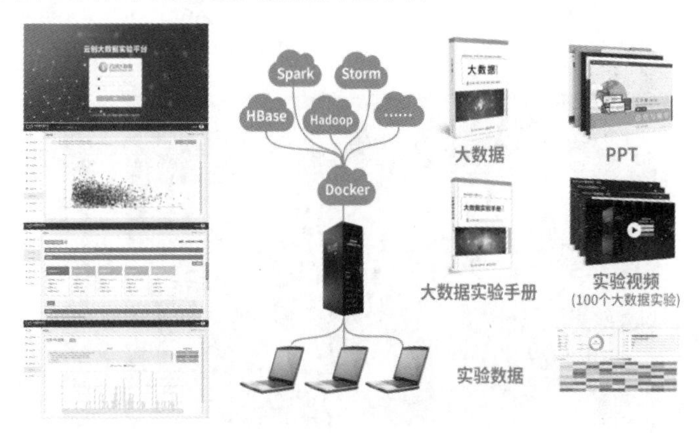

图 B.1 云创大数据实验平台架构

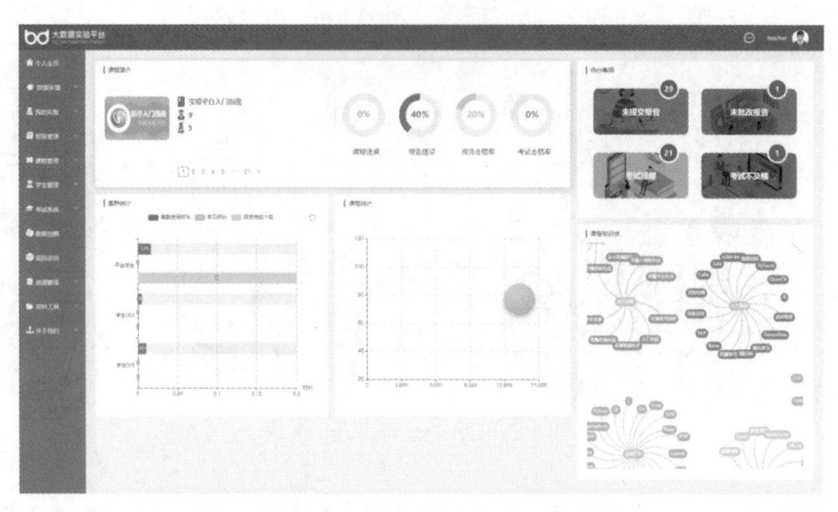

图 B.2　云创大数据实验平台

1）实验环境可靠

云创大数据实验平台采用 Docker 容器技术，通过少量实体服务器资源虚拟出大量的实验服务器环境，可为学生同时提供多套集群进行基础实验训练，包括 Hadoop、Spark、Python 语言、R 语言等相关实验集群，集成了上传数据、指定列表、选择算法、数据展示的数据挖掘及可视化工具。

云创大数据实验平台搭建了一个可供大量学生同时完成各自大数据实验的集成环境。每个实验环境相互隔离，互不干扰，通过重启即可重新拥有一套新集群，可实时监控集群使用量并进行调整，大幅度节省硬件和人员管理成本。如图 B.3 所示为云创大数据实验平台部分实验图。

2）实验内容丰富

目前，云创大数据实验平台拥有 367+大数据实验，涵盖原理验证、综合应用、自主设计及创新等多层次实验内容，每个实验在线提供详细的实验目的、实验内容、实验原理和实验流程指导，配套相应的实验数据，参照实验手册即可轻松完成每个实验，帮助用户解决大数据实验的入门门槛限制。如图 B.3 所示为云创大数据实验平台部分实验图。

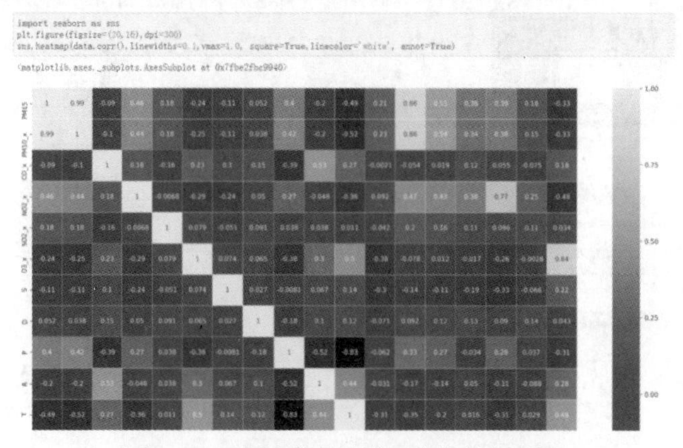

图 B.3　云创大数据实验平台部分实验图

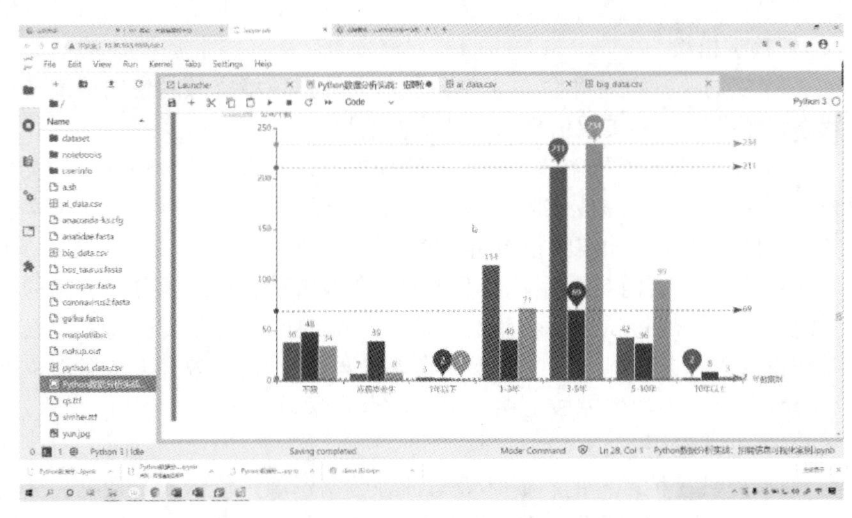

图 B.3 云创大数据实验平台部分实验图（续）

（1）Linux 系统实验：常用基本命令、文件操作、sed、awk、文本编辑器 vi、grep 等。

（2）Python 语言编程实验：流程控制、列表和元组、文件操作、正则表达式、字符串、字典等。

（3）R 语言编程实验：流程控制、文件操作、数据帧、因子操作、函数、线性回归等。

（4）大数据处理技术实验：HDFS 实验、YARN 实验、MapReduce 实验、Hive 实验、Spark 实验、Zookeeper 实验、HBase 实验、Storm 实验、Scala 实验、Kafka 实验、Flume 实验、Flink 实验、Redis 实验等。

（5）数据采集实验：网络爬虫原理、爬虫之协程异步、网络爬虫的多线程采集、爬取豆瓣电影信息、爬取豆瓣图书前 250、爬取双色球开奖信息等。

（6）数据清洗实验：Excel 数据清洗常用函数、Excel 数据分裂、Excel 快速定位和填充、住房数据清洗、客户签到数据的清洗转换、数据脱敏等。

（7）数据标注实验：标注工具的安装与基础操作、车牌夜晚环境标框标注、车牌日常环境标框标注、不完整车牌标框标注、行人标框标注、物品分类标注等。

（8）数据分析及可视化实验：Jupyter Notebook、Pandas、NumPy、Matplotlib、Scipy、Seaborn、Statsmodel 等。

（9）数据挖掘实验：决策树分类、随机森林分类、朴素贝叶斯分类、支持向量机分类、K-means 聚类等。

（10）金融大数据实验：股票数据分析、时间序列分析、金融风险管理、预测股票走势、中美实时货币转换等。

（11）电商大数据实验：基于基站定位数据的商圈分析、员工离职预测、数据分析、电商产品评论数据情感分析、电商打折套路解析等。

（12）数理统计实验：高级数据管理、基本统计分析、方差分析、功效分析、中级绘图等。

3）教学相长

（1）实时掌握教师角色与学生角色对大数据环境资源的使用情况及运行状态，帮助管理者实现信息管理和资源监控。

（2）平台优化了从创建环境、实验操作、提交报告、教师打分的实验流程，学生在平台上完成实验并提交实验报告，教师在线查看每一个学生的实验进度，并对具体实验报告进行批阅。

（3）平台具有海量题库、试卷生成、在线考试、辅助评分等应用的考试系统，学生可通过试题库自查与巩固，教师通过平台在线试卷库考察学生对知识点的掌握情况（其中客观题实现机器评分），使教师完成备课、上课、自我学习，使学生完成上课、考试、自我学习。

4）一站式应用

（1）提供多种多样的科研环境与训练数据资源，包括人脸数据、交通数据、环保数据、传感器数据、图片数据等。实验数据做打包处理，为用户提供便捷、可靠的大数据学习应用。

（2）平台提供由清华大学博士、中国大数据应用联盟人工智能专家委员会主任刘鹏教授主编的《大数据》《大数据库》《数据挖掘》等配套教材。

（3）提供OpenVPN、Chrome、Xshell5、WinSCP等配套资源下载服务。

2. 人工智能实验环境

人工智能实验一直难以开展，主要有两个方面的原因。一方面，实验环境需要提供深度学习计算集群，支持主流深度学习框架，完成实验环境的快速部署，满足深度学习模型训练等教学实践需求，同时也需要支持多人在线实验。另一方面，人工智能实验面临配置难度大、实验入门难、缺乏实验数据等难题，在实验环境、应用教材、实验手册、实验数据、技术支持等多方面亟需支持，以大幅度降低人工智能课程学习门槛，满足课程设计、课程上机实验、实习实训、科研训练等多方面需求。

对此，云创大数据人工智能实验平台提供了基于OpenStack调度KVM技术开发的多人在线实验环境。平台基于深度学习计算集群，支持主流深度学习框架，可快速部署训练环境，支持多人同时在线实验，并配套实验手册、实验代码、实验数据，同步解决人工智能实验配置难度大、实验入门难、缺乏实验数据等难题，可用于深度学习模型训练等教学与实践应用。如图B.4～图B.6所示为云创大数据人工智能平台展示。

1）实验环境可靠

（1）平台采用CPU+GPU混合架构，基于OpenStack技术，用户可一键创建运行的实验环境，十分稳定，即使服务器断电关机，虚拟机中的数据也不会丢失。

（2）同时支持多个人工智能实验在线训练，满足实验室规模使用需求。

（3）每个账户默认分配1个VGPU，可以配置一定大小的VGPU、CPU和内存，满足人工智能算法模型在训练时对高性能计算的需求。

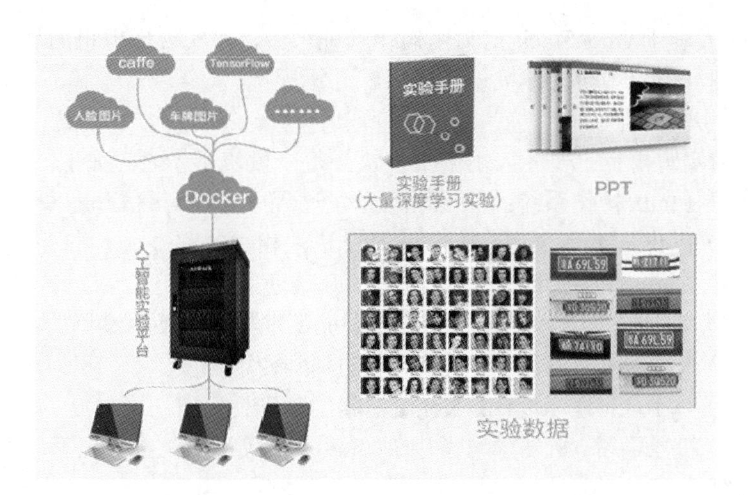

图 B.4　云创大数据人工智能实验平台架构

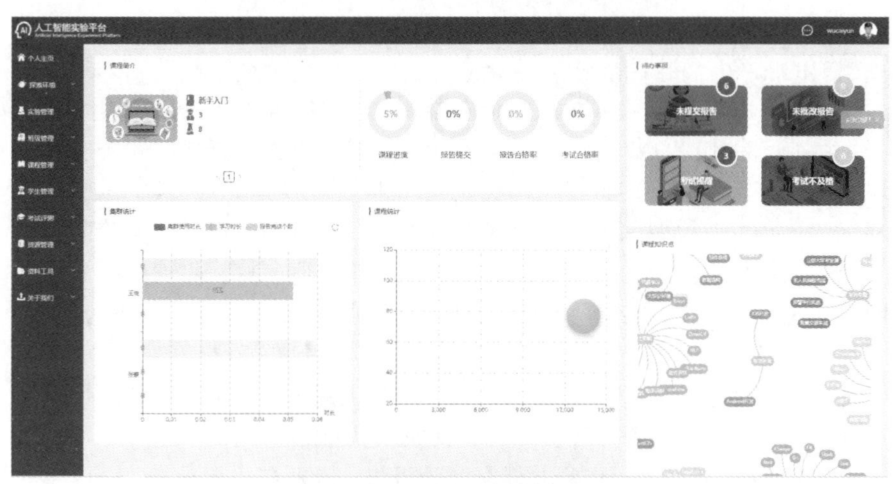

图 B.5　云创大数据人工智能实验平台

图 B.6　实验报告

（4）基于 OpenStack 定制化构建管理平台，可实现虚拟机的创建、销毁和管理，用户实验虚拟机相互隔离、互不干扰。

2）实验内容丰富

目前实验内容主要涵盖了十个模块，每个模块具体内容如下。

（1）Linux 操作系统：深度学习开发过程中要用到的 Linux 知识。

（2）Python 编程语言：Python 基础语法相关的实验。

（3）Caffe 程序设计：Caffe 框架的基础使用方法。

（4）TensorFlow 程序设计：TensorFlow 框架基础使用案例。

（5）Keras 程序设计：Keras 框架的基础使用方法。

（6）PyTorch 程序设计：Keras 框架的基础使用方法。

（7）机器学习：机器学习常用 Python 库的使用方法和机器学习算法的相关内容。

（8）深度学习图像处理：利用深度学习算法处理图像任务。

（9）深度学习自然语言处理：利用深度学习算法解决自然语言处理任务相关的内容。

（10）ROS 机器人编程：介绍机器人操作系统 ROS 的基础使用。

目前平台实验总数达到了 144 个，并且还在持续更新中。每个实验呈现详细的实验目的、实验内容、实验原理和实验流程指导。其中，原理部分设计数据集、模型原理、代码参数等内容，以帮助用户了解实验需要的基础知识；步骤部分为详细的实验操作，参照手册，执行步骤中的命令，即可快速完成实验。实验所涉及的代码和数据集均可在平台上获取。

3）教学相长

（1）实时监控与掌握教师角色与学生角色对人工智能环境资源使用情况及运行状态，帮助管理者实现信息管理和资源监控。

（2）学生在平台上实验并提交实验报告，教师在线查看每一个学生的实验进度，并对具体实验报告进行批阅。

（3）增加试题库与试卷库，提供在线考试功能，学生可通过试题库自查与巩固，教师通过平台在线试卷库考察学生对知识点的掌握情况（其中客观题实现机器评分），使教师完成备课、上课、自我学习，使学生完成上课、考试、自我学习。

4）一站式应用

（1）提供实验代码以及 MNIST、CIFAR-10、ImageNet、CASIA WebFace、Pascal VOC、Sift Flow、COCO 等训练数据集，实验数据做打包处理，为用户提供便捷、可靠的人工智能和深度学习应用。

（2）平台提供由清华大学博士、中国大数据应用联盟人工智能专家委员会主任刘鹏教授主编的《深度学习》《人工智能》等配套教材，内容涉及人脑神经系统与深度学习、深度学习主流模型以及深度学习在图像、语音、文本中的应用等丰富内容。

（3）提供 OpenVPN、Chrome、Xshell 5、WinSCP 等配套资源下载服务。

5）软硬件高规格

（1）硬件采用 GPU+CPU 混合架构，实现对数据的高性能并行处理。

（2）CPU 选用英特尔 Xeon Gold 6240R 处理器，搭配英伟达多系列 GPU。

（3）最大可提供每秒 176 万亿次的单精度计算能力。

（4）预装 CentOS/Ubuntu 操作系统，集成 TensorFlow、Caffe、Keras、PyTorch 等行业主流的深度学习框架。

专业技能和项目经验既是学生的核心竞争力，也将成为其求职路上的“强心剂”，而云创大数据实验平台和人工智能实验平台从实验环境、实验手册、实验数据、实验代码、教学支持等多方面为大数据学习提供一站式服务，大幅降低学习门槛，可满足用户课程设计、课程上机实验、实习实训、科研训练等多方面需求，有助于大大提升用户的专业技能和实战经验，使其在职场中脱颖而出。

目前，致力于大数据、人工智能与云计算培训和认证的云创智学（http://edu.cstor.cn）平台，已引入云创大数据实验平台和人工智能实验平台环境，为用户提供集数据资源、强大算力和实验指导的在线实训平台，并将数百个工程项目经验凝聚成教学内容。在云创智学平台上，用户可以同时兼顾课程学习、上机实验与考试认证，省时省力，快速学到真本事，成为既懂原理，又懂业务的专业人才。